汽车运用与维修专业课证融通系列教材

汽车钣金技术

QICHE BANJIN JISHU

陈华超　颜友忠　毛伟潮＼主编

U0953522

电子科技大学出版社
University of Electronic Science and Technology of China Press
·成都·

图书在版编目(CIP)数据

汽车钣金技术 / 陈华超，颜友忠，毛伟潮主编. —
成都：电子科技大学出版社，2021.9
ISBN 978-7-5647-9193-3

Ⅰ. ①汽… Ⅱ. ①陈… ②颜… ③毛… Ⅲ. ①汽车 - 钣金工 - 中等专业学校 - 教材 Ⅳ. ①U472.4

中国版本图书馆CIP数据核字（2021）第174640号

汽车钣金技术

陈华超　颜友忠　毛伟潮　主编

策划编辑　熊晶晶　陈渠兰
责任编辑　熊晶晶

出版发行　电子科技大学出版社
　　　　　成都市一环路东一段159号电子信息产业大厦九楼　邮编　610051
主　　页　www.uestcp.com.cn
服务电话　028-83203399
邮购电话　028-83201495

印　　刷　成都市火炬印务有限公司
成品尺寸　185mm×260mm
印　　张　15.25
字　　数　300千字
版　　次　2021年9月第一版
印　　次　2021年9月第一次印刷
书　　号　ISBN 978-7-5647-9193-3
定　　价　38.00元

版权所有　侵权必究

编 委 会

主　编： 陈华超（佛山市顺德区均安职业技术学校）

颜友忠（佛山市顺德区均安职业技术学校）

毛伟潮（佛山市顺德区均安职业技术学校）

副主编： 杨广明（佛山市顺德区均安职业技术学校）

林振沛（佛山市顺德区均安职业技术学校）

阎晓农（广东新协力集团有限公司）

欧阳信驰（佛山市顺德区均安职业技术学校）

参　编： 王　林（广东金宁集团有限公司）

欧阳满盛（佛山市顺德区均安镇顺华汽车修配厂）

前 言

本书是中等职业教育汽车运用与维修专业课程改革系列教材之一,是依据《中等职业学校汽车运用与维修专业领域技能型紧缺人才培养培训指导方案》《中等职业学校汽车运用与维修专业教学指导方案》和《广东省中等职业学校汽车运用与维修专业教学指导方案(试行)》,并参照《机动车维修从业人员从业资格条件》(GB/T 21338—2008)和有关行业、企业标准编写而成的。

随着汽车保有量的大幅增加,中国已成为世界上最大的汽车市场,社会对汽车维修专业技能人才的需求日益增长,而汽车车身维修作为汽车维修的主要工种,对其专业技术人员的知识和技能的要求也在不断提高,这就对相应的职业教育和培训提出了更高、更新的要求。

本书在校企联合编写过程中努力贯彻教学改革的有关精神，严格落实新教学标准的要求，努力体现以下特色。

1. 项目式教材(配有工作页册)，以任务驱动为主要形式，以任务目标、任务描述、知识储备、任务实施、实施评价为步骤，符合人的认知规律。

2. 教材注重实用性，体现先进性，保证科学性，突出实践性，贯穿可操作性，反映了汽车工业的新知识、新技术、新工艺和新标准，实现教学过程尽可能与企业汽车维修工作过程对接。

3. 教材文字简洁，通俗易懂;图文并茂，形象直观，有利于培养学生的学习兴趣，提高学习效果。

4. 取材合理，难易适中。教材内容紧密联系实际，将1+X证书技能点、知识点进行有效融合，以国家职业技能标准为依据，注重对学生操作规范化、职业化的素质培养；满足应知应会的知识技能要求，符合专业培养目标和职业能力的基本要求，难易程度恰当，适合职业院校学生的学习需求。

本书由佛山市顺德区均安职业技术学校陈华超、颜友忠、毛伟潮担任主编，杨广明、林振沛、欧阳信驰、阎晓农（新协力集团技术总监）担任副主编。具体分工为：陈华超编写了项目三，颜友忠、王林编写了项目一，毛伟潮、欧阳满盛编写了项目二，杨广明、欧阳信驰共同编写了项目四、项目五，林振沛、阎晓农共同编写了项目六。全书由陈华超负责统稿。

在编写过程中，得到了广东新协力集团有限公司、部分汽车维修企业、汽车教学设备企业等单位的大力支持，在此一并表示衷心的感谢。编写过程中参考了大量的文献资料，在此向文献资料的作者致以诚挚的谢意。

由于编者水平有限，书中难免有错误和不妥之处，恳请广大读者批评指正。

编 者

目　录

项目一　汽车钣金常用工具及设备的使用和操作

项目描述

钣金常用工具及设备的使用在汽车钣金修理中非常重要，即通过常用工具及设备完成汽车车身修理、调整和更换等技术工艺。本项目主要围绕钣金常用工具及设备的使用和操作进行学习和训练。

任务一　常用手工工具的使用和操作

任务目标

知识目标	1. 知道钣金常用工具及设备的分类及功用； 2. 知道各类钣金常用工具的使用及应用场合
技能目标	能正确操作各种钣金常用工具

任务描述

汽车钣金手工工具在汽车车身维修中应用广泛，其使用得合理与否直接影响修理效率的高低，是汽车车身维修的前提条件。只有正确和安全地使用钣金修理工具，掌握作业技巧，才能顺利地完成相应的钣金修理工作。本项目主要围绕汽车钣金常用手工工具的操作使用进行学习和训练。

知识储备

正确选择和使用汽车车身维修工具，对提高维修效率、保障设备完整和人身安全有十分重要的作用。

一、常用手工工具分类

手工工具在汽车修理中运用非常广泛，主要包括扳手、锤子、垫铁、旋具、钳子和剪刀等，如图1-1-1所示。

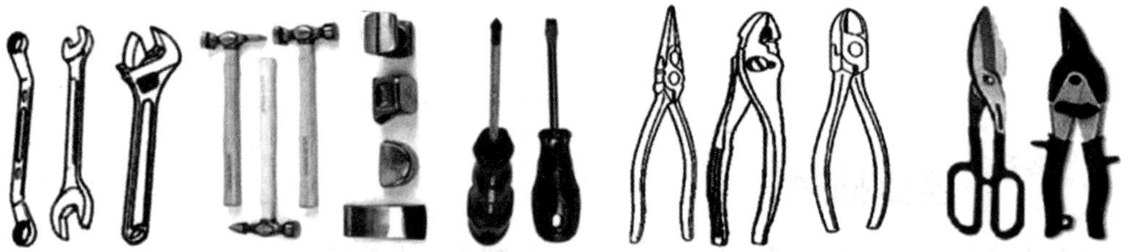

（a）扳手　（b）锤子　（c）垫铁　（d）旋具　（e）钳子　（f）剪刀

图1-1-1　常用手工工具分类

二、常用手工工具的功用及应用场合

（一）扳手

在汽车修理中为拆下和更换螺栓、螺母或拆下零件，通常使用梅花扳手、呆扳手或成套套筒扳手。如果由于工作空间和维修条件有限制，可灵活选择扳手类型，进行维修操作。

汽车车身维修常用扳手类型主要有梅花扳手、呆扳手、套筒扳手和活扳手等，如图1-1-2所示。

（a）梅花扳手　（b）呆扳手　（c）套筒扳手　（d）活扳手

图1-1-2　常用扳手类型

1. 梅花扳手

（1）功用：梅花扳手的工作部位呈花环状，套住螺母扳转可使六角受力均匀。梅花扳手适应性强，扳转力大，适用于拆装所处空间狭小的螺栓、螺母。对标准规格的螺栓、螺母均可使用梅花扳手拆装，特别是螺栓、螺母需用较大力矩拆装时，应使用梅花扳手。

（2）使用要求：使用时，应轻力扳转，大拇指抵住扳头；当重力扳转时，四指与拇指应上下握紧扳手手柄，往身边扳转。扳转时，不准在梅花扳手上任意加套管或锤击。禁止使用内孔磨损过甚的梅花扳手。不能将梅花扳手当撬棒使用。禁止用水或酸、碱液清洗扳手，应用煤油或柴油清洗后再涂上一层薄润滑脂保管。

2. 呆扳手

（1）功用：适用于拆装所处空间狭小的标准规格的螺栓、螺母。特别是螺栓、螺母需用较大力矩拆装时，应尽量使用梅花扳手。

（2）使用要求：使用要求与梅花扳手相同，使用时注意受力方向，禁止使用开口处磨损过甚的呆扳手，以免损坏螺栓、螺母的六角。

3. 套筒扳手

（1）功用：套筒扳手由一套尺寸不同的套筒和一根弓形的快速摇柄组成，对标准规格的螺栓、螺母均可使用。套筒扳手既适合一般部位螺栓、螺母的拆装，也适合处于深凹部位和隐蔽狭小部位螺栓、螺母的拆装。与接杆配合，可加快拆装速度和提高拆装质量。

（2）使用要求：使用时根据螺栓、螺母的尺寸选好套筒，套在快速摇柄的方形端头上（视需要与长接杆或短接杆配合使用），再将套筒套住螺栓、螺母，转动快速摇柄进行拆装。用棘轮手柄扳转时，不准拆装过紧的螺栓、螺母，以免损坏棘轮手柄。拆装时，握快速摇柄的手切勿摇晃，以免套筒滑出或损坏螺栓、螺母的六角。禁止用锤子将套筒击入变形的六角螺栓、螺母进行拆装，以免损坏套筒。禁止使用内孔磨损过甚的套筒。工具用毕，应清洗油污，妥善放置。

4. 活扳手

（1）功用：活扳手由固定和可调两部分组成，扳手的开度大小可以调整。活扳手一般用于不同尺寸螺栓、螺母的拆装。

（2）使用要求：当使用活扳手时，应根据螺栓、螺母的尺寸先调好活扳手的开口，使之与螺栓、螺母的六角一致。扳转时，应使固定部分承受拉力，以免损坏活动部分。扳转时，不准在活扳手的手柄上随意加套管或锤击。禁止将活扳手当锤子使用。

（二）锤子

锤子可通过敲击来拆卸和更换零件，并且根据声音来测试螺栓的松紧度。使用类型取决于应用条件或材料。

1. 锤子的分类

根据锤击需要，锤头可以采用各种材料，如橡胶锤、木锤和铜锤等。

根据锤击部位不同，锤子可分为球头销锤、塑料锤和检修用锤等。

手锤的类型

根据车身维修场合不同，锤子可分为扁头锤、捅锤、拱锤、中间锤、平头锤、鹤嘴锤和橡胶锤等，如图1-1-3所示。

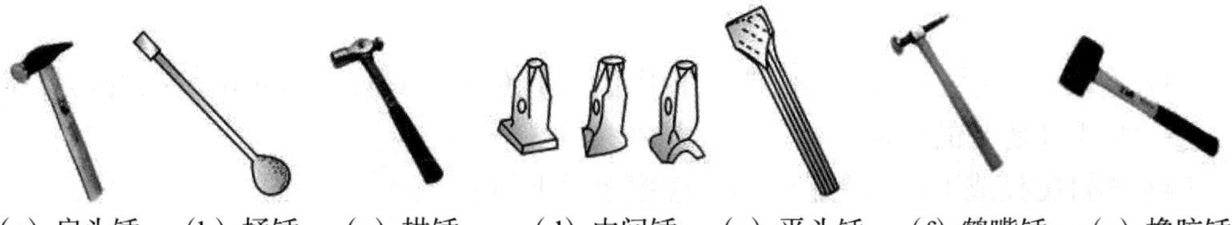

（a）扁头锤　（b）捅锤　（c）拱锤　（d）中间锤　（e）平头锤　（f）鹤嘴锤　（g）橡胶锤

图1-1-3　钣金锤类型

2. 锤子的功用及应用场合

（1）扁头锤。扁头锤主要用于敲击平面，也可以敲击较深的凹陷和边缘拐角，如图1-1-3（a）所示。

（2）捅锤。捅锤主要用于直捅敲击弧形构件，也可以横击，还可以当撬具和垫铁使用，如图1-1-3（b）所示。

（3）拱锤。拱锤主要用于圆弧形工件的整形和制作，如整修或配制小型车的轴端盖等，如图1-1-3（c）所示。

（4）中间锤。中间锤为了使工件避免直接锤击而使用中间锤，如图1-1-3（d）所示。

（5）平头锤。平头锤主要用于修整箱形角等部位，如图1-1-3（e）所示。

（6）鹤嘴锤。鹤嘴锤主要用于消除工件表面的小凹坑，如图1-1-3（f）所示。

3. 锤子的使用要求

（1）使用时，应握紧锤柄的有效部位，锤落线应与锤柄的轴线保持相切，否则锤头易脱锤而影响安全。

（2）锤击时，眼睛应盯住锤柄的下端，以免击偏。

（3）禁止用锤子直接锤击机件，以免损坏机件。

（4）禁止使用锤柄断裂或锤头松动的锤子，以免锤头脱落伤人。

（三）旋具

旋具用于拆卸和更换螺钉，有木柄和塑料柄之分。木柄螺钉旋具又分为普通式和穿心式两种，穿心式能承受较大的扭矩，并可在尾部做适当的敲击；塑料柄螺钉旋具具有良好的绝缘性能，适于电工使用。

1. 旋具的分类

旋具主要有一字螺钉旋具和十字螺钉旋具两种类型，如图1-1-4所示。

（a）一字螺钉旋具　　（b）十字螺钉旋具

图1-1-4　常用旋具类型

2. 旋具的使用要求

（1） 应根据螺钉的形状、大小选用合适的螺钉旋具。

（2）使用时，螺钉旋具不可偏斜，扭转的同时施加一定压力，以免旋具滑脱和损坏螺纹。

（3）使用时，手心应顶住柄端，并用手指旋转旋具手柄。如使用较长的螺钉旋具，左手应把住旋具的前端。

（4）螺钉旋具或工件上有油污时，应擦净后再用。

（5）禁止将螺钉旋具当撬棒或錾子使用。

（四）钳子

1. 钳子的分类

钳子可分为尖嘴钳、鲤鱼钳、剪线钳和大力钳，多用于切断金属丝，夹持或弯曲小零件，如图1-1-5所示。

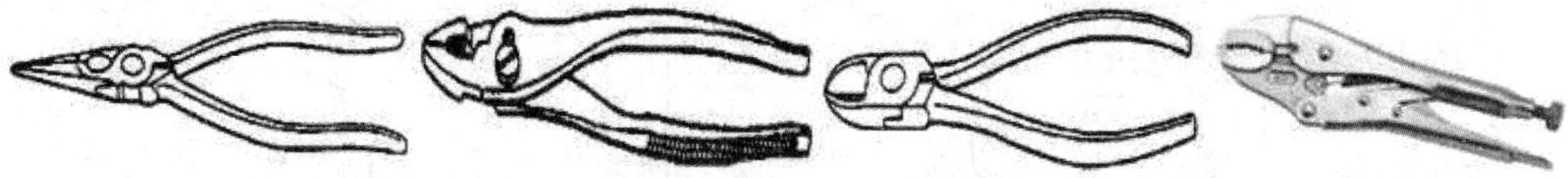

（a）尖嘴钳　（b）鲤鱼钳　（c）剪线钳　（d）大力钳

图1-1-5　常用钳子类型

汽车钣金维修中广泛使用大力钳，主要用于夹持零件进行铆接、焊接、钻孔和磨削等加工，其特点是钳口可以锁紧并产生很大的夹紧力，使被夹紧零件不会松脱，而且钳口有很多档可调节位置，供夹紧不同厚度零件使用。另外，大力钳也可作为扳手使用。如图1-1-6所示。

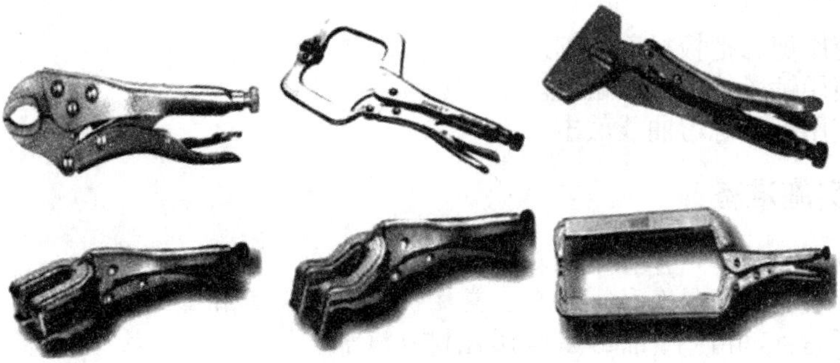

图1-1-6　大力钳

2. 钳子的使用要求

（1）使用时，先擦净油污。根据需要选用钳子类型。

（2）禁止将钳子当扳手、撬棒或锤子使用。

（3）不准用锤子击打钳子。

（4）禁止用钳子夹持高温机件。

（五）剪刀

剪刀分为手剪刀和台式剪刀，一般用于某种条件下单件生产或半成品的修整工作，如图1-1-7所示。

（a）手剪刀　（b）弯剪刀　（c）台式剪刀

图1-1-7　常用剪刀类型

（六）垫铁

垫铁是一种手持的铁砧，与锤子配合进行钣金修理作业，也称为衬铁。

手锤和垫铁的使用

垫铁分为通用垫铁、低隆起垫铁、足跟形垫铁、足尖形垫铁和卷边垫铁等形状，如图1-1-8所示。

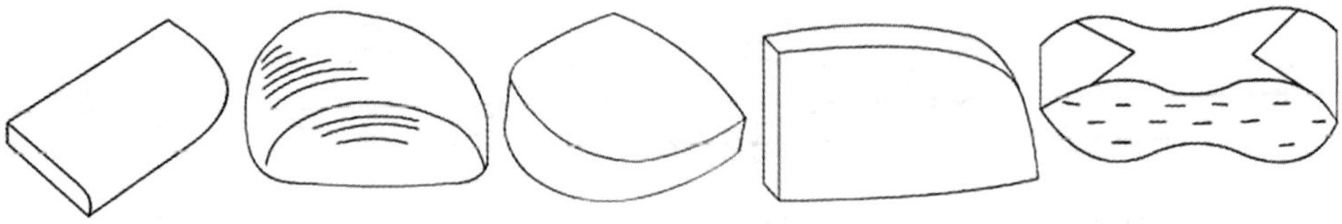

（a）通用垫铁　（b）低隆起垫铁　（c）足跟形垫铁　（d）足尖形热铁　（e）卷边垫铁

图1-1-8　各种类型的垫铁

任务实施

一、任务内容

（1）使用剪刀把板材剪成圆形。
（2）使用锤子练习直线敲击。
（3）使用锤子练习曲线敲击。

二、实施准备

（1）场地：汽车一体化车间。
（2）工量具：工具车和零件车、常用拆装维修工具和量具、工作台。
（3）耗材：润滑脂、棉纱等常用耗材，汽油。

三、操作步骤

（一）剪圆

（1）使用剪刀裁剪出合适的板材，如图1-1-9所示。
（2）剪切短料直线时，被剪去的那部分一般都放在剪刀的右面，如图1-1-10所示。

图1-1-9　裁剪板材

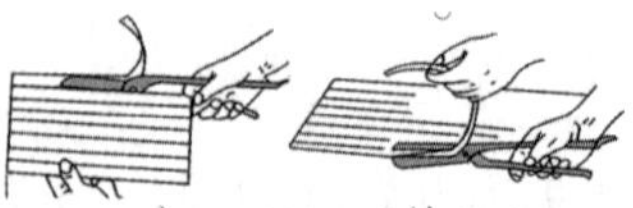

图1-1-10　剪切短料直线

（3）在板材上用记号笔画一个直径为80毫米的圆，如图1-1-11所示。

（4）剪切外圆应从左边下剪，按顺时针方向剪切，边料会随着剪刀的移动而向上卷起，如图1-1-12所示。

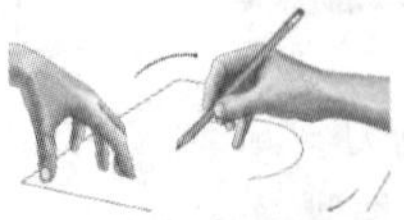

图1-1-11　用记号笔画圆

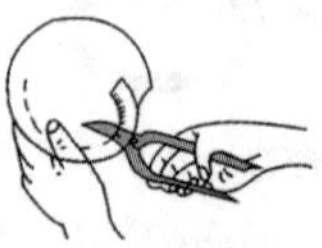

图1-1-12　顺时针方向剪切

（二）直线敲击

（1）锤子主要靠食指和拇指握着，如图1-1-13所示。

（2）握锤位置离手柄边缘以15～30mm为宜，如图1-1-14所示。

（3）锤子下落时握紧，如图1-1-15所示。

图1-1-13　锤子的握法

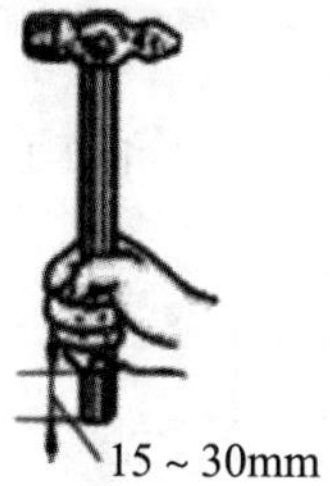

图1-1-14　握锤子的位置

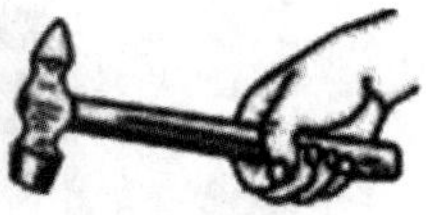

图1-1-15　锤子下落时握紧

（4）锤子在敲击的过程中呈圆周运动，如图1-1-16所示。

（5）反复学习锤子的握法，并使用手腕发力进行敲击，如图1-1-17所示。

（6）在单独一张画有线条的纸上练习直线敲击，如图1-1-18所示。

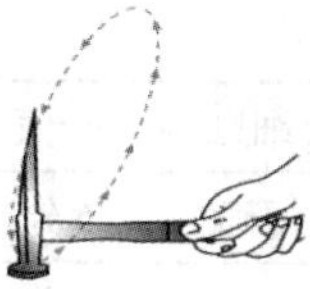

图1-1-16　锤子呈圆周运动

图1-1-17　锤子的握法

图1-1-18　直线敲击

（7）在画有线条的白纸下铺设一张复写纸和另一张白纸，如图1-1-19所示。

（8）用锤子在白纸上沿两个相反的方向反复练习直线敲击，如图1-1-20所示。

图1-1-19　铺设复写纸和另一张白纸

图1-1-20　沿相反的方向直线敲击

（9）锤子落点要集中到线上，切勿落点分散、凌乱，如图1-1-21所示。

（10）检查敲击痕迹与划线是否重合，如图1-1-22所示。

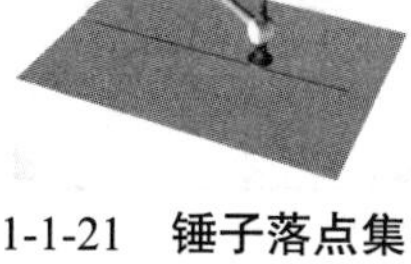

图1-1-21　锤子落点集中到线上

图1-1-22　检查敲击痕迹与划线

（三）敲圆

（1）使用剪刀裁剪出大小合适的纸卡，如图1-1-23所示。

（2）把纸卡垫在圆柱体铁柱上，如图1-1-24所示。

（3）使用锤子敲击纸卡，在敲击过程中，确保每次的落点要在圆柱体铁柱上表面的边缘，如图1-1-25所示。

（4）通过敲击，使纸卡形成一个圆形图案，检查圆形边框是否平整，圆形内部有无敲击痕迹，如果有，则需要重做本次实操内容，如图1-1-26所示。

图1-1-23　裁剪合适的纸卡

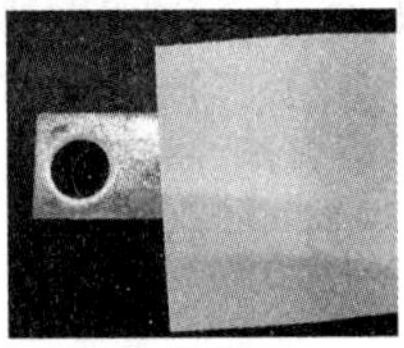

图1-1-24　把纸卡垫在圆柱体铁柱上

图1-1-25　使用锤子敲击纸卡

图1-1-26　检查圆形边框是否平整

四、实施评价

序号	考核项目	考核内容	评分细则	分值	得分
1	剪圆（30分）	板材厚度选择是否合适	操作正确	5分	
		圆形图案是否规整	操作正确	7分	
		剪刀握姿是否正确	操作正确	9分	
		裁剪完成后，成品是否与原图案吻合	操作正确	9分	
2	直线敲击（70分）	握锤手势正确	操作正确	8分	
		敲击时落点准确、无分散	操作正确	9分	
		敲击力度是否合适	操作正确	9分	
		敲击完成后，敲击痕迹是否与直线相重叠	操作正确	9分	
		板材大小裁剪合适	操作正确	8分	
		圆柱体铁柱大小选择合适	操作正确	9分	
		圆形外边是否平整	操作正确	9分	
		圆形内部有无敲击痕迹	操作正确	9分	
合　计				100分	

任务二　常用动力工具的使用和操作

任务目标

知识目标	1. 知道动力工具的类型、性能、功用及应用场合； 2. 熟悉钣金动力工具的使用和操作工艺方法； 3. 遵守操作规程和安全规范，保证质量
技能目标	1. 能使用和操作钣金维修常用的动力工具； 2. 会运用钣金动力工具进行汽车车身维修操作

任务描述

动力工具的使用在汽车车身维修中越来越广泛，它们的使用不仅提高了工作效率，而且提高了维修质量和精度，改进了传统的手工工艺和操作方法。只有正确和安全地使用动力工具，掌握作业技巧，才能顺利地完成相应的钣金修理工作。本任务主要围绕动力工具的操作使用进行学习和训练。

知识储备

一、空气压缩机

（一）空气压缩机的功用

空气压缩机（图1-2-1）是气源装置中的主体，它是将原动机（通常是电动机）的机械能转换成气体压力能的装置，是压缩空气的气压发生装置。

图1-2-1　常用的空气压缩机

（二）空气压缩机的种类

空气压缩机按工作原理可分为容积式压缩机、往复式压缩机和离心式压缩机。

现在常用的空气压缩机有活塞式空气压缩机、螺杆式空气压缩机、离心式空气压缩机以及滑片式空气压缩机、涡旋式空气压缩机。

（三）空气压缩机的特点

由电动机直接驱动压缩机，使曲轴产生旋转运动，带动连杆使活塞产生往复运动，引起气缸容积变化。由于气缸内压力的变化，通过进气阀使空气经过空气滤清器（消声器）进入气缸，在压缩行程中，由于气缸容积的缩小，压缩空气经过排气阀的作用，经排气管和单向阀（止回阀）进入储气罐。当排气压力达到额定压力0.7MPa时，由压力开关控制而自动停机。当储气罐压力降至0.5～0.6MPa时，压力开关自动连接启动。

（四）空气压缩机的应用场合

气动工具，如凿岩机、风镐和气动扳手等；仪表控制及自动化装置，如加工中心的刀具更换等；车辆制动，门窗启闭；食品、制药工业，利用压缩空气搅拌浆液；大型船用柴油机的起动、风洞试验、地下通道换气、金属冶炼、油井压裂、轮胎充气等。

二、台钻

（一）台钻的功用

台钻是指主要用钻头在工件上加工孔的机床，如图1-2-2所示。台钻可钻通孔、不通孔，更换特殊刀具，可扩、饱孔，铰孔或进行攻螺纹等加工。

图1-2-2　常用的台钻

（二）台钻的特点

台钻可安放在作业台上，主轴垂直布置的小型钻床。通常钻头旋转为主运动，钻头轴向移动为进给运动。钻床结构简单，加工精度相对较低。

（三）台钻的应用场合

台钻可对零件进行钻孔、扩孔、铰孔、锪平面和攻螺纹等加工。

三、手电钻

手电钻只是单单地凭靠电机带动传动齿轮加大钻头转动的力气，使钻头在金属、木材等物质上做刮削形式洞穿，如图1-2-3所示。

图 1-2-3　手电钻

（一）手电钻的功用

手电钻就是以交流电源或直流电池为动力的钻孔工具。

（二）手电钻的结构

手电钻由钻夹头、输出轴、齿轮、转子、定子、机壳、开关和电缆线组成。

（三）手电钻应用的注意事项

（1）在进行钻孔时，要确定钻孔位置下方无电、油、气和水管线。

（2）转孔时不宜用力过大过猛，以防止过载。当转速明显降低时，应立即把稳，减少施加的压力；当突然停止转动时，必须立即切断电源。

（3）当安装钻头时，不允许用锤子或其他金属物品敲击，应用钻头钥匙上紧或取下。

（4）打孔时要双手紧握电钻，尽量不要单手操作，保持正确操作姿势。

（5）较小的工件被钻孔前必须先固定，以确保作业过程中不跟转。

（6）手电钻的外壳风口必须保持畅通，注意防止切屑等杂物进入壳内。

四、砂轮机

砂轮机是用来刃磨各种刀具和工具的常用设备，如图 1-2-4 所示。

电动砂轮机的使用

图 1-2-4　砂轮机

（一）砂轮机的结构

砂轮机主要由基座、砂轮、电动机或其他动力源、托架、防护罩和给水器等组成。

（二）砂轮机的分类

砂轮机分为立式砂轮机和盘式砂轮机。

（三）砂轮机的应用场合

气动钻的使用

（1）打磨用砂轮片只能用于打磨，不能用于切割材料，并且只能使用研磨面，不能使用背面。

（2）切割用砂轮片是按照尺寸、中心孔径和厚度分类。

（3）切割用砂轮片也只能用于切割，不能用于研磨，并且只能使用边缘。

任务实施

一、任务内容

使用手电钻打孔。

二、实施准备

（1）场地：汽车一体化车间。

（2）工量具：工具车和零件车、常用动力工具和量具、工作台。

（3）耗材：润滑脂、棉纱等常用耗材，汽油。

三、操作步骤

（1）操作前，戴上护目镜和防尘口罩，如图1-2-5所示。

（2）检查手电钻电源线有无脱胶、开裂和金属线裸露等情况，如图1-2-6所示。

（3）检查手电钻电源开关工作是否正常，如图1-2-7所示。

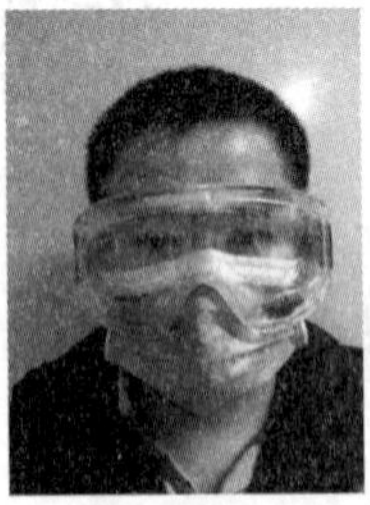

图1-2-5　戴护目镜和防尘口罩

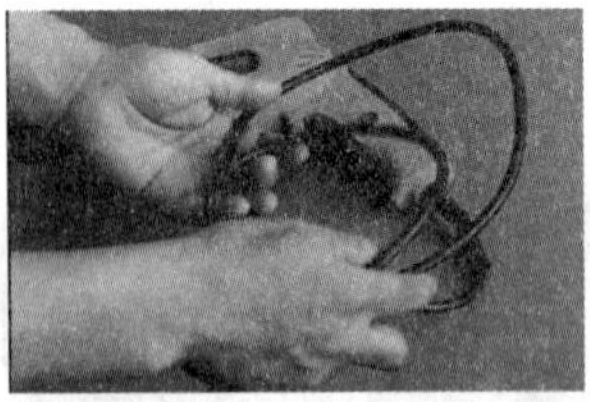

图1-2-6　检查手电钻

图1-2-7　检查手电钻电源开关

（4）使用前，应该使手电钻空转半分钟，确保转头无松脱后再进行使用，如图1-2-8所示。

（5）在金属材料上钻孔应首先用在被钻位置处冲打上洋冲眼，如图1-2-9所示。

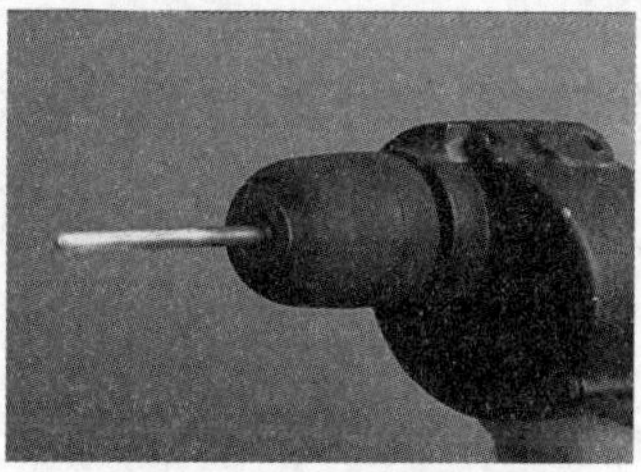

图1-2-8　手电钻先空转半分钟

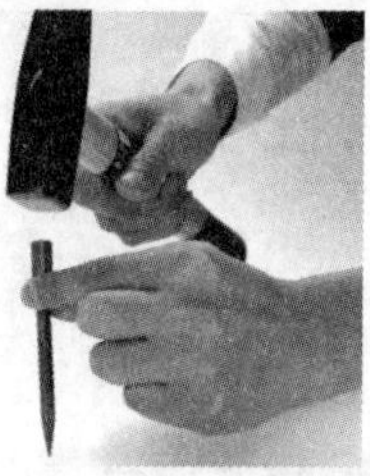

图1-2-9　冲打上洋冲眼

（6）找到合适的位置加紧板材，如图1-2-10所示。

（7）在钻较大孔眼时，预先用小钻头钻穿，然后使用大钻头钻孔，如图1-2-11所示。

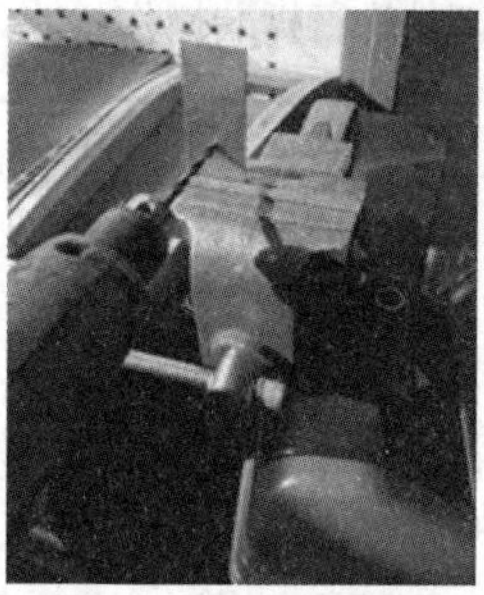

图1-2-10　找位置加紧板材

图1-2-11　钻较大孔眼的方法

四、实施评价

考核项目	考核内容	评分细则	分值	得分
手电钻的操作	打样冲时，样冲眼牢固	操作正确	25分	
	手电钻旋向、转速是否合适	操作正确	25分	
	钻头选择是否合适	操作正确	25分	
	钻孔是否平整	操作正确	25分	
合计			100分	

任务三 常用气动设备的使用和操作

任务目标

知识目标	1. 知道气动扳手的特点和应用场合； 2. 会气动扳手的选用和使用操作
技能目标	会正确使用气动工具对汽车及各种零部件进行拆装操作

任务描述

气动设备通过供气阀手柄的操作以及调整调节阀可以很简单地进行使用，转速范围上能提供更多级别的选择。在同样输出功率的情况下，气动工具与电动工具相比，气动工具小型轻量，更适合长时间工作，且不会出现发热现象。即使空气压缩机发生超负荷现象，气动工具仅仅是停止转动，一旦超负荷现象解除，则重新恢复正常运转。各类气动设备工具的操作，在汽车维修中应用广泛。能正确利用各类气动工具进行拆卸、装复、调整和维修，尤为重要，它们维持着汽车的安全性能和使用性能，保证了汽车具有较高的强度和华丽的外表，提高了汽车的安全性，保证了汽车的正常行驶，所以它们的正确使用对汽车的使用性能和安全性能起着重要的作用。本任务主要围绕汽车维修气动设备的选用和使用进行学习和训练。

知识储备

一、气动扳手

气动扳手，又称风动扳手，主要利用压缩空气来完成对螺栓螺母的拧紧。

（一）气动扳手的分类

气动扳手一般分为两类：一类是常规性气动扳手，也就是很普通的冲击扳手；一类是脉冲气动扳手。两类扳手的区别是：常规性气动扳手不能定扭矩，而脉冲气动板手可以。气动扭矩扳手属于脉冲气动扳手，如图1-3-1所示。

图1-3-1 气动扭矩扳手

（二）气动扳手的应用场合

气动扳手，又称风动扳手，主要利用压缩空气来完成对螺栓螺母的拧紧。气动扳手被广泛应用在许多行业，如汽车修理、重型设备维修、产品装配等。在汽车维修中，气动扳手主要用于汽车中螺栓、螺母的拧紧与拧松。

二、气动打磨机

（一）气动打磨机的分类

气动打磨机主要用于刮去旧涂层及除锈、漆面抛光。常见的气动打磨机有盘式打磨机和带式打磨机两种，如图1-3-2所示。

（a）盘式打磨机

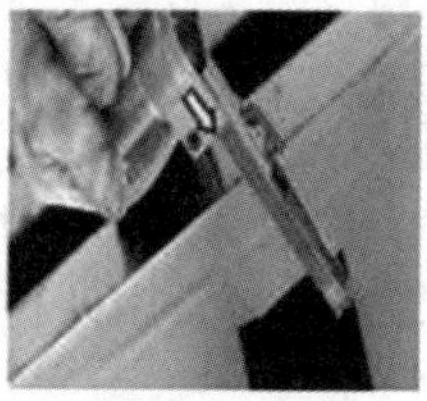

（b）带式打磨机

图1-3-2　气动打磨机

（二）气动打磨机的应用场合

多种外形结构，适合各种角度操作，体积小，转速高，研磨效率高，噪音低，震动小，具有强力的吸尘效果，长时间使用不疲劳。打磨机可以去除成品的毛刺，可以对成品表面进行抛光处理，可以对成品进行净化处理。打磨机可以对成品表面进行锈蚀处理，操作简便。

气动打磨机的使用

对汽车车身修复来说，带式打磨机主要应用于钣金缝、边角除漆、除锈、除焊点以及死角位置打磨；盘式打磨机主要用于刮去旧涂层、除锈等。盘式打磨机通常打磨时用的砂轮片粒度为60#、80#或120#等，一般常用的是80#。

三、气动锯

（一）气动锯的分类

气动锯是利用压缩空气为动力。气动锯锯条只有一端装在锯身上实现锯割作业，由于没有锯弓限制，切割缝可以无限延长。气动锯具有切割效率高、使用方便、对构件损坏程度小等许多优点，主要由锯体、气管接口、气动开关、刀片等部分组成，如图1-3-3所示。

图1-3-3　气动锯

（二）气动锯的应用场合

在气动锯上安装使用的一种锯切锯条，具有3种不同的尾端接口。根据不同的气动锯配备不同的气动锯条，气动锯条与其他的气动工具一样，是利用气泵或者气缸中的气源作为驱动力替代手工具的人力，操作方便，效率高。

气动锯的使用

气动锯在汽车车身维修广泛应用，尤其在汽车钣金切割方面优势明显，用量很大。气动锯条的材质大多数为双金属，也有硬质合金，齿形是波浪齿和测切齿。

任务实施

一、任务内容

使用气动打磨机对受损板件进行打磨。

二、实施准备

（1）场地：汽车一体化车间。
（2）工量具：工具车和零件车、常用气动工具、工作台。
（3）耗材：润滑脂、棉纱等常用耗材，汽油。

三、实施步骤

（1）穿戴好防护眼罩和防尘口罩，如图1-3-4所示。
（2）佩戴好降噪耳塞，如图1-3-5所示。

图1-3-4　穿戴好防护眼罩和防尘口罩

图1-3-5　降噪耳塞

（3）正确连接将要使用的气动工具及其延长气管，如图1-3-6所示。
（4）选择合适粗细度的打磨砂纸，如图1-3-7所示。

图1-3-6　正确连接气动工具和延长气管

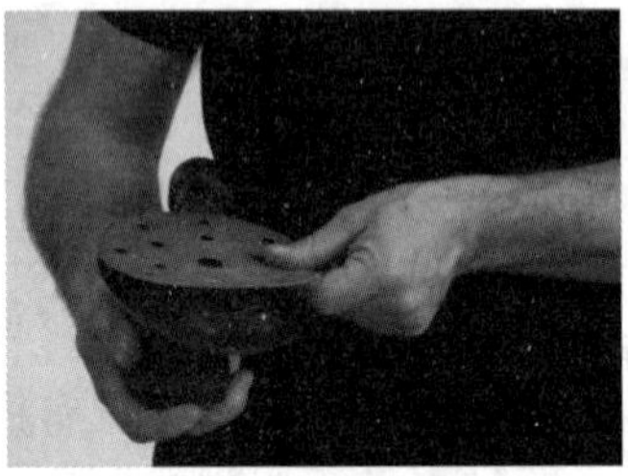

图1-3-7　选择打磨砂纸

（5）起始打磨时，砂轮与金属表面形成100°～200°的夹角，在金属受损的边缘先进行打磨。打磨时的压力以手掌压住砂轮为宜，不要压力过大或过小。如图1-3-8所示。

（6）受损最严重的部位，盘式打磨机打磨不到的，应该使用带式打磨机进行打磨，再利用盘式打磨机与带式打磨机结合使用。如图1-3-9所示。

图1-3-8　打磨

图1-3-9　受损严重部位的打磨

（7）中间部位打磨以砂轮与金属表面完全接触，利用砂纸的大接触面来进行快速打磨，如图1-3-10所示。

（8）每次打磨后要对进行打磨好的板件进行清洁，用气枪对着板件进行45°斜角清洁，边清洁边用布进行擦拭，如图1-3-11所示。

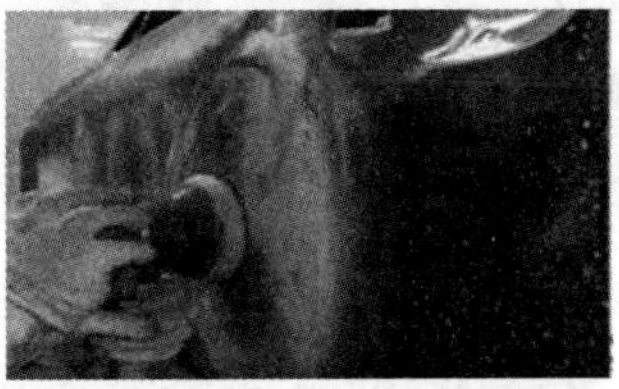

图1-3-10　快速打磨

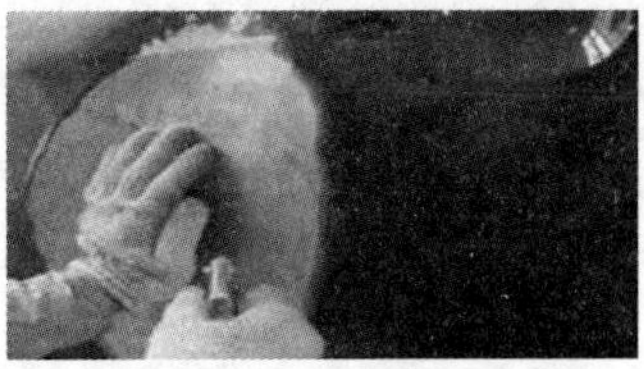

图1-3-11　清洁

使用气动打磨机的注意事项：

①打磨操作要佩戴好防护用具；

②打磨机转速非常高，使用时一定要牢牢地握持住，以免脱手产生危险；

③打磨时的压力以手掌压住砂轮为宜，不要压力过大或过小；

④气动打磨机打磨的时候要合理地选用粗细不同的砂纸；

⑤打磨一段时间后注意零部件的清洁。

四、实施评价

序号	考核项目	考核内容	评分细则	分值	得分
1	气动打磨机的使用	正确连接气管	操作正确	10分	
		转速调节合理	操作正确	10分	
		打磨时按压力度、打磨角度合适	操作正确	15分	
		打磨后平整度检测	操作正确	25分	
2	气动打磨机的保养	整理气管	操作正确	10分	
		清洁灰尘	操作正确	10分	
		添加润滑油	操作正确	10分	
		拆卸打磨砂纸	操作正确	10分	
合 计				100分	

项目二　汽车车身结构及材料

项目描述

碰撞修理就是将汽车恢复到事故前的状态。因此，车身修理人员必须充分了解汽车是如何设计和制造的，必须准确地识别所有损毁的部件，以及不同部位零部件在车身构造中所起的作用，并对它们的修理或更换做出恰当的选择。

汽车车身结构与类型

（一）按用途分类

1. 客车车身

客车车身可按车身的大小、特点分为轿车车身和大客车车身（如城市公共汽车车身、长途客车车身、旅游客车车身等）两种。轿车车身按照车身结构可以分为以下类型。

（1）普通轿车。一般有前座和后座，适合4人或6人乘坐，并可分为2门和4门轿车。

（2）硬顶轿车。有前座和后座，金属顶盖，通常以没有门柱或有B立柱为特征。它也可以分为2门和4门轿车。

（3）敞篷车。目前敞篷车具有塑料顶篷，它可以升起或落下。像硬顶轿车一样，敞篷车没有门柱，根据需要可以制造成有或者没有后窗。它有2门和4门类型。

（4）舱背式轿车。分为3门和5门两种类型，车尾部有行李舱，行李舱盖向上开启。

（5）旅行车。分为3门和5门两种类型，顶部向后延伸至全车长，车后部有宽敞的行李舱，尾门是行李舱的入口。

（6）多功能车（SUV）。这种车通常采用四轮驱动，离地间隙比一般轿车高；常归到越野车一类，可在雪地和泥泞路面顺利行驶。

（7）厢式车。厢式车身宽大增加内部容积或空间。全尺寸厢式车通常采用全周边式车架和前置后驱的形式。微型厢式车体型较小，通常采用整体式车身结构和前置前驱的形式。

（8）轻型货车。通常称为皮卡车，它的驾驶室和车架通常是独立的。大多数轻型货车采用前置后驱的形式，有些是四轮驱动。

2. 货车车身

货车车身通常包括驾驶室和货厢两部分。货厢可以分为传统式货厢、封闭式货厢、自卸式货厢、专用车货厢以及特种车货厢等多种。

（二）按车身壳体的结构形式分类

（1）车架式车身。车架式车身具有完整的骨架（或构架），车身蒙皮固定在已装配好的骨架上。

（2）半车架式车身。半车架式车身只有部分骨架（如单独的立柱、拱形梁，加固件等），它们彼此直接相连或者借蒙皮板相连。

（3）整体式车身。整体式车身没有骨架，而是利用各种蒙皮板连接时所形成的加强筋来代替骨架。客车及较大型车厢多采用车架式，轿车和货车驾驶室广泛采用整体式。

（三）按车身的受力情况分类

（1）非承载式车身。用弹性元件与车架相连，车身不承受汽车载荷。

（2）半承载式车身。车身与车架系刚性连接，车身承受汽车的一部分载荷。

（3）承载式车身。全部载荷均由车身承受，底盘各部件可以直接与车身相连，取消了车架。承载式车身具有更轻的质量、更大的刚度和更低的高度。

任务一　汽车非承载式车身结构认知

任务目标

知识目标	熟悉轿车后车身相关构件的组成及相互间的位置关系
技能目标	会进行轿车后车身各部件的拆装和调整

知识储备

一、非承载式车身

非承载式车身又称为车架式车身，车架是一个独立部件，没有与车身外壳任何主要部件焊接在一起。车架是汽车的基础，车身和主要部件都固定在车架上，因此要求车架有足够的坚固度，在发生碰撞时能保持汽车其他部件的正常位置。车身通常用螺栓固定在车架上，为减少乘客室内的噪声和振动，车身与车架之间放置特制橡胶垫块，还安装了减振器，将振动减至最小。图2-1-1为车

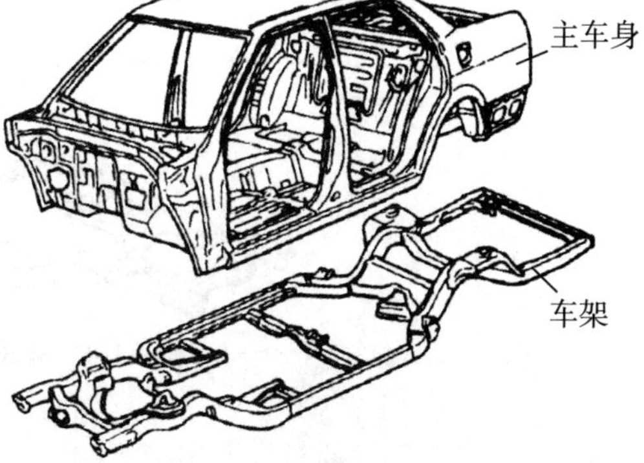

图2-1-1　车架式车身结构

架式车身典型结构，车身由主车身和车架组成。

当代汽车的高强度钢车架的纵梁截面通常是U形槽截面或箱形截面，用来加强车架并作为车轮、发动机和悬架系统的支架，碰撞时能吸收大量的能量。

车架上不同的托架、支架和孔洞用来安装各种部件，这些构成汽车的底盘。为了便于汽车转弯，并为汽车提供较好的支撑，车架都做成前部窄、后部宽。车架式车身的车架常见的有梯形车架（图2-1-2）、X形车架（图2-1-3）和框式车架三种类型。

图2-1-2 梯形车架

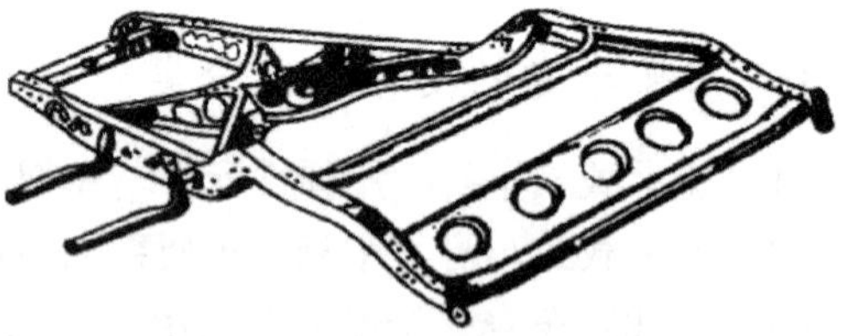

图2-1-3 典型的X形车架

（一）梯形车架

梯形车架的强度好，包含2个纵梁与一些横梁相连接。如图2-1-2所示。

（二）X形车架（脊梁式车架）

X形车架中间窄、刚性好，能较好地承受扭曲变形，但其侧面保护性不强，现已不再使用。如图2-1-3所示。

（三）框式车架

框式车架的纵梁在其最大宽度处支撑着车身，在车身受到侧向冲击的情况下为乘客提供更多的保护。在前车轮后面和后车轮前面的区域，分段地形成扭力箱结构（图2-1-4）。在正面碰撞中分段区域，可吸收大部分的能量。在侧向碰撞中，由于中心横梁靠近前面地板边侧构件，使乘坐室受到保护；同时因乘坐室地板低，从而质心降低、空间加大。在后尾碰撞中，由后横梁和上弯车架吸收冲击振动。由于关键区域有横梁加强，避免了车架过大的扭曲和弯曲。目前所使用的大多数车架都是框式车架。

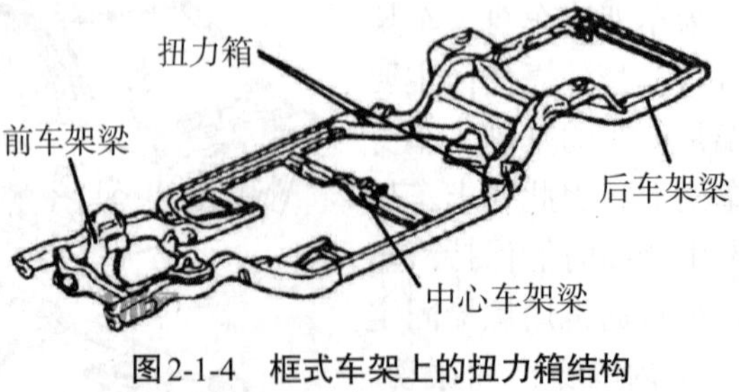

图2-1-4 框式车架上的扭力箱结构

二、车架式的前车身

车架式的前车身由散热器支架、前翼板和前挡泥板组成（图2-1-5），用螺栓安装，易于分解。散热器支架由上支架、下支架和左右支架焊接成一个单体。车架式车身的前翼板不同于无架式车身的前翼板，其上边内部和后端是点焊的，不仅增加了翼板的强度和刚性，而且与前挡泥板一起降低了传到乘坐室的振动和噪声，也有利于减小悬架及发动机在侧向冲击时受到的损伤。

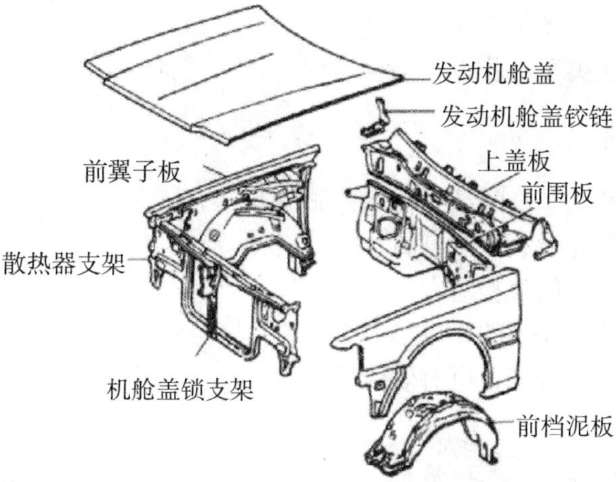

图2-1-5　车架式车身的前车身结构

三、车架式的主车身

乘坐室和行李舱焊接在一起构成主车身，由围板、地板、顶板等组成，如图2-1-6所示。围板由左右前车身立柱、内板、外板和盖板的侧板构成；地板的前面有一传动轴凹槽，纵贯地板中心；横梁与地板前部焊接在一起，并安装到车架上。当乘坐室受到侧向冲击碰撞时，可使乘坐室顶边梁、门和侧面车身得到保护。地板的前后和左右边侧用压花工艺做成皱折，增加地板的刚度，减少了振动。

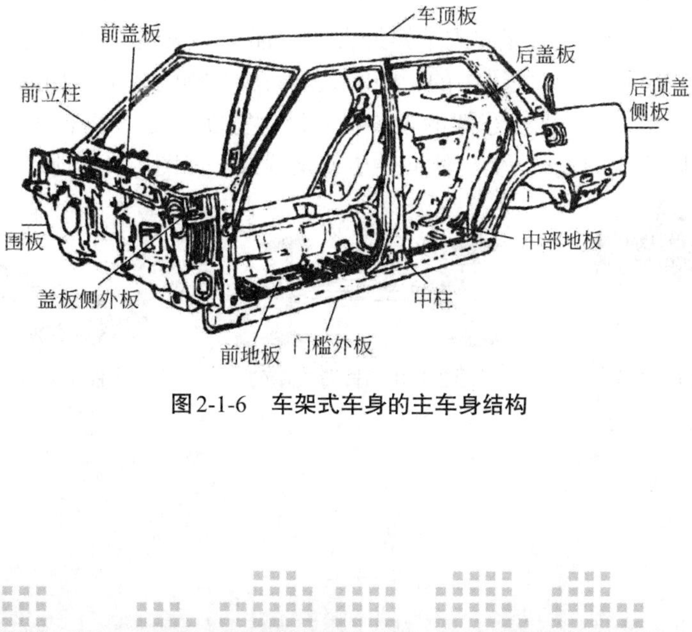

图2-1-6　车架式车身的主车身结构

任务实施

一、任务内容

对非承载式车身进行辨识。

二、实施准备

（1）场地：汽车一体化车间。
（2）工量具：各类车身若干。

三、操作步骤

（1）认识非承载式车身的结构特点，如图2-1-7所示。
①承载能力通常比承载式车身高。
②车身的车辆离地间隙相对大。
③车架有吸收路面振动的作用。
④发生事故，车架吸能，可有效保护。

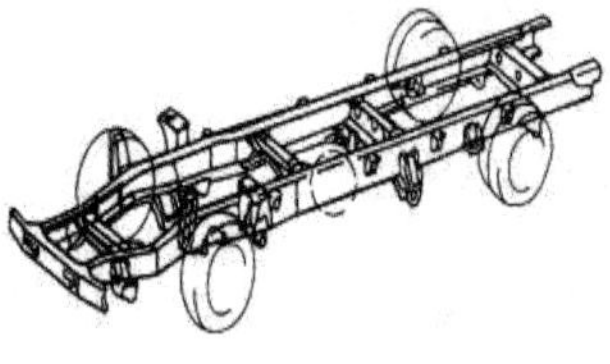

图2-1-7 非承载式车身结构

图2-1-8 梯形车架

（2）认识梯形车架。梯形车架也叫边梁式车架，其特点是强度好。由于舒适性差，现在轿车上基本不用，但在载货车辆上是最常见的车架类型。如图2-1-8所示。

（3）认识X形车架。X形车架是在脊背式车架基础上改进而来的。由于这种车架中间窄、前后宽、侧面保护性不强，具有较高的抗扭曲性，但现在已经基本不再使用。如图2-1-9所示。

（4）认识脊背式车架。脊背式车架最大的特征是一根位于中央贯穿前后的纵梁，传动轴和管路是封闭在中间大梁中的，中间大梁构成车辆的主干。如图2-1-10所示。

（5）认识框式车架。框式车架的纵梁在其最大宽度处支撑着车身，在车身受到侧向冲击时可为乘客提供保护，受到侧向冲击安全性好。如图2-1-11所示。

图2-1-9 X形车架

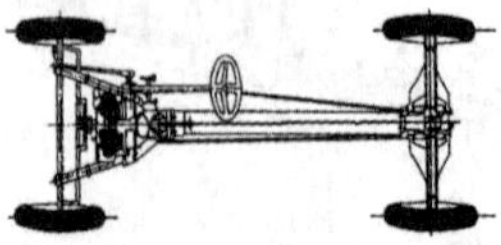

图2-1-10 脊背式车架

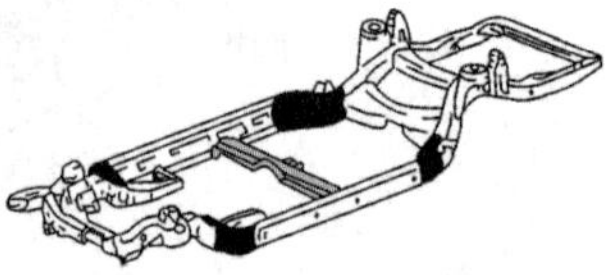

图2-1-11 框式车架

四、实施评价

序号	考核项目	考核内容	评分细则	分值	得分
1	梯形车架认知	特点	表述清楚	15分	
		应用场合	分析到位	15分	
2	X形车架认知	特点	表述清楚	15分	
		应用场合	分析到位	15分	
3	框式车架认知	特点	表述清楚	20分	
		应用场合	分析到位	20分	
合计				100分	

任务二　汽车承载式车身构造

任务目标

知识目标	1.掌握常见轿车承载式车身的结构形式； 2.熟悉轿车承载式车身相关构件组成及相互间的位置关系
技能目标	会进行轿车承载式车身各部件的拆装和调整

任务描述

承载式车身也称为整体式车身，近年生产的小型、中型（甚至有些大型）的新型轿车，大都采用整体式（无架式）车身构造。图2-2-1为整体式车身典型结构。整体式车身没有单独的车架，整个车身与车架合成一体。整个车身是由冲压成不同形状的薄钢板件用电阻点焊连接成一个整体。其特点有：（1）整体式车身的主要部件是焊接在一起的，车身易于形成紧密的结构，有助于在碰撞时保护车内乘员；（2）由于没有独立车架，车身紧挨地面，质心低，行驶稳定性较好；（3）整体式车身内部的空间更大，汽车可以小型化，结构紧凑，质量轻；（4）整体式车身刚性较大，有助于向整个车身传递和分散冲击能量，使远离冲击点的一些部位也会有变形；（5）当碰撞程度相同时，整体式车身的损坏要比车架式车身的损坏更为复杂，修复前要做彻底的损坏分析；（6）车身一旦损坏变形，则需要采用特殊的（不会导致进一步损坏）程序来恢复原来的形状。整体式车身检查中容易忽略远离碰撞点的一些不明显的损坏，但是这些损坏在以后会引起操纵或动力系统的故障。

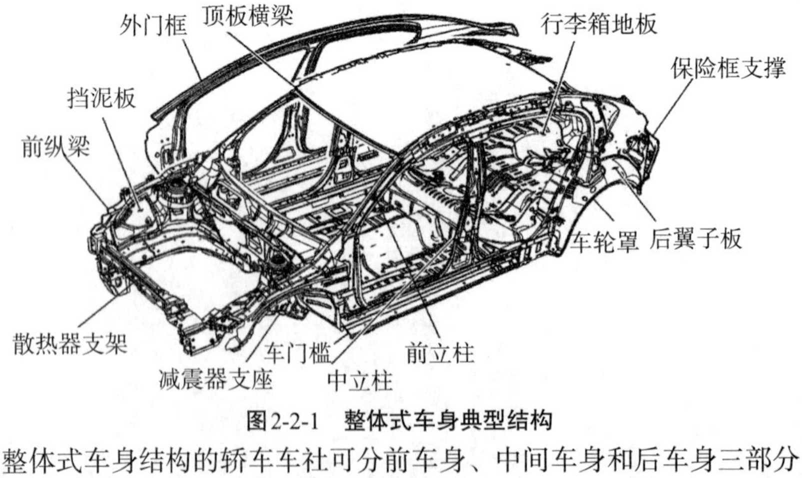

图2-2-1　整体式车身典型结构

使用整体式车身结构的轿车车社可分前车身、中间车身和后车身三部分，主要由发动机舱盖、前立柱、中立柱、顶盖、行李箱盖、翼子板和车门等部件组成。轿车车身基本组成，如图2-2-2所示。

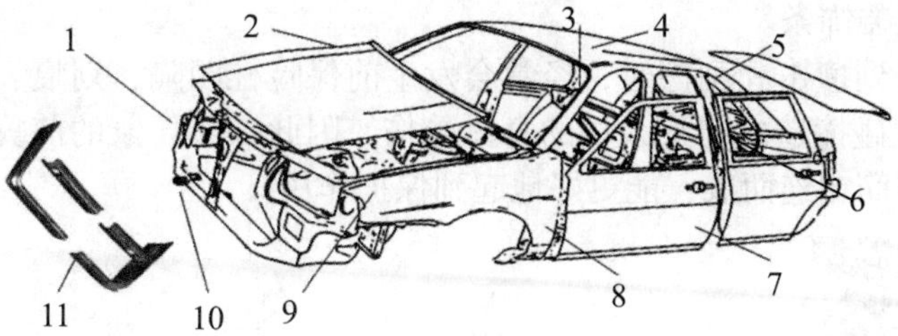

1—发动机舱盖；2—前立柱；3—中立柱；4—顶盖；5—行李厢盖；6—后翼子板；7—后车门
8—前车门；9—前翼子板；10—前围板；11—保险杠

图2-2-2　轿车车身的组成部件

知识储备

一、轿车前车身相关构件

轿车前车身主要由前翼子板、发动机罩及前保险杠等组成。轿车前车身的构成，如图2-2-3所示。车辆发生碰撞、倾翻等交通事故，车身因直接承受撞击力而造成不同程度的损伤，同时由于波及、诱发和惯性的作用，发动机和底盘各总成也存在受损伤的可能。但由于结构的原因，发动机和底盘各总成的损伤往往不直观，汽车受到正向冲击时，前车身能有效地吸收冲击能量。因此，前车身应具有足够的强度和合适的刚度。

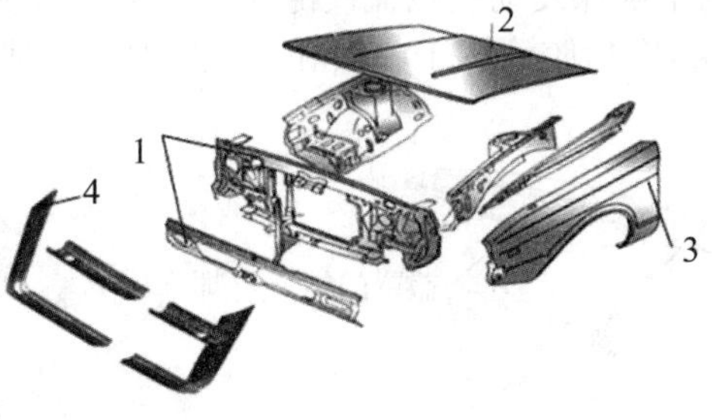

1—前围板；2—发动机盖罩；3—前翼子板；4—前保险杠

图2-2-3　轿车前车身部件

（一）前保险杠

前保险杠位于车辆的最前端，是车身外部装饰体，起到装饰和防护的作用。典型外装式前保险杠结构，如图2-2-4所示。

汽车受到前部撞击时，经常会发生前保险杠凹陷、划痕、撞飞、塑料件脱落、大灯和保险杠连接处损伤以及波及其他部件的损伤等状况。为了防止硬碰撞造成司乘人员的身体受伤，因此一般厂家的前保险杠都由非金属面罩和金属加强筋相连而成，能更好地起到保护作用。

（二）前翼子板

翼子板是遮盖车轮的车身外板，是车身非常重要的结构件，普通轿车的前翼子板（图2-2-5）主要由前翼子板外板、前翼子板内板及翼子板防擦装饰条等组成，部分轿车还装有翼子板装饰条。

前翼子板受到撞击和刮擦时，经常会发生前保险杠凹陷、划痕、撕裂、皱褶等状况。为了防止硬碰撞造成司乘人员的身体受伤，因此一般厂家的前翼子板都由非金属面罩和金属加强筋相连而成，能更好地起到保护作用。

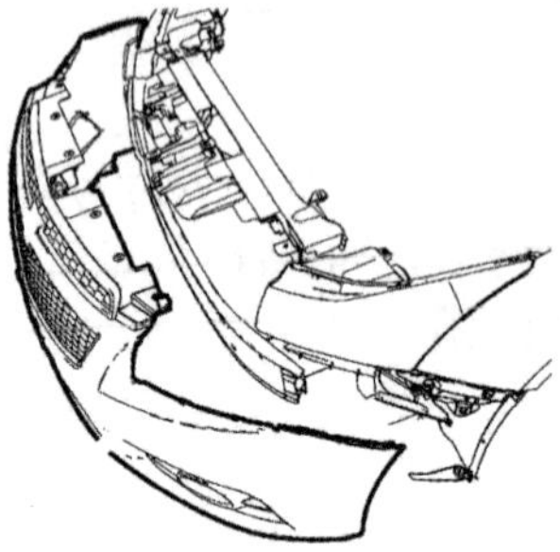

图2-2-4　汽车前保险杠

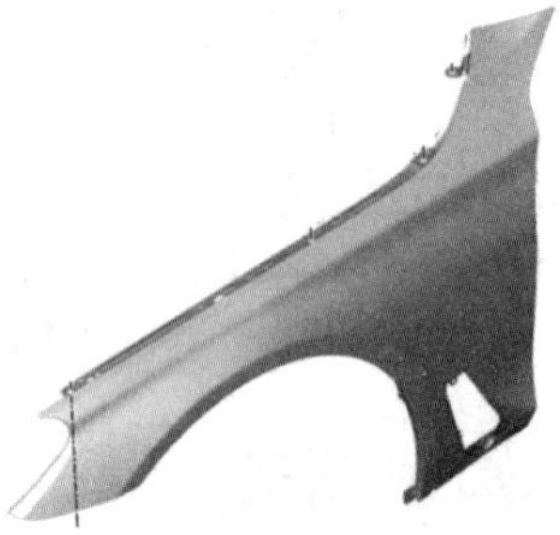

图2-2-5　汽车前翼子板

（三）发动机罩

发动机罩位于车辆前上部，是发动机舱的维护盖板。轿车的发动机罩主要由发动机罩铰链、发动机罩支撑杆、发动机罩锁、发动机罩锁开启拉索等部件组成，如图2-2-6所示。

如图2-2-7所示，为了确保发动机舱盖铰链和发动乱抢盖锁支架的刚性和强度，将加强梁点焊于内板上，将密封胶涂抹于内板和外板的某些间隙中，以确保外板有足够的张力。

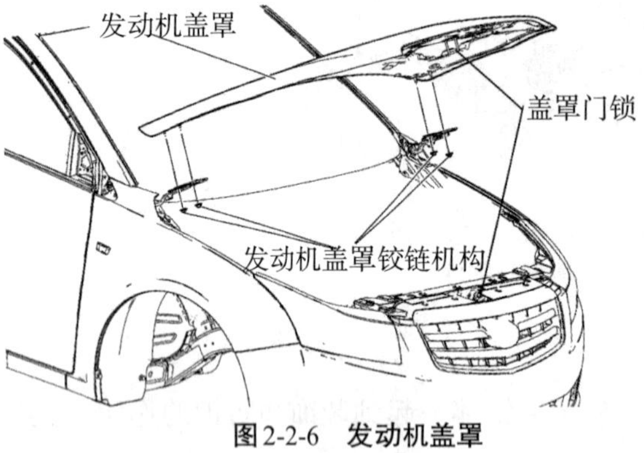

图2-2-6　发动机盖罩

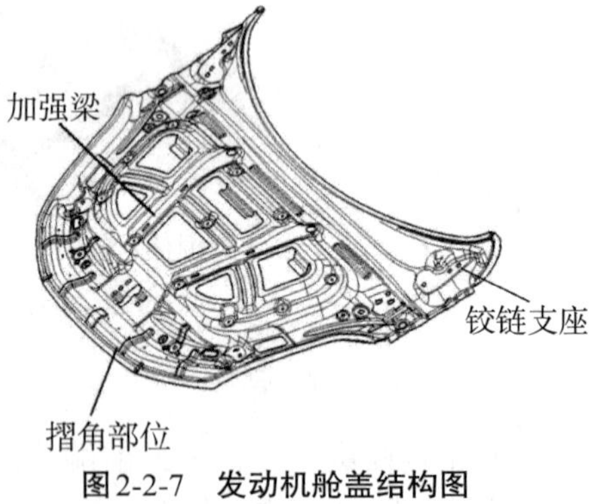

图2-2-7　发动机舱盖结构图

二、轿车中间车身相关构件

轿车中间车身主要由底板、门槛板、立柱、车门和车顶等结构件组成（图2-2-8），把它们焊接在一起构成乘客舱，为乘员提供安全、舒适的乘坐空间，在行驶和事故中可以有效保护乘员安全。

中间车身是整个车身的主体，也是整车的骨架。中间车身的立柱起着支撑车顶和风窗的作用，一般下部做得粗大，上部的截面尺寸设计需要考虑驾驶视野而缩小。立柱包括前柱、中柱与后柱三种。

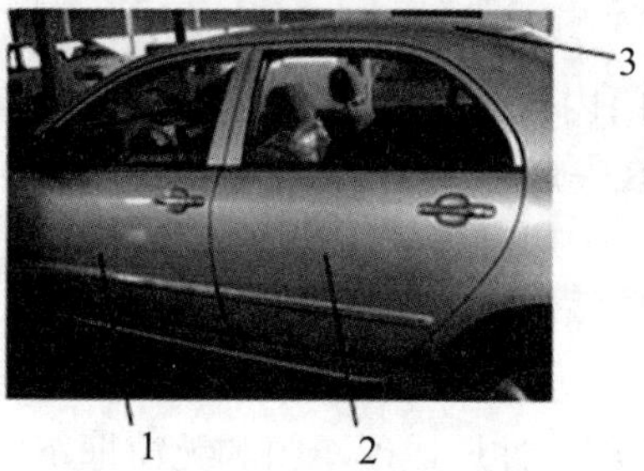

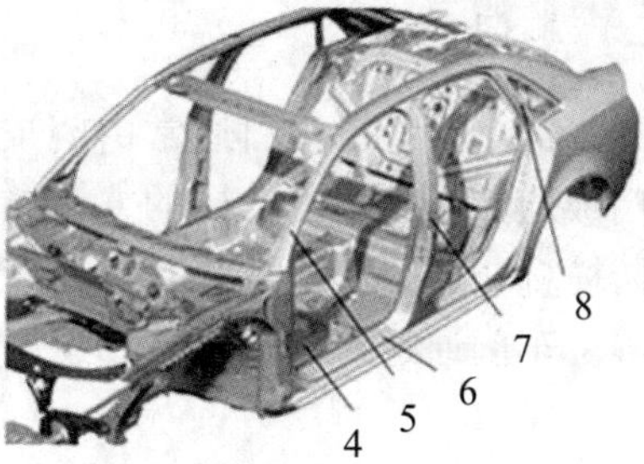

1—前车门；2—后车门；3—车顶；4—车身底板；5—前立柱；6—门槛板；7—中立柱；8—后立柱

图2-2-8　中间车身结构

（一）立柱、门槛板和底板

如图2-2-9所示，立柱、门槛板是构成车身侧框架的钣金结构件，是车身非常重要的支撑件，如轿车、吉普车等车型的侧框架一般由前、中、后门框及门槛等构成一个框架结构，用来固定车门、支撑车顶、固定车身蒙皮等。

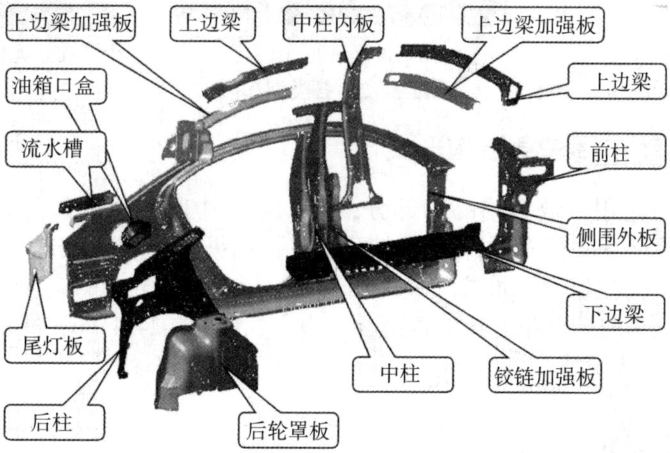

图2-2-9　中间车身结构图

（二）车顶和天窗

车顶板是乘客舱顶部的盖板，通常焊接在立柱上。车顶板上可以装备天窗、换气窗或天线等，如图2-2-10所示。车顶主要由车顶板、车顶内衬、横梁（可能由前横梁、后横梁、加强肋等组成），有的车型还备有车顶行李架。

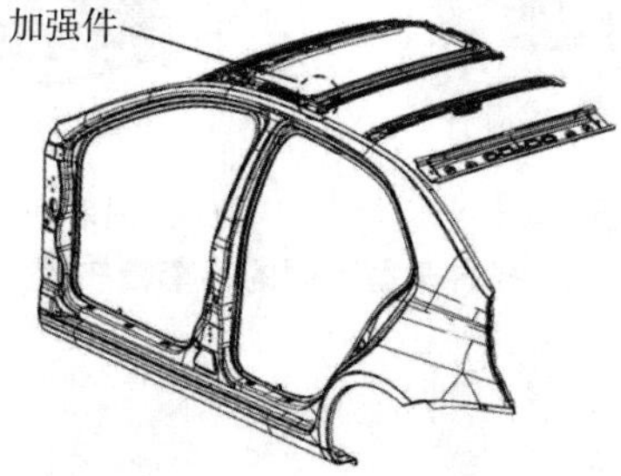

图2-2-10　汽车天窗结构

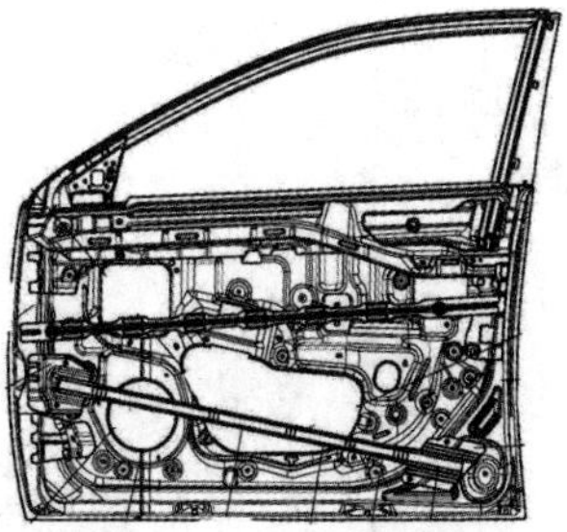

图2-2-11　车门结构

（三）车门

如图2-2-11所示，车门通常由门皮、门内骨架、门板、内饰等部件组成，门皮、骨架和门板通常用点焊或粘接的方式接合在一起。为加强侧面抗碰撞强度，门内通常还设有防撞杆。车门上通常装有车窗玻璃、玻璃升降器、门锁及相关电控装置、按钮和开关等。车门通过铰链与门柱相连，车门铰链通过螺栓或焊接方式固定在立柱和门框上。

如图2-2-12所示，车门大致分为窗框车门、冲压成形车门和无窗框车门3种。

（a）窗框车门　　（b）冲压成形车门　　（c）无窗框车门

图2-2-12　各类型车门

三、常见轿车后车身结构形式

轿车后车身是用于放置物品的部分，可以说是中间车身侧体的延长部分。如图2-2-13所示，后车身的很多构件与前车身相似，如纵梁、后减振器塔座、后翼子板、行李厢盖、后保险杠等。三厢式汽车的乘客室与行李厢是分开的，如图2-2-14（a）所示；而两厢式汽车的行李厢则与乘客室合二为一，如图2-2-14（b）所示。

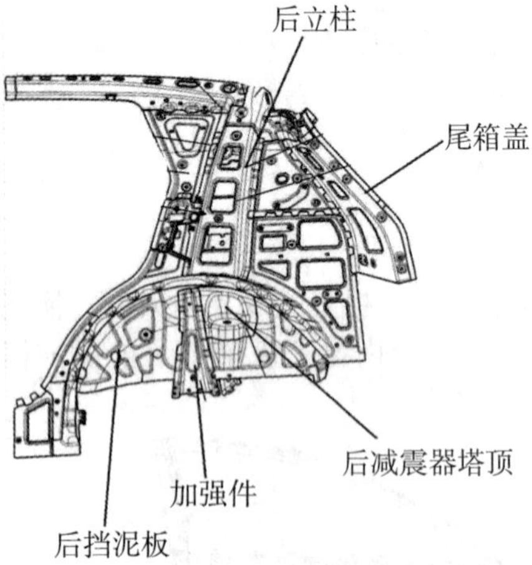

图2-2-13　汽车后车身结构

（a）三厢车　　（b）两厢车

图2-2-14　各种车型不同的行李箱布置

任务实施

一、任务内容

对车身结构的认知。

二、实施准备

（1）场地：汽车一体化车间。
（2）工量具：各类车身若干。

三、操作步骤

（1）认识常见轿车车身总体结构，如图2-2-14所示。

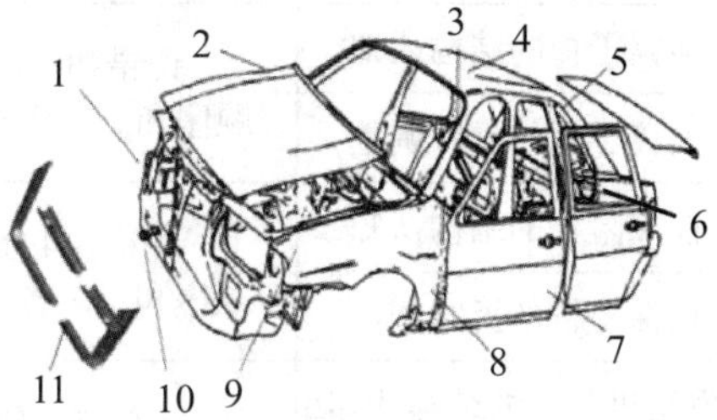

1—发动机罩；2—前柱；3—中柱；4—顶盖；5—行李厢盖；6—后翼子板；7—后车门；8—前车门；9—前翼子板；10—前围板；11—保险杠

图2-2-14　常见轿车车身总体结构

（2）认识轿车前车身的组成示意图，如图2-2-15所示。

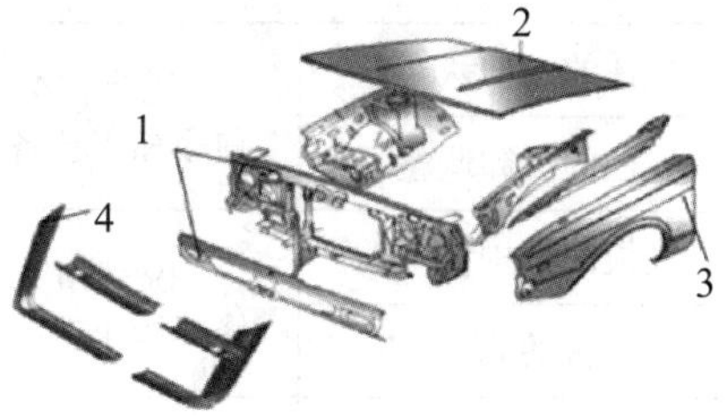

1—前围板；2—发动机罩；3—前翼子板；4—前保险杠

图2-2-15　轿车前车身的组成

（3）认识轿车中间车身的组成，如图2-2-16所示。

1—车身底板；2—前柱；3—车顶；4—后柱；5—中柱；6—门槛

图2-2-16　轿车中间车身的组成

(4) 认识常见轿车后车身的组成，如图2-2-17所示。

1—行李厢盖；2—行李厢；3—后保险杠；4—后翼子板

图2-2-17　常见轿车后车身的组成

四、实施评价

序号	考核项目	考核内容	评分细则	分值	得分
1	前翼子板的结构认知和拆装	前翼子板的结构认知	说错扣4分，顺序和工艺各扣4分	12分	
		前翼子板的拆卸调整			
2	前保险杠的结构认知和拆装	前保险杠的结构认知	说错扣4分，顺序和工艺各扣4分	12分	
		前保险杠的拆卸调整			
3	发动机舱盖的结构认知和拆装	发动机舱盖的结构认知	说错扣4分，顺序和工艺各扣4分	12分	
		发动机舱盖的拆卸调整			
4	车门的结构认知和拆装	车门的结构认知	说错扣4分，顺序和工艺各扣4分	12分	
		车门的拆卸调整			
5	立柱的结构认知和拆装	立柱的结构认知	说错扣4分，顺序和工艺各扣4分	12分	
		立柱的拆卸调整			
6	底板的结构认知和维修	底板的结构认知	说错扣3分，修复和工艺各扣3分	9分	
		底板的修复			
7	门槛的结构认知和维修	门槛的结构认知	说错扣3分，修复和工艺各扣3分	9分	
		门槛的修复			
8	行李箱盖的结构认知和拆装	行李箱盖的结构认知	说错扣3分，顺序和工艺各扣4分	11分	
		行李箱盖的拆卸调整			
9	后翼子板的结构认知和拆装	后翼子板的结构认知	说错扣3分，顺序和工艺各扣4分	11分	
		后翼子板的修复			
合　计				100分	

任务三　汽车车身材料

任务目标

知识目标	1.了解汽车上常用的金属材料； 2.掌握汽车上常用金属材料的识别
技能目标	能识别汽车常用的金属材料

任务描述

汽车车身由于外形、安全性能的要求不同，广泛采用金属材料，这些材料具有较好的使用性、工艺性和经济性。除了金属材料外，为了减轻车身的自身重量，一些非金属材料也越来越多地使用到车身上。通过本任务学习，要求学生能理解汽车上常用金属材料和非金属材料的相关内容，掌握汽车上常用金属材料和非金属材料的识别。

一、汽车金属材料

（一）车身钢板

1. 热轧钢板和冷轧钢板

车身结构中有两种类型的钢板，即热轧钢板和冷轧钢板。热轧钢板是在800℃以上的高温下轧制的，它的厚度一般在1.6 ～8mm，用于制造汽车上比较厚的零部件，如车身、横梁、车架、车身内部钢板、底盘零件、底盘大梁等。冷轧钢板是由热轧钢板经过酸洗后冷轧变薄，并经过退火处理得到的(因为滚轧的关系，内部结构变硬，要实施退火处理使它软化)。由于冷轧钢板是在较低的温度下轧制的，它的厚度精度高，一般厚度为0.4 ～1. 4mm。冷轧钢的表面质量好，具有良好的可压缩性和焊接性能。大多数整体式车身都采用冷轧钢板制成。在悬架周围、车身底部容易腐蚀的地方，采用经过表面处理的冷轧钢板作为防锈钢板。

2. 低碳钢

在2000年之前的车身修理中，遇到的钢板大多数都是低碳钢制成的。低碳钢的含碳量低，比较软，所以便于加工，可以很安全地进行焊接、热收缩和冷加工等操作，其强度不会受到严重影响。由于低碳钢容易变形，所以要用较厚的板件才能达到足够的强度，导致汽车质量增加。现在为了达到环保的要求，减轻汽车的质量，减少汽车的排放，高强度钢正在替代传统的低碳钢越来越多地应用于整体式车身。汽车制造中采用大量的高强度钢来制造汽车上需要承受载荷的零部件（即结构件），但车身的外覆盖件从维修的角度考虑一般还会采用低碳钢来制造。

3. **高强度钢**

高强度钢泛指强度高于低碳钢的各种类型的钢材，一般强度为200MPa以上。新设计的整体式车身通常比车架式车身小，车身的前部要求能够承受比过去大得多的载荷，并能够更好地吸收碰撞能量。高强度钢正好可以解决这两方面的问题。目前的整体式车身要求构件要有足够的强度（例如挡泥板，它不仅具有挡泥板的作用，同时还要能够承受悬架的一部分载荷，并支撑横向安装的发动机、蓄电池、点火装置和减振器）；要求质量轻，以减少燃料消耗；要有很好的塑性，可以设计成抗弯断面，能吸收碰撞能量并减少传递到乘坐室内的损害。为了达到上述要求，许多汽车制造厂都采用强度好、质量轻的高强度钢来制造现代车身大部分的板件。如图2-3-1所示。

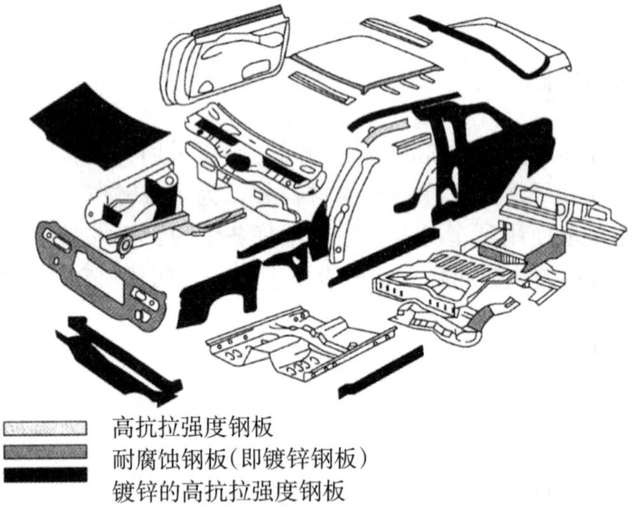

图2-3-1　现代车身高强度钢板的应用

高强度钢受到碰撞时不容易变形，但变形后，它比低碳钢更难修复到原来的形状。在常规钢板的修理过程中，可以采用加热的方法来释放应力或焊接新的零部件，使用高强度钢以后，加热需要受到严格控制，或者根本就不能加热，否则会造成板件内部结构的损害。

车身上常用的高强度钢和超高强度钢的类型，见表2-3-1；2000年前的车身和现在的车身在材料上有很大的不同，见表2-3-2。使用的材料不同使板件的性能有了很大的变化，那么修理方法也相应有很大的改变。

表2-3-1　车身上常用的高强度钢和超高强度钢的类型

名称	应用	性能	示意图
烘烤硬化钢	(1)在车辆上需具有高强度且成形困难的零件； (2)车身面板部件（如车门外面板）尽管成形度高，但必须保证表面质量最佳且具有抗碰撞凹痕性能	屈服点范围(R_P)：180～300MPa； 抗拉强度(R_M)：500MPa； 断裂延伸率A_{80}：30%	

续表

名称	应用	性能	示意图
高强度低合金钢	(1)用于对强度和防撞要求较高的部件,但其成形度不高; (2)微合金钢可用于后部发动机支架和内部侧框架等	屈服点范围(R_P):340~420MPa; 抗拉强度(R_M):620MPa; 断裂延伸率A_{80}:20%	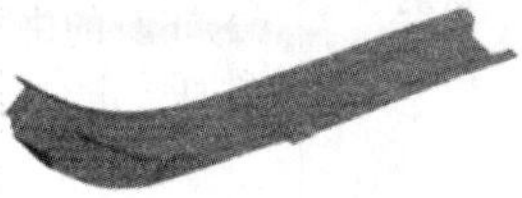
高抗拉强度钢	(1)用这种钢来制造与悬架装置有关的构件和车身等; (2)用于车门边护板、保险杠加强筋等	屈服强度可达350MPa,抗拉强度可超过450MPa	
TRIP(相变诱发塑性)钢	用于发生碰撞时必须吸收较多能量的高强度结构件	屈服点范围(R_P):380~450MPa; 抗拉强度(R_M):800MPa; 断裂延伸率A_{80}:25%	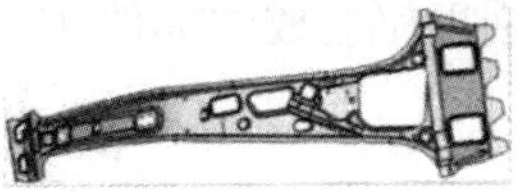
多相钢	(I)需要很高强度且发生碰撞时必须吸收大量能量的结构件; (2)E65中CP钢用于后部发动机支架内的挡板。此外,F65的B柱加强件也由D680C(CP-800)制成	屈服点范围(R_P):680~720MPa; 最大抗拉强度(R_M):1150MPa; 断裂延伸率A_{80}:10%	
马氏体相位钢	(1)对防撞要求很高的部件(即在很短的碰撞变形行程内要吸收大量的能量); (2)MS钢制成的部件大多数用于损坏时必须完整更新的螺纹件; (3)E60的侧面防撞保护件由MS钢制成	屈服点范围(R_P):750~1100MPa; 最大抗拉强度(R_M):1400MPa; 断裂延伸率A_{80}:5%	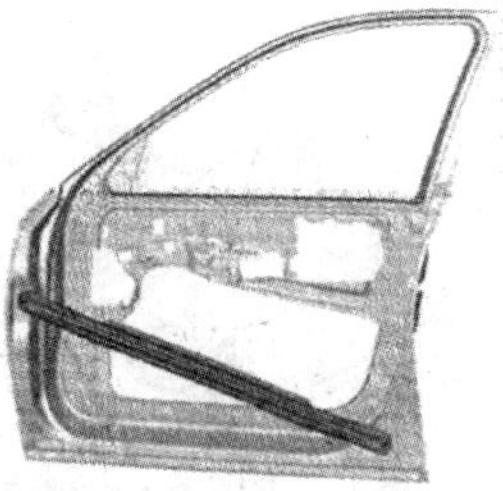

续表

名称	应用	性能	示意图
硼钢	(1)要求具有最高强度且高成形度的部件； (2)车身的中立柱及门槛加强件	最小屈服点(R_{P})：1300MPa	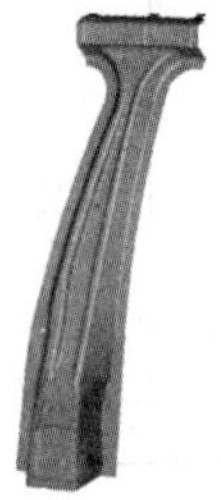

表2-3-2　高强度钢的应用变化

车身钢板类型	2000年前	现在	变化趋势
低碳钢	70%	30%	↓
高强度钢	20%	50%	↑
超高强度钢	10%	20%	↑

现代的车身外部覆盖件一般采用低碳钢或强度比较低的高强度钢制造，但是车身的结构件都采用高强度钢和超高强度钢来制造。从图2-3-2～图2-3-5可以看到，各种高强度钢制成的部件（深色的部分）在现代车身中的应用情况。

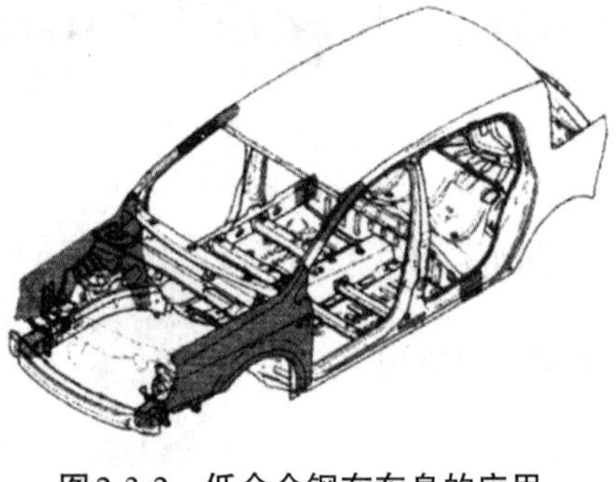

图2-3-2　低合金钢在车身的应用

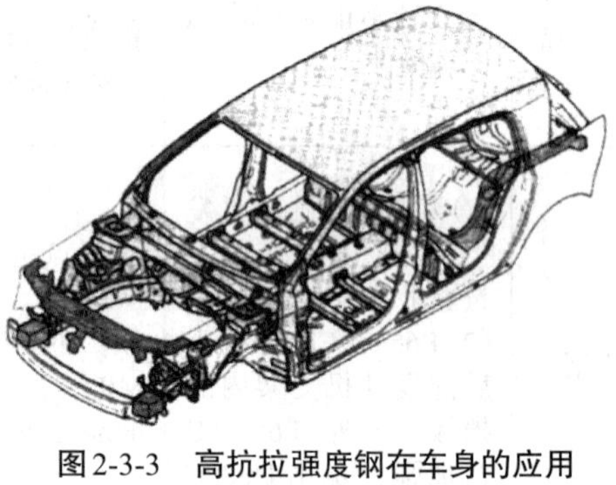

图2-3-3　高抗拉强度钢在车身的应用

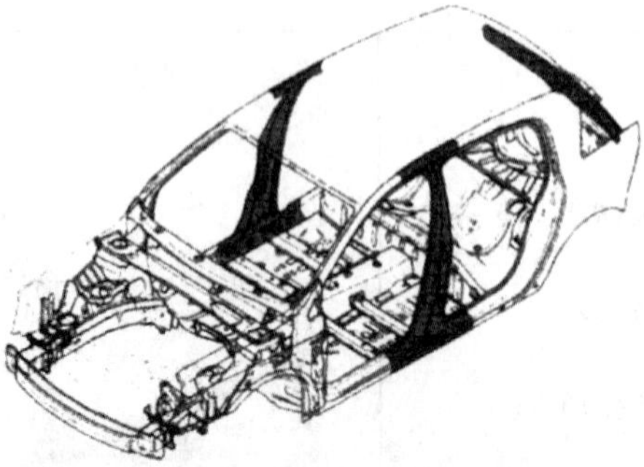

图2-3-4　硼钢在车身的应用

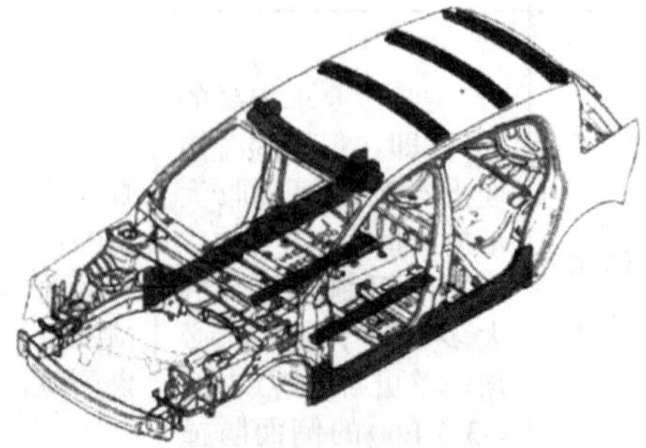

图2-3-5　双相钢在车身的应用

4. 钢板的修理

（1）加热对低碳钢性能的影响。对低碳钢进行加热时，随着钢板温度的增高，其强度和刚度也随着下降，停止加热后温度下降到常温，它的强度又恢复到原来的程度。所以对于低碳钢钢板的修理来说，加热操作后不会降低钢板原有的强度。用常规的氧—乙炔焊和电弧焊进行焊接，或对低碳钢钢板进行短时间的加热方式进行修理，都是允许的。

（2）加热对高强度钢性能的影响。对高强度钢进行加热时，随着温度的升高，高强度钢内部的金属晶粒会发生改变，由原来比较小的晶粒互相融合、吸收而变成大晶粒，金属晶粒之间的作用力会随着晶粒的变大而减小，表现出来外观的强度会减小。当加热后的高强度钢恢复到常温后，内部的晶粒不能够自己恢复到原来小晶粒的状态，所以高强度钢经过过度加热再冷却后，强度会下降。高强度钢被加热过的部件表面外观及结构形状没有大的变化，这就容易引起修理人员的误会，认为加热并没有损坏板件，其实板件的内部结构被破坏了，这种变化对车身的危害是巨大的。车身的承重板件由于强度下降，使用一段时间后会产生变形，相关的机械部件（如发动机、悬架、转向系统）的安装点会变化，导致振动增加、跑偏、轮胎偏磨、转向齿轮齿条过度磨损等问题。特别是在发生事故时，这些板件无法达到设计中的防撞作用（如吸收碰撞能量），从而会发生更大的变形，导致更大的损害。

（3）加热后修理对车辆产生的损害。维修车身时应尽量避免加热（尤其是车架、梁，一定不可用加热的方式来维修）。加热对车辆产生的损害有：损坏镀锌层，引起钢板锈蚀，降低钢板的防锈能力；改变钢铁强度；形成氧化膜后钢板厚度降低；会使车辆燃烧起来。

（4）钢铁颜色和温度的关系。对钢铁加热时，其颜色会随着温度上升发生变化。从表2-3-3可以看出，当钢加热到600℃时，才可以用闪眼观察到颜色变化，而这时已经超过绝大多数高强度钢板的耐热温度。并不是所有类型的高强度、超高强度钢板都不能加热，它们的允许加热的温度都很低，一般不超过200℃。由于不能用常规方式控制加热的温度范围，所以制造厂一般不允许用产生热量过多的方式来修理汽车。

表2-3-3　钢铁的颜色与温度

温度/℃	600	700	800	900	1000	1100	1200	1300
颜色变化	暗红	红色	淡红	橘红	黄色	淡黄	白色	亮白

5. 钢铁的热处理

钢铁的热处理是以调整加热温度和冷却速率来控制的，而热处理的结果依金属的含碳量和合金的种类有所不同。钢铁的热处理通常可分为正火处理、淬火处理、回火处理和退火处理4类。

（1）正火处理用来强化内部结构。正火处理是将钢铁加热到850℃后，以空气来冷却的一种热处理过程。当钢铁经过机械加工产生塑性变形后，其内部结构将变得散乱，从而造成强度不均，此时可利用正火处理来整顿其内部结构，改善机械性能。

（2）淬火处理用来增加硬度（脆性）。淬火处理是将含碳量0.4%的钢铁加热至

850℃后，急速冷却的一种热处理过程。淬火虽然增加硬度，但同时也增加脆性。

（3）回火处理用来增加韧性。回火处理是将淬火处理过的材料再次加热到200℃，然后冷却的一种热处理过程。回火处理可使材料的内部组织稳定，以增加韧性。

（4）退火处理用来增加柔软性。退火处理是材料加热后，慢慢冷却的一种热处理过程，加热的温度根据需求而有所不同。退火处理根据加热温度和冷却方式的不同会获得以下不同的结果。

①消除应力（温度150～600℃），可消除材料在机械加工期间所产生的内应力。

②柔软化（温度600～700℃），在各种管类或线类钢材制造期间可改善材料的切削性，便于切削。

③结构调整（温度800℃以上），整顿材料的内部结构。

6. 高强度钢板件的修理

为符合零件的特性要求，汽车制造厂所供应的零件已经适当地进行了热处理。在车身校正期间，如果用氧—乙炔来加热受损的车架，可以很容易修正它的形状，然而它的内部结构会因受热而受损。所以在修理高强度钢板时，要尽量避免对其进行加热。

在整体式车身的修理中，不能应用氧—乙炔焊、电弧焊等在焊接中产生大量热量的焊接方式，而是大量应用惰性气体保护焊和电阻点焊等产生热量少的焊接方式。

在修理中对钢板进行加热的目的是为了消除钢板内部的应力，而不是过度加热来软化钢板以方便修理。消除应力的加热方式一般不能超过200℃，在加热时要采用热敏材料来控制加热的温度。

7. 特殊金属板在车身中的应用

（1）防锈钢板。防锈钢板的表面有一层镀层，镀层的形式有镀锌、镀铝和镀锡。在这三种镀层中，镀锌和镀铝钢板容易腐蚀，而镀锡防腐蚀能力则比镀锌和镀铝钢板好。镀锌钢板对碱性环境的防腐蚀性能要好于酸性环境，一般用于车身钢板；而镀铝钢板对酸性环境的防腐蚀性能要好于碱性环境，一般用于排气管护板；镀锡钢板则用于燃油箱。对防锈钢板的修理要注意尽量保护镀层的完整，在进行打磨、钣金处理或焊接等可能会破坏镀层的修理过程中，要尽量少地破坏镀层并要及时恢复镀层，否则镀层被破坏的钢板很快会被腐蚀。

在车身中，应用最广泛的是镀锌钢板。由于钢板的表面有锌，空气不能直接和钢板接触，当锈蚀情况出现时，锌所具有的特性会先于钢板生锈，让锌层先腐蚀来防止钢板生锈。锌生锈不会像钢板一样不断锈至内部，只在表面上形成薄薄的锈层，不会再延伸到内部。涂完锌涂层的钢板不容易进行涂装，现在修补用的涂料一般都是可以在防锈钢板上喷漆的。但是在防锈钢板上重新进行涂装的时候，还是需要注意，防止涂装后出现问题。

车身用的镀锌钢板有单面镀锌和双面镀锌两种，双面镀锌钢板一般用在车身的下部板件（如车地板、挡泥板、发动机罩等部位），这些部位经常接触腐蚀物质，需要重点防护。单面镀锌钢板一般用在不经常接触腐蚀物质的部件（如车身上部的板件）。单面镀锌钢板根据锌镀层的不同，一般有单层镀锌和双层镀锌两种，如图2-3-6所示。

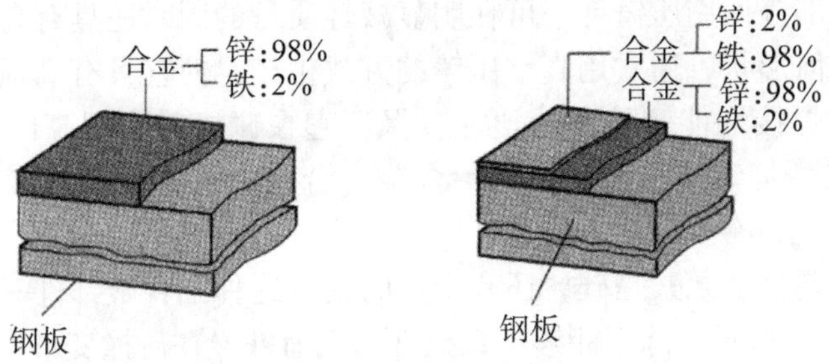

（a）单层镀锌钢板　　（b）双层镀锌钢板

图2-3-6　镀锌涂层的类型

（2）不锈钢板。不锈钢板是一种铬、镍合金碳钢，碳钢的含铬量大约为12%，在车身上主要用于一些豪华车的外装饰部件。

（3）夹层制振钢板。夹层制振钢板在其表面或中间覆有塑胶，如图2-3-7所示，以前应用钢板覆盖的塑胶膜较薄，而现在应用的覆盖塑胶膜较厚，吸收振动的效果更好一些。夹层制振钢板用在下隔板或乘坐室隔板。

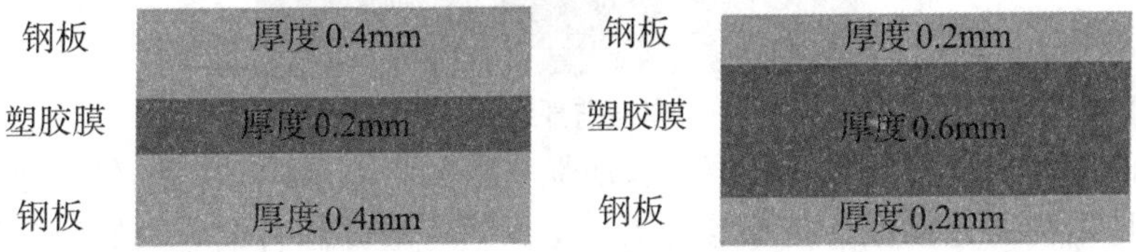

图2-3-7　夹层制振钢板原理

（二）车身铝合金

1. 铝合金在车身中的应用

实验证明，若汽车整备质量减少10%，燃油效率可提高6%～8%，汽车整备质量每减少100kg，百公里油耗可减少0.3～0.6L。由于节能和环保的需要，汽车轻量化已成为世界汽车发展的潮流。汽车轻型化的关键是从材料的轻量化入手，以便减轻自身质量，使发动机负载、底盘零部件的受力相应减轻。而有轻金属之称的铝由于其质轻、可循环利用等优良特性，自然成为汽车轻型化的首选材料。铝在汽车上的使用早已有之，并且呈逐年递增的趋势，早期主要用于发动机汽缸体、散热器等零部件。随着对铝材的不断研究和开发，很多车型（如宝马、奥迪、沃尔沃、陆虎、福特等）的结构件和外部钣金件，也局部或整体使用铝板。

1995年，德国奥迪公司率先推出全铝车身的奥迪A8轿车，从而把车身用铝的研究推向了高潮。铝挤压型材、真空压铸件及铝合金板是奥迪A8轿车铝车身的三种基本元素。由于采用轻金属铝，使车身质量减轻40%，而铝空间框架的设计使车身的静态扭转刚度提高40%。现在车身结构件也可全部用铝合金来制造，如奥迪A6、别克GL8、标致307和欧宝维特C的发动机罩，雷诺Laguna ii的发动机罩、车顶和车门板，宝马E60车身，用铝合金来制造车身结构件和外部板件。

车身中的铝合金，依照其在车身中的功能要求，可分为铸造件、冲压件、压铸件。车身板件大部分使用压铸件，可在明显减轻质量的同时还具有高的强度。这些板件具有复杂的几何形状，通常用真空压铸的方式生产，使它具有高强度，还具有高的延展性，良好的焊接性能，较高的塑性，保证它在碰撞时有很高的安全性。这些压铸件的铝合金类型是铝硅、铝镁系列铝合金，合金中主要合金元素是镁、硅，有的加入铜。

铝合金中主要合金元素是硅，还有少量的镁。这种铝合金部件一般应用在碰撞吸能区域，如图2-3-8所示。除了能够承载正常的载荷外，在碰撞变形中还可以吸收大量的能量，保护后面的部件完整不会变形。一般制造横梁、保险杠及其支挡件等。

图2-3-8　车身前部铝合金吸能部件

冲压件有非常高的强度，它们能够加强车身的强度和刚性，使车身能够在剧烈的碰撞中保持结构的完整性。在车身的铝合金件上一般都标有铝合金的类型的标识，如图2-3-9所示。例如，宝马5系列车的减振器支座（图2-3-10）就是用铝镁合金制造的。

图2-3-9　奥迪A2铝合金件上的标识

图2-3-10　宝马5系减震器支座

2. 铝的特性

（1）密度小，材质轻，经济、环保。其密度约为2.7g/cm^3，同样体积的钢材和铝，铝的质量仅为钢材的1/3，比钢材轻了很多，这正符合了车身轻量化的需求。

（2）强度低。车身铝板使用的都是合金铝，通过增减合金元素的配比和采用适当的热处理工艺等，使其达到所需性能，车身表面铝板强度与钢板相比强度较低，而结构件铝板相对具有一定的强度和韧性，在发生碰撞时有良好的吸能特性。

（3）板材厚、耐腐性好。铝板的厚度通常是钢板厚度的1.5～2倍，其抗腐蚀能力强。当裸露的铝暴露在空气中时，铝的表面会快速形成一层很薄的氧化膜，这层氧化膜可以起到自我保护的作用，避免其他物质的进一步腐蚀。

(4) 熔点低、韧性差、维修费用昂贵。铝的熔点为660℃（较低），沸点为2467℃，加热时没有明显火色，受热后容易产生变形和翘曲，这样在焊接及热收缩作业时将有一定的难度。车身表面铝材在冲压成形过程中，其延伸率较大（30%），加之韧性差，车辆在碰撞或修复过程中，铝板很容易出现撕裂或裂纹（如图2-3-11所示）。铝板的焊接强度相对较差，很难保证焊接质量，所以铝制外板边角、车身线等部位出现稍微严重的损伤（图2-3-12）时，在不确定能否保证维修质量的前提下，尽量不要采取修复的方法，而应进行更换。特别不能像钢板那样，采取内外层分离的方法修复，这样将造成咬接部位开裂。铝板自身可修复性较差，修复时需要独立车间、专用设备及工具，耗材较贵，这些都将导致铝板维修费用较昂贵。

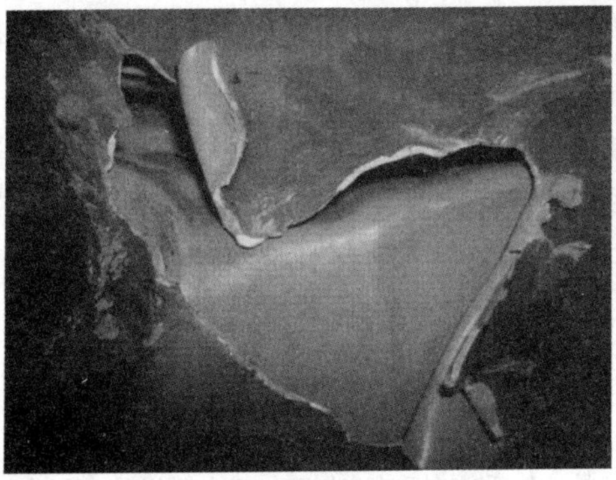

图2-3-11　铝板撕裂

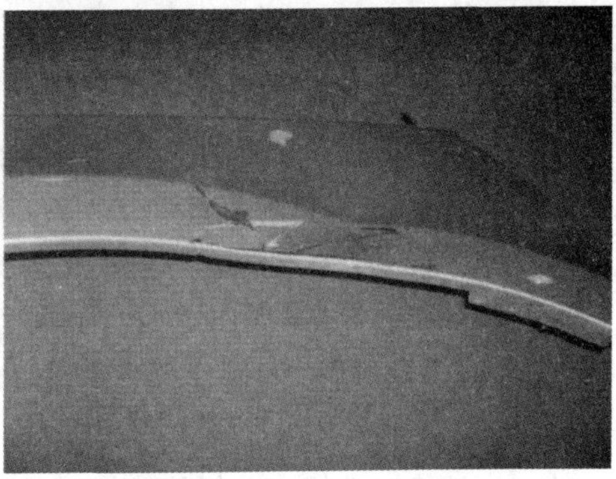

图2-3-12　边缘及筋线变形

(7) 在铝合金表面打磨过后，表面就会产生一层氧化铝，但是氧化层会造成涂装处理困难且附着力差，因此在打磨过后必须实施脱脂、火焰涂层及保护剂处理。

铝合金热膨胀系数高，在施工处理过程中，如加温处理很容易造成加工硬化而导致龟裂。因此在维修过程中，将变形受损区域加温并且实施整平作业，恢复到原有的形状，是一种有效的方法。加温过程中最佳的工作温度是在200℃。

(三) 车身镁合金

镁合金是常用金属中最轻的，它在车身中使用不是很多，但一直在增长，主要因为它的密度比铝合金小得多，是钢铁质量的1/4，是铝合金质量的2/3。镁合金具有很低的弹性模量，能吸收振动能量，具有优良的抗刮能力和吸收振动能力；镁合金有良好的抗疲劳性，但容易形成应力集中，应该避免出现尖锐的边缘；镁合金具有很低的电位，要比别的金属更容易遭受电化学腐蚀，因此不要让镁合金和其他有不同电位的金属接触在一起，要使用特别的防护处理；镁合金在加热下容易加工，挤压非常容易成形；镁合金可用MIG和电阻点焊进行焊接，MIG焊接后的力学性能与焊接材料没有太大差异，能够保持90%的机械强度。用于连接镁合金的方法有铆接和黏结，对于铆接，与常规方法相同，使用铝铆钉可以最小限度地减小对镁合金的电化学腐蚀。

二、汽车非金属材料

（一）汽车用塑料

用塑料替代金属，既可获得汽车轻量化的效果，又可改善汽车的某些性能，如耐磨、防腐、避振、减小噪声等。塑料是以合成树脂为基体，并加入某些添加剂制成的高分子材料。它在一定温度、压力下可以制成各种形状的部件。

1. 塑料的分类和特性

塑料按其热性能不同，可分为热固定塑料和热塑性塑料两大类。热固性塑料是指经过一次固化后，不再受热软化，只能塑制一次的塑料。这类塑料耐热性好，受压不易变形，但力学性能较差。常用的塑料有环氧树脂、酚醛树脂、氨基树脂、有机硅树脂等。热塑性塑料是指受热时软化，冷却后又变硬，可反复多次加热塑制的塑料。这类塑料加工成形方便、力学性能较好，但耐热性相对较差、容易变形。热塑性塑料数量很大，约占全部塑料的80%，常用的有聚乙烯、聚氯乙烯、聚四氟乙烯、聚苯乙烯、聚丙烯、聚甲醛、聚苯醚、聚酞胺等。

塑料具有许多优良的物理、化学性能，主要有以下几点。

（1）质量轻。塑料的密度一般只有1.0～2.0g/cm³，可以大幅度减轻汽车的质量，降低油耗。

（2）化学稳定性好。一般的塑料对酸、碱、盐和有机溶剂都有良好的耐腐蚀性。

（3）比强度高。比强度是指单位质量的强度。尽管塑料的强度要比金属低，但塑料密度小、质量轻，以等质量相比，其比强度要高。

（4）电绝缘性好。大多数塑料有良好的电绝缘性，汽车电器零件广泛采用塑料作为绝缘体。

（5）耐磨减摩性好。大多数塑料的摩擦系数较小，耐磨性好，能在半干摩擦甚至无润滑条件下良好地工作。

（6）吸振性和消声性好。采用塑料轴承和塑料齿轮的机械，在高速运转时，可平稳地转动，大大减小噪声，降低振动。

塑料也有不少缺点，与钢材相比，其力学性能较低；耐热性较差（一般只能在100℃以下长期工作）；导热性差；容易吸水，吸水后性能恶化。此外，塑料还有易老化、易燃烧、温度变化时尺寸稳定性差等缺点。

2. 塑料在汽车中的应用

由于塑料具有诸多金属和其他材料所不具备的优良性能，因此在汽车上应用很广，常用于制作各种结构零件、耐磨减摩零件、隔热防振零件等。常用塑料在汽车上的应用情况，见表2-3-4。

表2-3-4　常用塑料在汽车上的应用情况

类型	符号	化学成分	主要用途
热塑性塑料	PE	聚乙烯	翼子板内板、内装饰板、扰流器、溢流箱、散热器护罩汽油箱
	PC	聚碳酸酯	内部刚性装饰板
	PVC	聚氯乙烯	内装饰件软垫板
	PS	聚苯乙烯	枚表外壳、汽车灯罩
	TPE	热塑性人造橡胶	保险杠护罩、护板、发动机舱盖下的部件
	PP	聚丙烯	保险杠护罩、导流板、内部嵌条、散热器护罩、内翼子板、汽油箱
	TPUR	热塑性聚氨基甲酸乙烯	保险杠护罩、软护板、挡泥板、门槛套
热固性塑料	TPO、EPM、TEO	聚丙烯+乙烯丙烯橡胶（至少20%）+聚烯	保险杠护罩、导流板扰流板、仪表板
	PA	聚酰胺	散热器箱、前照灯灯圈侧板外延部分、外部装饰部件
	PC+PBT	聚碳酸酯+聚丁烯对苯二酸酯	保险杠护罩
	PPE+PA（PPO+PA）	聚亚苯基乙醚+聚酰胺	翼子板、外部装饰件
	ABS	丙烯睛丁二烯苯乙烯	仪表组、装饰嵌条、控制台、肘靠、格栅
	PUR	热固性聚氨基甲酸乙酯	保险杠护罩、前后车身面板、护板
	PC+ABS	聚碳酸南+丙烯腈丁二烯苯乙烯	车门面板、仪表板
	UP，EP	不饱和聚酶,环氧树脂(热固性)	翼子板外延部分、发动机舱盖、车顶行李舱盖、仪表组护罩
	TEEE	醚酯人造橡胶	保险杠面板、门槛套
	PET	聚对苯二甲酸乙二醇酯+聚酯	翼子板
	EEBC	醚酯嵌段共聚物	门槛套嵌条、翼子板外延部分、保险杠延长段
	EMA	乙烯/甲基丙烯酸	保险杠护罩
	PUR、RIM、RRIM	热固性聚氨基甲酸乙酯	挠性保险杠护罩（特别是国产车）、护板、门槛套、车前围板
	SMC、UP、FRP	玻璃纤维加强塑料	刚性车身面板、翼子板、发动机舱盖、行李舱菁、扰流器、顶根后侧围板

（二）汽车用碳纤维复合材料

碳纤维（carbon fiber，CF）是一种含碳量在95%以上的高强度、高模量纤维的新型纤维材料。它由片状石墨微晶等有机纤维沿纤维轴向堆砌而成，经碳化及石墨化处理而得到的微晶石墨材料。碳纤维“外柔内刚”，质量比金属铝轻，但强度却高于钢铁，并且具有耐腐蚀、高模量的特性。碳纤维不仅具有碳材料的固有特性，又兼备纺织纤维的柔软可加工性，是新一代增强纤维。

碳纤维具有许多优良性能，碳纤维的轴向强度和模量高，密度低、比性能高，无蠕变，非氧化环境下耐超高温，耐疲劳性好，比热容及导电性介于非金属和金属之间，热膨胀系数小且具有各向异性，耐腐蚀性好，X射线透过性好，良好的导电导热性能，电磁屏蔽性好等。碳纤维在有机溶剂、酸、碱中不溶不胀，耐蚀性突出。

碳纤维复合材料最早在1960年应用于航空航天工业，碳纤维最早用于汽车工业是在F1赛车上。1984年，麦克拉伦用碳纤维制作赛车的乘客安全舱（单壳体车身），它充分利用了碳纤维特殊的冲撞特性，在赛场发生严重碰撞时能保护乘客舱的完整和乘客的安全。2000年后，碳纤维复合材料在一些高端乘用车上开始使用，用来制作车身的车顶、发动机罩等覆盖件和一些内饰件，现在甚至整个车身都可以用碳纤维制作。

碳纤维作为汽车材料，最大的优点是质量轻、强度大，质量仅相当于钢材的20%～30%，强度却是钢材的10倍以上，在碰撞中对能量的吸收能力却比钢或铝高出4～5倍，为乘员提供最大限度的安全保障。采用碳纤维材料可以使汽车的轻量化取得突破性进展，并带来节省能源的效益。

（三）汽车用橡胶

橡胶是一种高分子材料，汽车上有许多零件是用橡胶制造的，如轮胎、车门窗密封条、风扇传动带、缓冲垫、油封、制动皮碗等。橡胶的基本性能如下。

（1）极高的弹性。这是橡胶独特的性能。橡胶在起初受载荷时变形量很大，但随着外力的增加，橡胶又具有很强的抵抗变形的能力。它可以作为减振材料，用于制造各种减轻冲击和吸收振动的零件。

（2）良好的热可塑性。橡胶在一定温度下会失去弹性而具有可塑性，当橡胶处于热可塑性状态时，容易加工成各种形状和尺寸的制品，并且当外力去除后，仍能保持该变形下的形状和尺寸。

（3）良好的黏着性。黏着性是指橡胶与其他材料黏结成整体而不分离的能力。橡胶有很强的吸附能力，能与其他材料黏结成整体，如汽车轮胎就是利用橡胶与棉、毛、尼龙等牢固黏结在一起而制成的。

（4）良好的绝缘性。大多数橡胶是绝缘体，是制造导线、电缆等导体的理想材料。

此外，橡胶还具有良好的耐寒、耐蚀和不渗水、不漏气等性能。橡胶的缺点是导热性差，硬度和抗拉强度不高，容易老化等。

任务实施

一、任务内容

对黑色金属、有色金属的认知。

二、实施准备

（1）场地：汽车一体化车间。
（2）工量具：各类车身部件。

三、操作步骤

（1）认识碳钢零部件，如图2-3-13所示。
（2）认识合金钢零部件，如图2-3-14所示。
（3）认识铸铁零部件，如图2-3-15所示。

图2-3-13　碳钢零部件

图2-3-14　合金钢零部件

图2-3-15　铸铁零部件

（4）认识铝合金零部件，如图2-3-16所示。
（5）认识铜合金零部件，如图2-3-17所示。
（6）认识镁合金零部件，如图2-3-18所示。

图2-3-16　铝合金零部件

图2-3-17　铜合金零部件

图2-3-18　镁合金零部件

四、实施评价

考核内容	评分细则	分值	得分
识别汽车上常用的金属材料	位置正确	40分	
	识别正确	60分	
合 计		100分	

项目三　汽车钣金手工成形

项目描述

手工成形是采用必要的各种各样的工具，通过简单的胎型，手工操作将材料加工成所需要的形状。随着生产规模的不断扩大和科学技术的进步，大多数的成形工艺是通过机械成形来完成的，手工成形往往只作为补充加工或修整工作。但在汽车钣金维修作业中，经常遇到一些残损或需要重新制作镶补的钣金件，特别是车辆碰撞及翻车造成的损伤，这些零部件的成形多靠手工操作来完成。

任务一　弯　　曲

任务目标

知识目标	1.知道弯曲的原理及应用场合； 2.熟练掌握弯曲的操作工艺方法
技能目标	1.能正确进行弯曲操作； 2.会将弯曲在车身上进行运用

任务描述

手工弯曲是指用手工操作将金属材料沿直线或曲线弯曲成一定角度或弧度的工艺过程。手工弯曲是汽车钣金维修最基本的操作方法之一。弯曲在汽车维修中占有较大的比重，如发动机舱盖、翼子板和汽车保险杠等零部件的制作过程中都有弯曲工艺。

知识储备

一、弯曲的定义

弯曲指用手工操作将金属材料沿直线或曲线弯曲成一定角度或弧度的工艺过程。

二、弯曲变形的特点

（1）变形区域是圆角部分，平直区域基本不变形。变形区域的内层受压缩，外层受拉伸，而中性层长度基本不变，如图3-1-1所示。

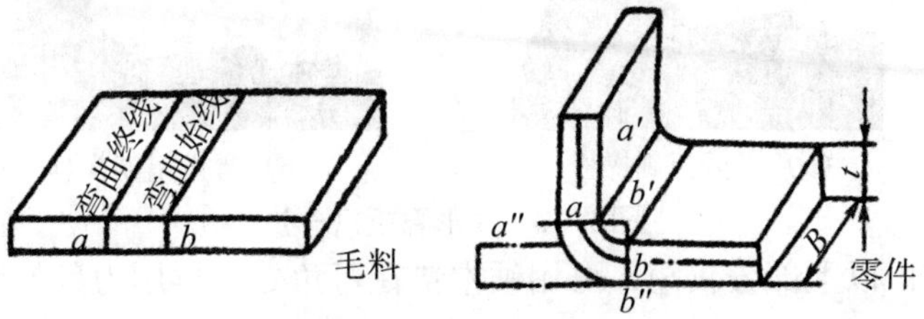

图3-1-1　弯曲变形的特点

（2）最小弯曲半径R_{min}。最小弯曲半径R_{min}是指弯曲零部件的内弯曲半径所允许的最小值，与材料、热处理、弯曲线与纤维方向的夹角有关系。

影响因素：材料的塑性、材料的热处理方式、弯曲变形的程度和弯曲线方向。

（3）弯曲件的回弹。弯曲件的回弹是指当弯曲零部件从模具中被取出后由于弹性变形的恢复，使工件产生角度和弯曲半径变化的现象，如图3-1-2所示。

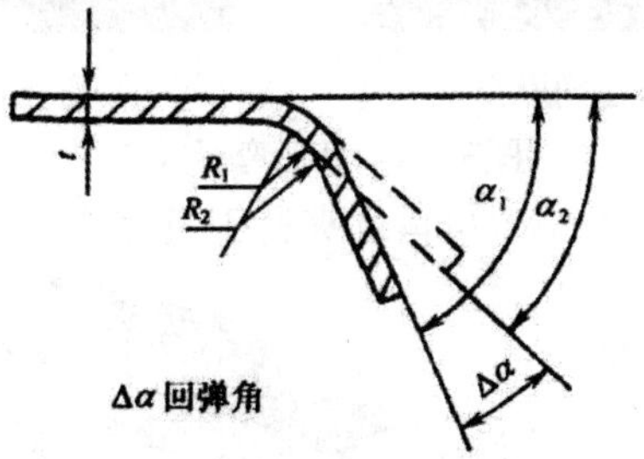

图3-1-2　弯曲回弹示意图

三、弯曲的种类

板料弯曲是钣金成形基本操作工艺，弯曲形式一般有两种，即角形弯折和弧形弯曲。

（一）角形弯折

角形弯折是指板料角形弯折后出现平直的棱角。弯折前，板料根据零件形状划线下料，并在弯折处划出折弯线，一般折弯线划在折角内侧。

如果零件尺寸不大，折弯工作可在台虎钳上进行。将板料夹持在台虎钳上，使折弯线恰好与钳口衬铁对齐，夹持力度合适。当弯折工件在钳口以上较长或板料较薄时，应用左手压住工件上部，用木锤在靠近弯曲部位轻轻敲打，如图3-1-3所示。如果敲打板料上方，易使板料翘曲变形。

（a）弯折正确操作　　　　（b）弯折错误操作

图3-1-3　角形弯折（一）

若板件在钳口以上部分较短，可用硬木垫在弯角处，再用力敲打硬木，如图3-1-4所示。

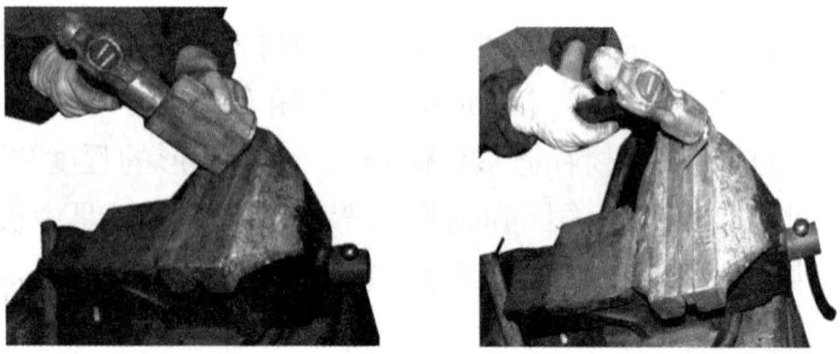

（a）弯折正确操作　　　　（b）弯折错误操作

图3-1-4　角形弯折（二）

如果钳口宽度较零件宽度小，可借助夹持工具完成，如图3-1-5所示。

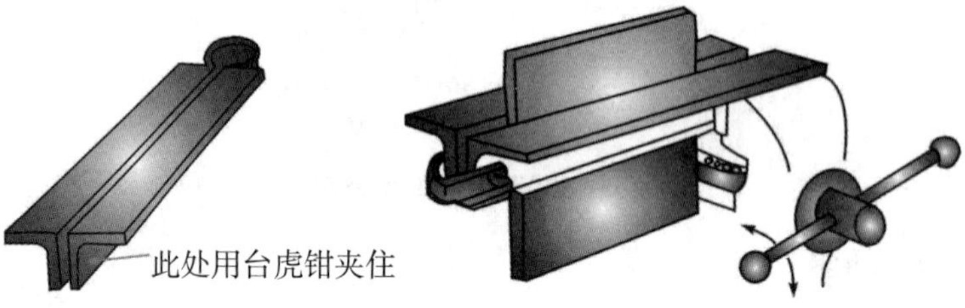

图3-1-5　借助夹持工具完成角形弯折

当弯成各种形状工件时，可借助木垫或金属垫等作为辅助工具。

（1）弯S形件，如图3-1-6所示。依划线夹持板料，弯成α角，然后将方衬垫垫入α角，再弯折β角。

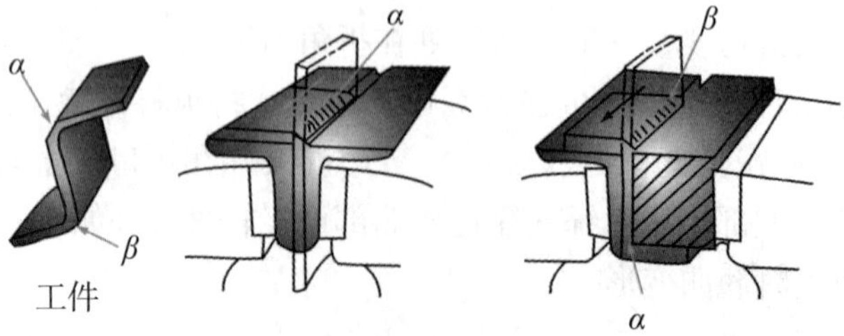

图3-1-6　弯S形件

（2）弯n形件。如图3-1-7所示，先弯成α角，再用衬垫弯成β角，最后完成θ角。当弯曲封闭的盒子时，其方法步骤与弯n形件大致相同，最后夹在台虎钳上，使缺口朝上，再向内弯折成形。

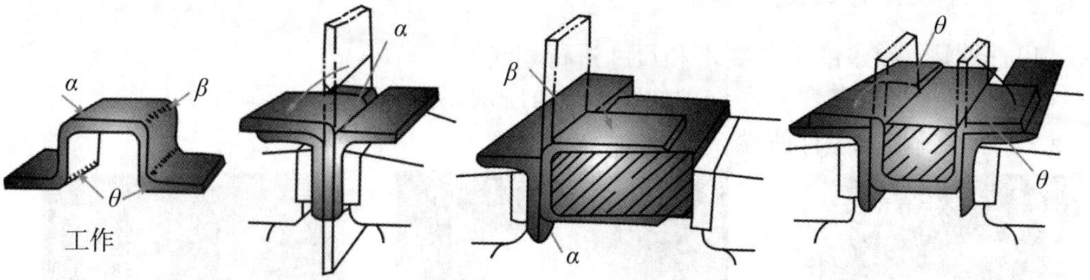

图3-1-7 弯n形件

（二）弧形弯曲

以圆柱面弯曲为例，首先在板料上划出若干与弯曲轴线平行的等分线，作为弯曲时的基准线，后用槽钢作为胎模，将板料从外端向内弯折。当钢板边缘接触时，将对接缝焊接几点。将零件在圆钢管上敲打成形，再将接缝焊牢。锤击时，应尽量使用木锤，以防板料变形，如图3-1-8所示。

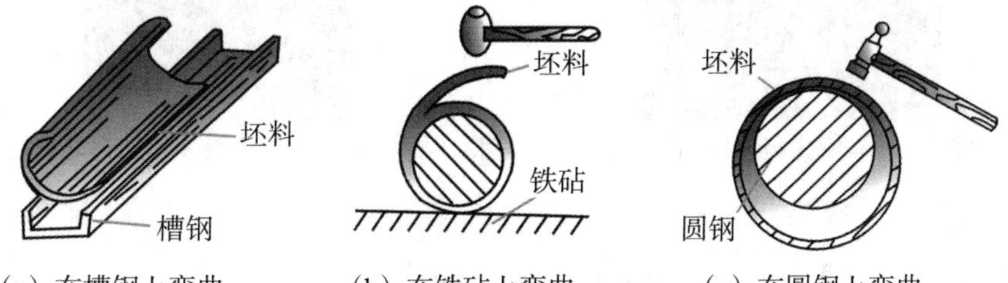

（a）在槽钢上弯曲 （b）在铁砧上弯曲 （c）在圆钢上弯曲

图3-1-8 弧形弯曲

复杂形状工件的弯曲如下：用垫铁和锤子配合进行弯曲，一只手持垫铁在工件背面垫托，垫铁的边缘要对准弯折线；另一只手持锤子从正面弯折线处敲击，边敲击边移动垫铁，循序渐进，使工件边缘逐渐形成弯曲。

任务实施

一、任务内容

将板材进行弯曲加工。

二、实施准备

（1）场地：汽车一体化车间。

（2）安全防护用品：工作服、工作帽、工作鞋、手套、防护眼镜、耳塞。

（3）设备材料：台虎钳、划线平板、钣金平台、方箱；1mm厚铁板、方木块；划针、钢直尺、直角尺、样冲、钢板剪刀（剪金属）、橡胶锤等。

三、操作步骤

（一）将板件弯曲成L形

（1）根据图3-1-9的工件要求和尺寸进行划线。
（2）在平板上准备弯曲操作，如图3-1-10所示。
（3）用木锤敲击工件两端，如图3-1-11所示。

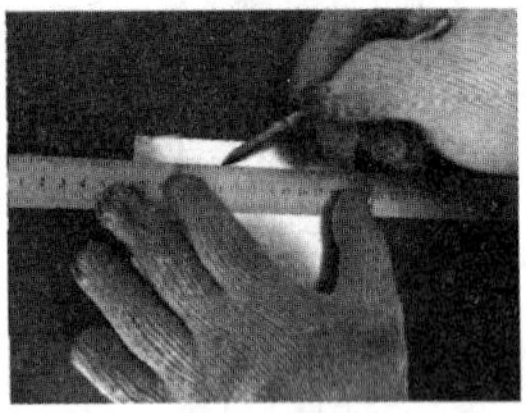
图3-1-9　划线

图3-1-10　准备弯曲操作

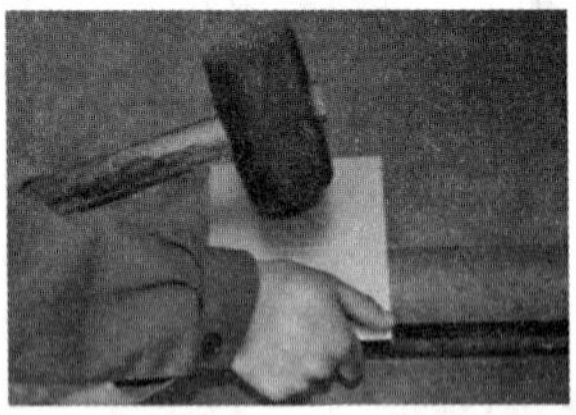
图3-1-11　用木锤敲击工件两端

（4）锤击板件中间部位，如图3-1-12所示。
（5）锤击板件达到要求的角度和形状，如图3-1-13所示。

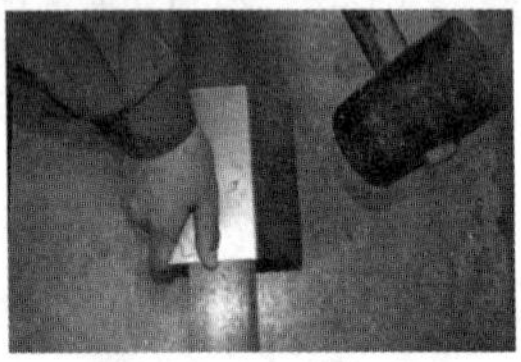
图3-1-12　锤击板件中间部位

图3-1-13　锤击板件达到要求的角度和形状

（二）将板件弯曲成n形

（1）根据图3-1-14的工件要求和尺寸进行划线。
（2）将板件夹在台虎钳上，先弯出α角的直角。如图3-1-15所示。
（3）借助衬垫将板件夹在台虎钳上，弯出β角。如图3-1-16所示。

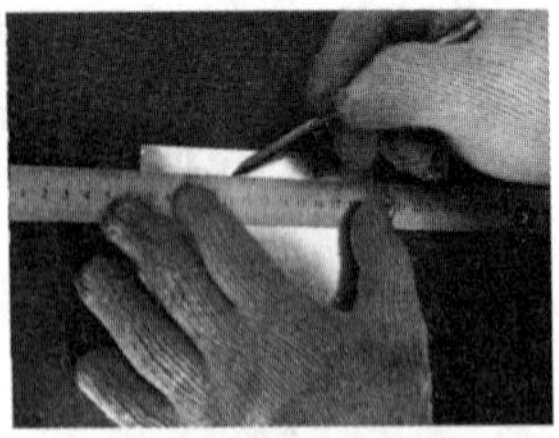
图3-1-14　划线

图3-1-15　弯出α角

图3-1-16　弯出β角

（4）借助衬垫将板件夹在台虎钳上，弯出θ角。如图3-1-17和图3-1-18所示。
（5）打磨毛刺，修正成形。如图3-1-19所示。

图3-1-17　弯出θ角（一）

图3-1-18　弯出θ角（二）

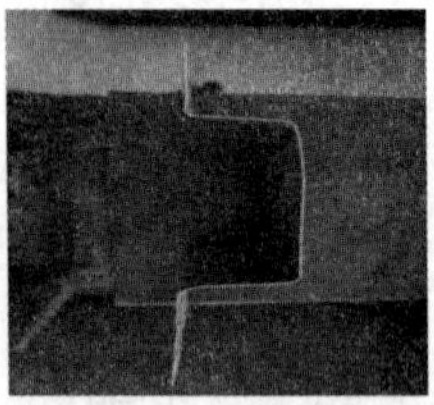
图3-1-19　修正成形

四、实施评价

序号	考核内容	评分细则	分值	得分
1	放样、划线、下料	放样尺寸计算合适	5分	
		划线工具、量具使用合理,划线清晰准确	5分	
		下料安排合理,符合尺寸要求,裁口整齐	10分	
2	弯曲操作	弯曲角度准确	10分	
		棱角平直无波纹	10分	
		平面平整无凹凸变形	10分	
		对缝整齐	10分	
		弯曲形状规整	10分	
3	熟练程度	全部操作时间为1h,每超时1min扣1分	20分	
4	安全生产	工具、量具使用正确,操作规范	10分	
合计			100分	

任务二　放边与收边

任务目标

知识目标	1.知道放边和收边的原理及应用场合； 2.熟练掌握放边和收边操作工艺方法
技能目标	1.会放边和收边操作； 2.能熟练在车身上操作放边和收边

任务描述

某轿车由于剐蹭事故造成轮眉损伤较大，既影响了汽车的美观，又影响了汽车的正常使用。经检查，实际损伤情况确定无法修复。本次任务是制作更换由于剐蹭事故损伤的轮眉。

知识储备

一、放边

（一）放边的定义

通过板料变薄而导致角形零件弯曲成形的方法叫作放边。加工凹曲线弯边常采用放边的方法完成，如图3-2-1所示。

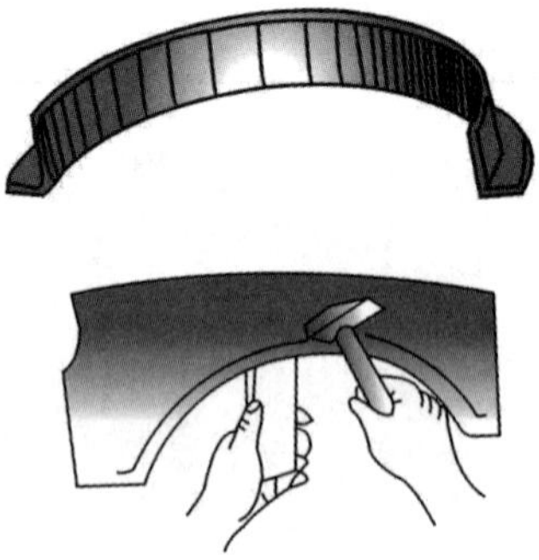

图3-2-1　放边

（二）打薄放边

制造凹曲线弯边的零件，可用直角形材料在铁砧或平台上锤放直角料边缘，使边缘材料变薄、面积增大和弯边伸长。锤击时，注意握击力度，使靠近内缘的材料伸长较小，靠近直角料边缘的材料伸长较大，锤痕呈放射状均匀分布即可达到此目的。这样，直角料就逐渐被锤击成曲线弯边的零件，如图3-2-2所示。

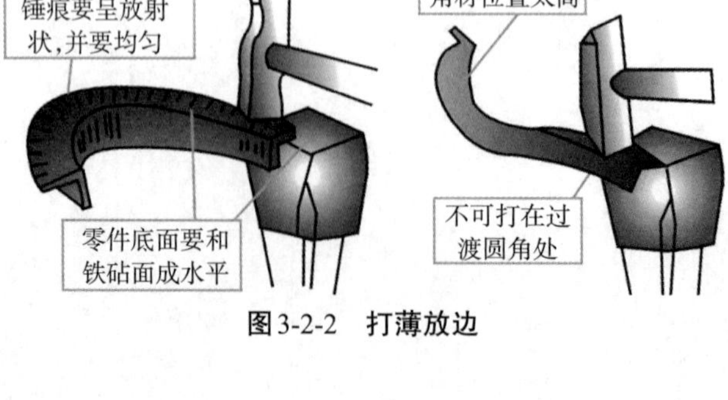

图3-2-2　打薄放边

打薄放边操作步骤如下。

（1）计算出零件的展开尺寸，再划线并剪切展开板料。

（2）在板料上划出弯曲线，并按线将其弯成角形件。

（3）将边缘毛刺去除。

（4）在平台上锤放弯曲平面的外缘。锤放时，所用锤头端面应光滑，防止击出坑痕；锤击点要外密内疏，锤痕要呈放射状，锤放边应与表面平行贴紧。

（5）锤放范围在锤放面宽度靠外边缘3/4的范围内，弯边根部的圆角处严禁锤击，否则会使工件产生扭曲变形。

（6）有直线段的角材工件，在直线段内部能敲打。

（7）锤放中发现加工硬化现象，应及时进行退火处理，以防止工件出现裂纹。

（8）在放边过程中，应随时用样板检查工件外形，应尽量避免放边过量，否则不易修正，待工件达到要求后进行校正和修整。

注意：用錾口锤锤击，在锤击时，应注意錾击线垂直于型材的外缘边线，錾击的中点距外缘为总宽的1/3处，锤子向外倾斜，錾击落点要稠密均匀。

二、收边

（一）收边的定义

收边是使钣金零件的边缘或周沿增厚或收缩内弯成形的工艺方法。

收边的原理就是使坯料的纤维收缩变短。首先在坯料的边缘起皱，使纤维沿纵向长度变短；然后在防止皱纹向两侧伸展恢复的情况下，将皱消平。

（二）收边方法

常用的收边方法有起皱钳收边、起皱模收边、镂弯收边和收缩机收边等。

1. 起皱钳收边

根据零件弯曲程度的大小，用起皱钳在收边部位折起若干个皱，再在铁砧或轨铁上逐个收平皱纹。

操作工艺如下。

（1）将零件折弯，如图3-2-3所示。

（2）校直直角料，使之平直。

（3）用起皱钳使收缩边起褶皱，如图3-2-4所示。

图3-2-3　零件折弯

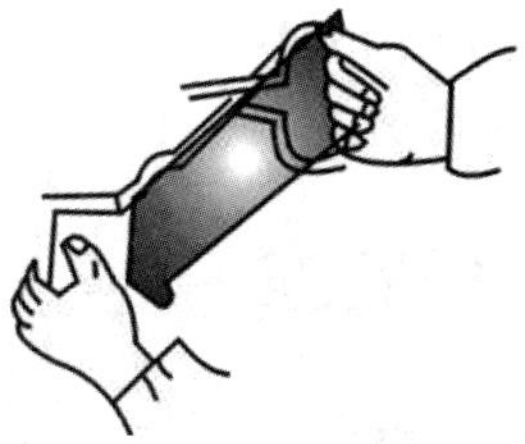

图3-2-4　起皱钳起褶

（4）收缩边边缘长度减小，使角料呈圆弧形，如图3-2-5所示。

（5）放在铁砧上用铁锤敲平，如图3-2-6所示。

（6）锉削毛刺。

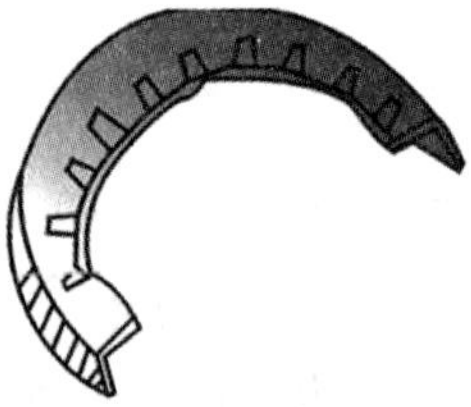

图3-2-5　收缩边边缘

图3-2-6　铁锤敲平

图3-2-7　镂弯收边

2. 起皱模收边

对于毛坯较厚的零件，可采用起皱模起皱。起皱模用硬木制成，起皱时，将零件置于起皱模上，用錾口锤起皱，锤击波纹，并在轨铁或铁砧上敲平，敲平的方法与起皱钳收边的方法相同。

3. 镂弯收边

对类似盆形件的收边，可采用镂弯收边法成形。此种成形是拉收结合，以收为主，其收边效率高，质量较好，如图3-2-7所示。将工件夹在胎模上，用铝棒顶住毛坯，用木锤敲打顶住部分，使板料弯曲逐渐收缩使其紧靠胎模。

操作工艺如下。

（1）将毛坯在胎模上定位，并用夹具夹紧。

（2）用顶棒或垫铁顶住毛坯，用木锤敲打顶棒顶住的部分，将毛坯从根部击弯，并应使其弯边的根部先贴模。应注意木锤和顶棒在镂边过程中要配合协调，逐渐沿圆周方向移动，使毛坯在同一圆周上均匀地弯曲。在镂边过程中，应使每一圈的材料贴模后再进行下一圈的收缩，并把多余的材料赶向边缘。

（3）继续镂边，直至贴模材料的高度符合零件的尺寸要求。

（4）将零件从胎模上取下，剪除多余的材料，并在轨铁上整形、平皱。

4. 收缩机收边

当材料较厚时，可采用收缩机收边，其工作原理：当上下模相碰后，楔形斜块紧压材料向内运动，使材料纤维受压缩力的作用而变短，达到收边的目的。收缩机每分钟收缩次数为140～150次，效率较高；但是容易损伤零件表面，最好是在边缘预留加工余量，收边后再剪去。

任务实施

一、任务内容

将板材放边成轮眉形状。

二、实施准备

（1）场地：汽车一体化车间。

（2）安全防护用品：工作服、工作帽、工作鞋、手套、防护眼镜、耳塞。

（3）设备材料：台虎钳、划线平板、钣金平台、方箱、1mm厚铁板、方木块；划针、钢直尺、直角尺、样冲、钢板剪刀（剪金属）、橡胶锤等。

三、操作步骤

（一）将板材放边成轮眉形状

（1）根据工件要求进行下料制作L形件（L形件参照项目三任务一）并找正，如图3-2-8所示。

（2）在平板上划出轮眉弧度标准线，如图3-2-9所示。

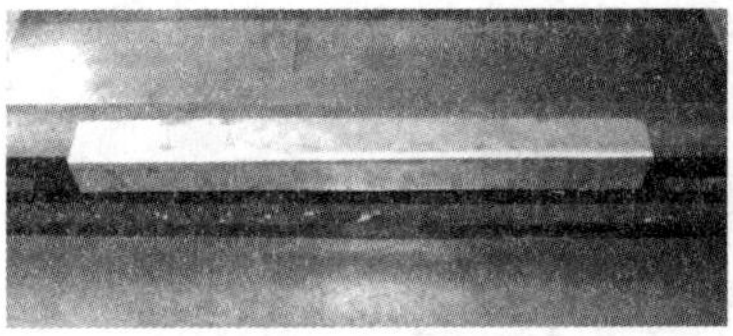

图3-2-8　下料制作L形件

图3-2-9　划出轮眉弧度标准线

（3）打薄放边。将型材需锤放的一边置于铁砧上，用錾口锤錾击，使其一边的纤维伸长，整体初步形成轮眉形状。如图3-2-10所示。

（4）打磨修整去除毛刺，如图3-2-11所示。

（5）反复校正修整并与样板比对直至表面平滑与样板吻合，如图3-2-12所示。

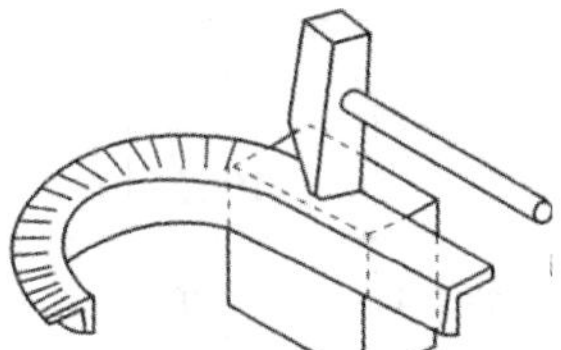

图3-2-10　打薄放边

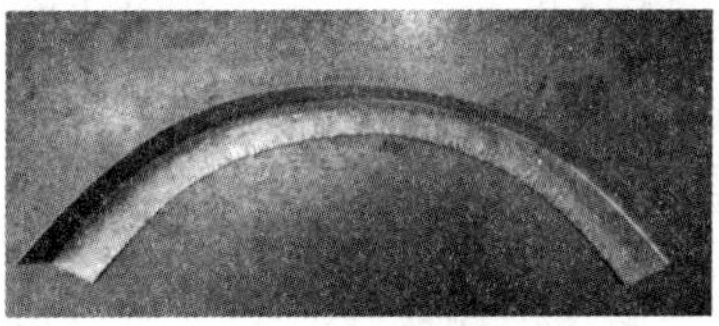

图3-2-11　打磨修整去除毛刺

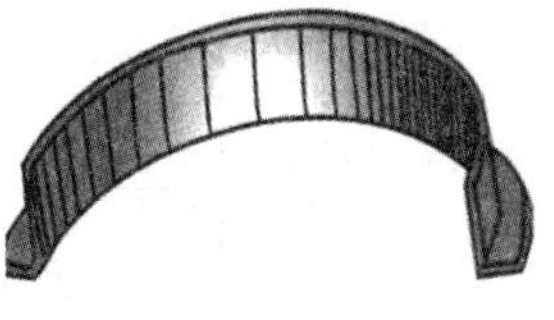

图3-2-12　比对直至与样板吻合

（二）将板材收边成轮眉形状

（1）根据工件要求进行下料制作L形件（L形件参照项目三任务一）并找正，如图3-2-13所示。

（2）用起皱钳将收边部位钳成波纹，如图3-2-14所示。

（3）钳出波纹尽可能稠密，使坯料收缩弯曲至比工件要求的曲率半径小。如图3-2-15所示。

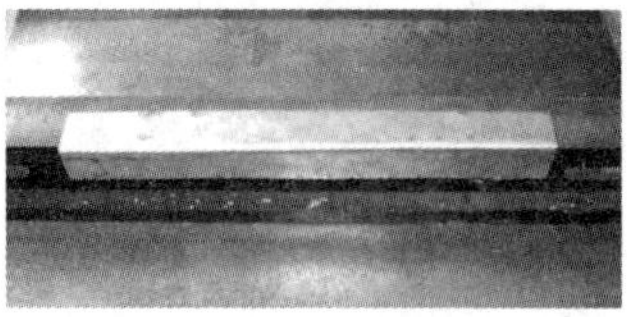

图3-2-13　制作L形件

图3-2-14　用起皱钳将收边部位钳成波纹

图3-2-15　坯料收缩弯曲

（4）用木锤将皱纹打平，如图3-2-16所示。

（5）用铁锤平整，如图3-2-17所示。

（6）用铁锤平整使坯料放至工件需要的曲率半径，如图3-2-18所示。

图3-2-16　用木锤将皱纹打平

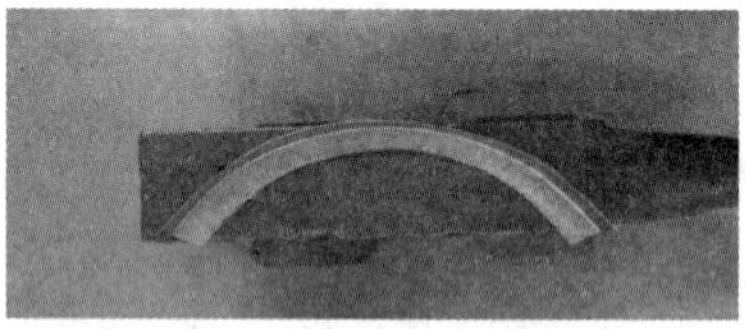

图3-2-17　用铁锤平整

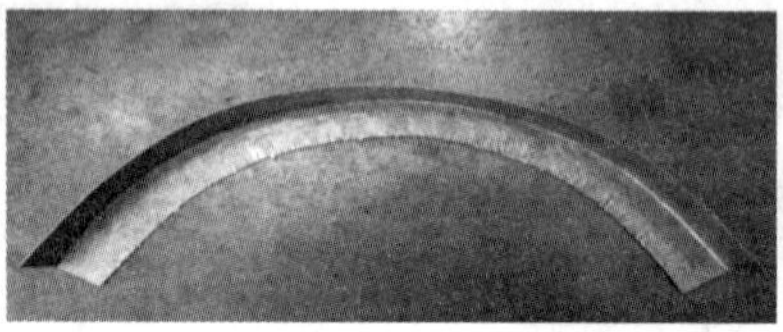

图3-2-18　铁锤平整使坯料放至工件需要的曲率半径

四、实施评价

序号	考核项目	考核内容	评分细则	分值	得分
1	放边操作	作用及分类认知	表述清楚	10分	
		制作	流程准确	10分	
		找正	零件表面光滑无裙皱和破裂	20分	
		工具量具使用正确，操作规范	工具使用正确	10分	
2	收边操作	作用及分类认知	表述清楚	10分	
		制作	流程准确	10分	
		找正	零件表面光滑无裙皱和破裂	20分	
		工具量具使用正确，操作规范	工具使用正确	10分	
合计				100分	

任务三　卷边与咬缝

任务目标

知识目标	1.知道卷边和咬缝的原理及应用场合； 2.熟练掌握卷边和咬缝操作工艺方法
技能目标	1.会卷边和咬缝操作； 2.能将卷边和咬缝熟练在车身上进行运用

任务描述

在汽车钣金维修作业中，经常遇到一些残损或需要重新制作镶补的钣金件，特别是车辆碰撞及翻车造成的损伤，这些零部件的成形多靠手工操作来完成。本任务主要围绕卷边和咬缝的操作进行学习和训练。

知识储备

一、卷边

（一）卷边的定义

卷边是为了增加零件边缘的刚度和强度，将零件边缘卷曲。卷边除了能起到增强刚度、强度的作用外，还可以起到美观的装饰作用。卷边有时还用于铰链连接。卷边是将板件的边缘卷起来，其目的是增强边缘的刚度和强度。

（二）卷边的分类

卷边分为夹丝卷边和空心卷边两种，如图3-3-1所示。

图3-3-1　卷边类型

夹丝卷边是将零件的边缘内嵌入一根钢丝，以增强零件边缘的刚度。钢丝的粗细应根据零件的受力情况及零件的尺寸大小来决定，一般钢丝的直径是板料厚度的3倍以上。包卷钢丝的边缘，应不大于钢丝直径的2.5倍，如图3-3-2所示。

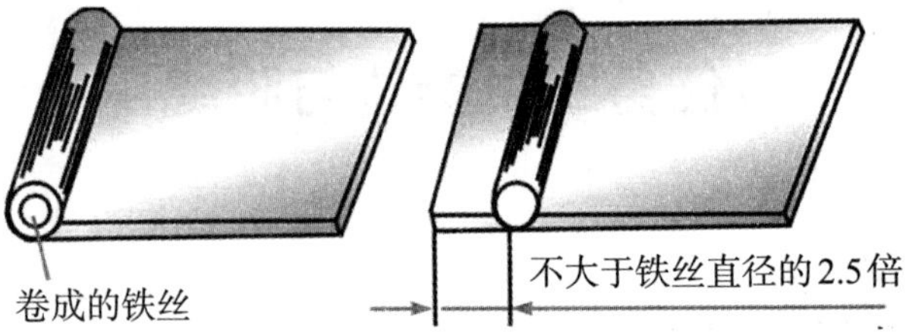

图3-3-2 夹丝卷边

卷边常用的工具有锤子、木锤、手钳、平台和砧座。

卷边的操作过程如下。

（1）将板料剪切成所需的尺寸。

（2）沿边量出2.5倍钢丝直径距离并划线。

（3）将板料按划线弯折成直角，如图3-3-3所示。

（4）用钢丝钳剪一段适当长度的钢丝，用木锤在光滑平板上打直钢丝。

（5）将钢丝放入已折妥的直角边内，如图3-3-4所示；并用手钳固定钢丝位置，如图3-3-5所示。

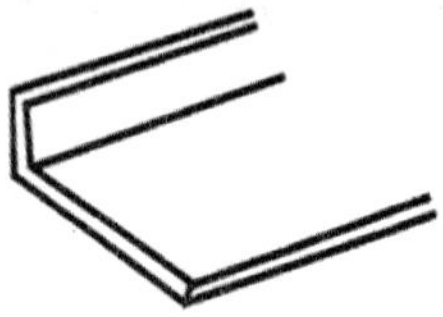

图3-3-3 弯折成直角

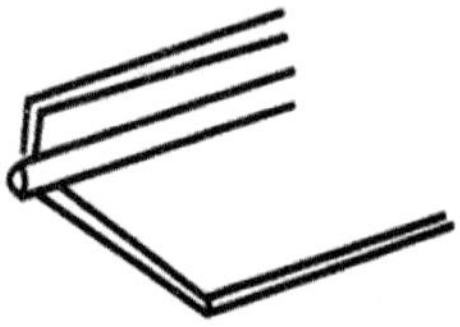

图3-3-4 放钢丝

图3-3-5 固定钢丝

（6）用木锤或铆钉锤锤打板缘包住钢丝，如图3-3-6所示。

（7）用铆钉锤逐段扣紧成形，如图3-3-7所示。

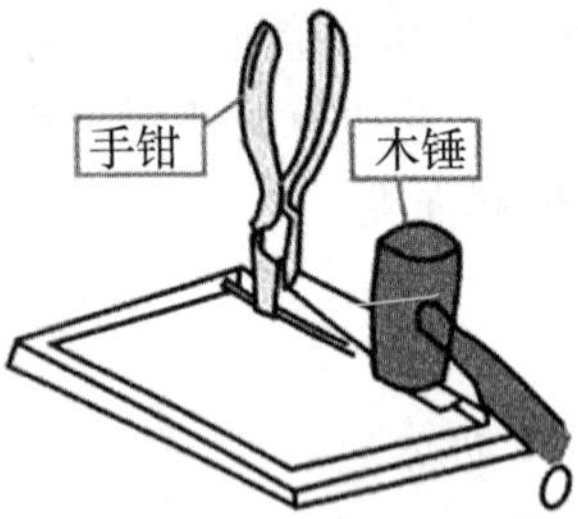

图3-3-6 锤打板缘

图3-3-7 扣紧成形

二、咬缝

（一）咬缝的定义

将两块板料的边或一块板料的两边折弯扣合，并彼此压紧的连接方式称为咬缝（也称为咬接）。咬缝连接比较牢固，在许多地方用来代替焊接。

（二）咬缝的分类

咬缝按结构不同可分为挂扣、单扣和双扣，因形式不同可分为站扣和卧扣，如图3-3-8和图3-3-9所示。

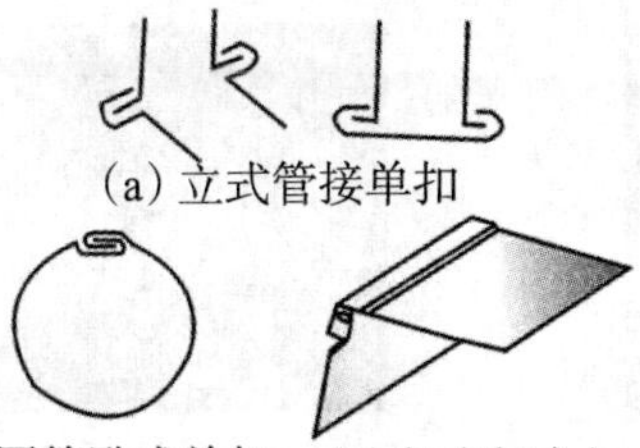

(a) 立式管接单扣　(b)圆管卧式单扣　(c)角式复合扣

图3-3-8　站扣

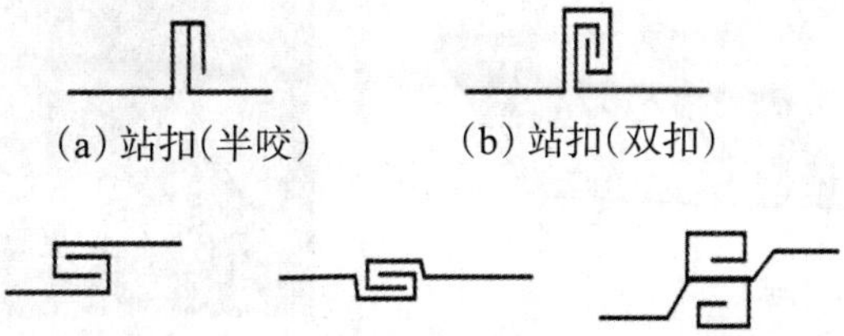

(a) 站扣(半咬)　(b) 站扣(双扣)　(c) 卧扣(单咬)　(d) 卧扣(咬缝)　(e) 卧扣(双扣)

图3-3-9　卧扣

（三）咬缝的方法

当咬缝下料时，应留出咬缝余量。咬缝余量是根据咬缝宽度和扣合层数计算的。

咬缝宽度与板厚有关。一般厚度在0.5mm以下的板料，其咬缝宽度为3～4mm；厚度为0.5～1mm的板料，咬缝宽度为5～7mm。

扣合层数取决于咬缝结构。立式单扣咬缝、角式复合扣咬缝的扣合层数为3层；卧扣单咬缝扣合层数看似4层，但其中一层为有效尺寸，所以实际扣合层数为3层；立扣咬缝、卧扣咬缝扣合层数均为5层。

由于1mm以下的板厚通常忽略不计，所以立式单扣咬缝、角式复合扣咬缝和卧扣单咬缝的咬缝余量一边为一个咬缝宽度，另一边为两个咬缝宽度。

任务实施

一、任务内容

将板材进行卷边及咬缝操作。

二、实施准备

（1）场地：汽车一体化车间。

（2）安全防护用品：工作服、工作帽、工作鞋、手套、防护眼镜、耳塞。

（3）设备材料：台虎钳、划线平板、钣金平台、方箱、1mm厚铁板、方木块、划针、钢直尺、直角尺、样冲、钢板剪刀（剪金属）、橡胶锤等。

三、操作步骤

（一）板材卷边操作

（1）在板料上划出两条卷边线，如图3-3-10所示。

（2）将板料放在平台（或方铁、轨道等）上，使其L_2尺寸长度的1/3露出平台。如图3-3-11所示。

（3）左手压住板料，右手用木锤或方木敲击露出平台部分的边缘，使其向下弯曲成85°～90°。如图3-3-12所示。

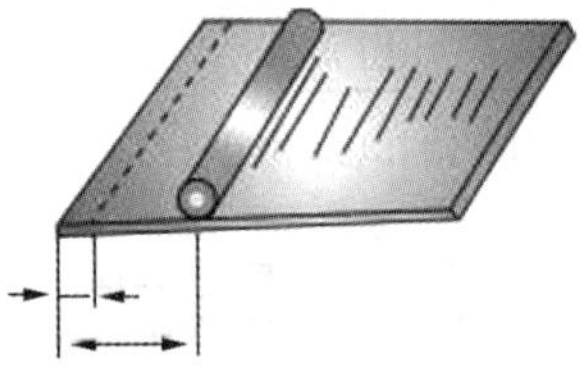

图3-3-10　划出两条卷边线

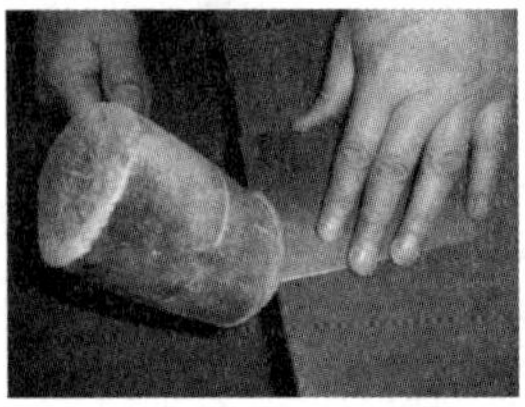

图3-3-11　将板料放在平台上

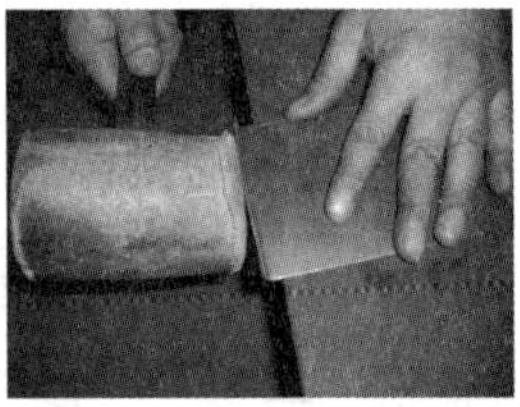

图3-3-12　敲击露出平台部分的边缘

（4）将板料向平台外伸弯曲，直至平台边缘对准第二次卷边线为止，即使露出平台部分等于L_1，并使第一次敲打的边缘靠上平台。如图3-3-13所示。

（5）将板料翻转，使卷边朝上，轻而均匀地敲打卷边向里扣，使卷曲部分逐渐呈圆弧形。如图3-3-14所示。

（6）将钢丝放入卷边内，放时先从一端开始，以防钢丝弹出。先将一端扣好，然后放一段扣一段，全部扣完后，轻轻敲打，使卷边紧靠钢丝。如图3-3-15所示。

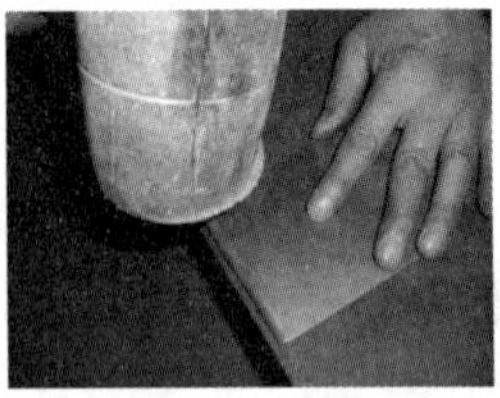

图3-3-13　板料外伸弯曲

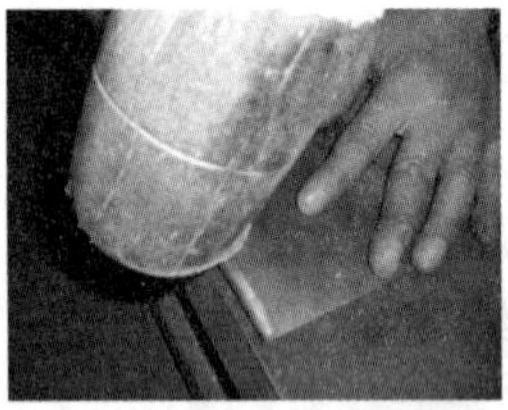

图3-3-14　板料翻转，使卷边朝上

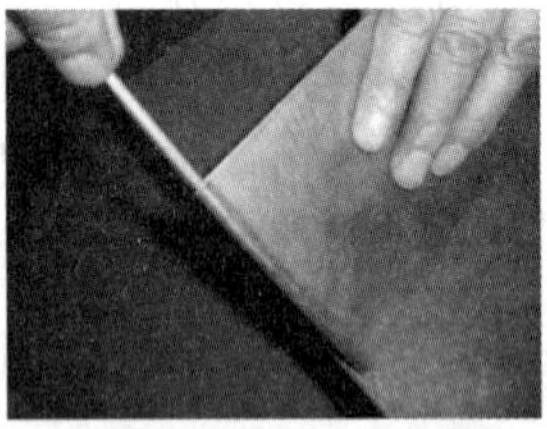

图3-3-15　钢丝放入卷边内

（7）翻转板料，将接口靠住平台的边角，使接口咬紧。如图3-3-16所示。

（8）手工空心卷边的操作过程与夹丝的一样，只是使卷边与钢丝不要靠得太紧，以便最后把钢丝抽拉出来。如图3-3-17所示。

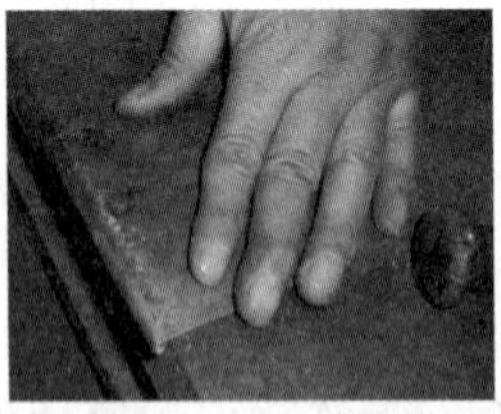

图3-3-16　将接口靠住平台的边角

图3-3-17　手工空心卷边

（二）板材咬缝操作

（1）将板料剪切成所需的尺寸，在板料的正面和反面分别划线。如图3-3-18所示。

（2）根据咬缝的要求，用木锤分别弯曲板件。如图3-3-19所示。

（3）用木锤分别弯曲板件，如图3-3-20所示。

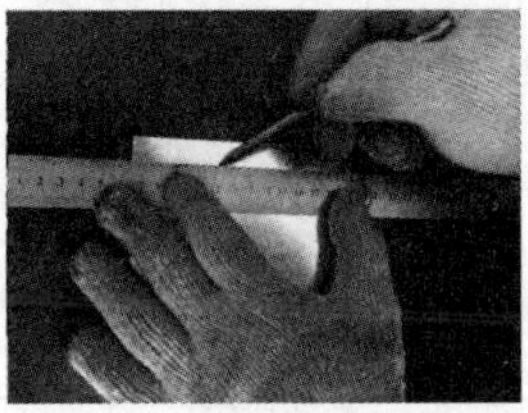
图3-3-18　在板料面上划线

图3-3-19　用木锤分别弯曲板件（一）

图3-3-20　用木锤分别弯曲板件（二）

（4）将两块板件分别弯曲并咬缝，如图3-3-21所示。

（5）用木锤锤击咬缝处的表面，使其咬紧。如图3-3-22所示。

（6）修正两块板件成平直，如图3-3-23所示。

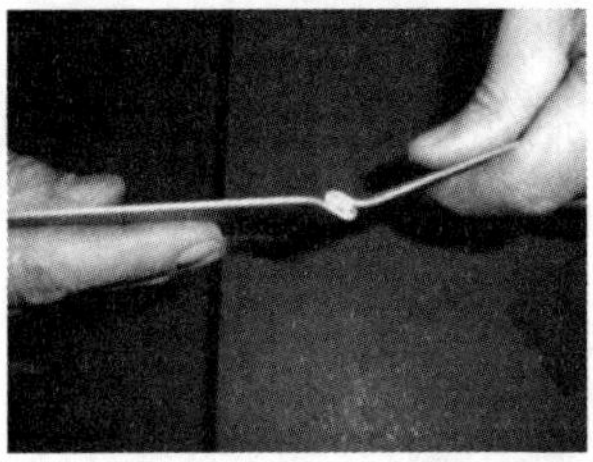
图3-3-21　板件分别弯曲并咬缝

图3-3-22　用木锤锤击咬缝处的表面

图3-3-23　修正板件

四、实施评价

序号	项目	考核内容	评分细则	分值	得分
1	下料划线	作用及分类认知	表述清楚	10分	
		制作	流程准确	10分	
		找正	零件表面光滑无裙皱和破裂	5分	
		工具、量具使用正确，操作规范	工具、量具使用正确	10分	
2	放边操作	作用及分类认知	表述清楚	10分	
		制作	流程准确	10分	
		找正	零件表面光滑无裙皱和破裂	5分	
		工具、量具使用正确，操作规范	工具、量具使用正确	10分	
3	收边操作	作用及分类认知	表述清楚	10分	
		制作	流程准确	10分	
		找正	零件表面光滑无裙皱和破裂	5分	
		工具、量具使用正确，操作规范	工具、量具使用正确	10分	
合计				100分	

任务四　制筋与拔缘

任务目标

知识目标	掌握制筋与拔缘的原理及应用场合
技能目标	1. 会制筋与拔缘的操作； 2. 能熟练地在车身上进行制筋与拔缘

任务描述

在汽车钣金维修作业中，经常遇到一些残损或需要重新制作镶补的钣金件，特别是车辆碰撞及翻车造成的损伤，这些零部件的成形多靠手工操作来完成。本任务主要围绕制筋及拔缘的操作进行学习和训练。

知识储备

一、制筋

制筋是指在钣金件表面上制出各种凸筋，可以提高其刚度和使用性能，增加美感。筋的横截面一般为圆弧形和角形，如图3-4-1所示。

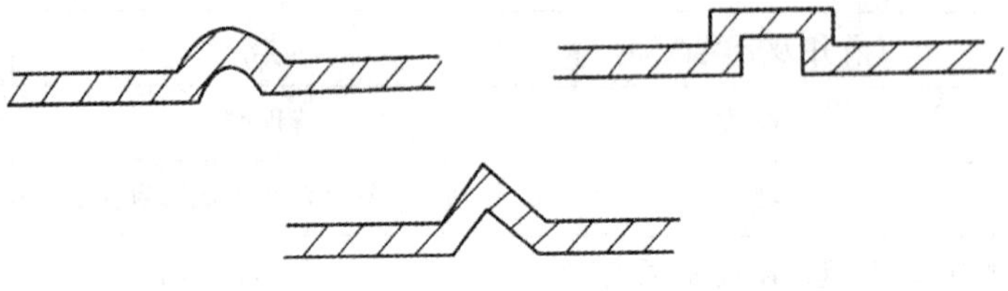

图3-4-1　制筋

简易的手工制筋方法有用扁冲制筋和用简易模具制筋两种，如图3-4-2所示。

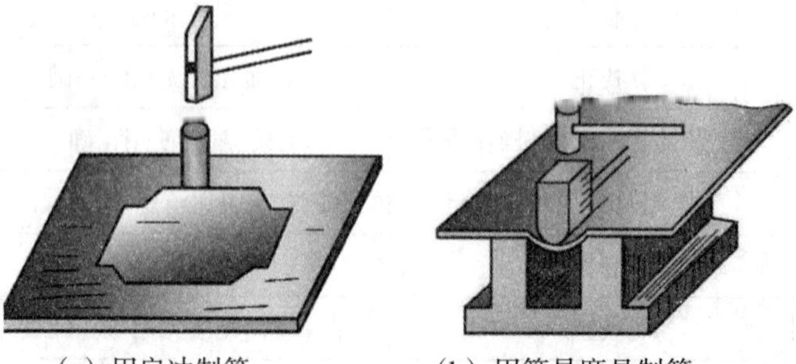

（a）用扁冲制筋　　（b）用简易磨具制筋

图3-4-2　简易的手工制筋方法

二、拔缘

在板料边缘，利用手工锤击弯曲成弯边的方法称为拔缘，如图3-4-3所示。

拔缘主要针对环形板料边缘的弯曲，分为外拔缘和内拔缘两种形式。外拔缘就是将工件外边缘弯曲。当外拔缘时，圆环部分要沿中间圆的圆周径向改变位置而成为弯边，但受到其中三角形多余金属的阻碍，所以采用收边的方法，使其外拔缘弯边增厚。内拔缘就是将工件的内孔边缘弯曲。当内拔缘时，内环部分要沿外环的圆周径向改变位置而成为弯边。由于受到内孔圆周边缘的拉伸牵制，所以采用放边的方法使内拔缘弯边变薄。拔缘可以增加零件的刚度，并且可作为一种表面的装饰。如图3-4-4所示为部分板料构件的拔缘情况。

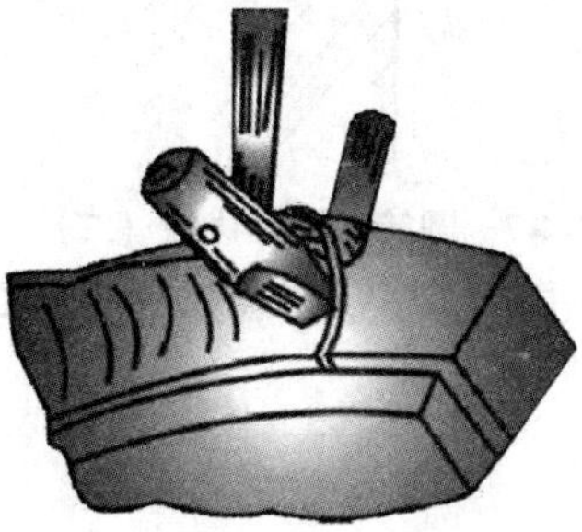

图3-4-3　拔缘

图3-4-4　部分板料构件的拔缘

拔缘的方法可分为自由拔缘和胎模拔缘两种。

（一）自由拔缘

自由拔缘是利用一般的拔缘工具进行的手工拔缘，如图3-4-5所示。

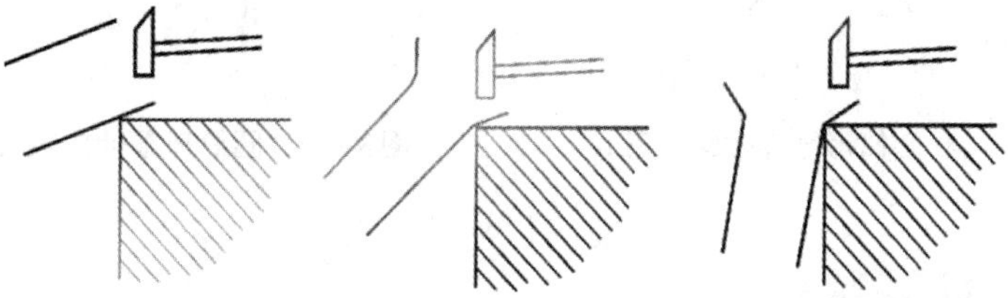

图3-4-5　自由拔缘

自由拔缘的方法如下：先划出拔缘标记线，将板件靠在砧座边缘，标记线与砧座边缘靠齐，板料锤击部位与座平面形成30°左右的夹角；锤击伸出部分，使之拉伸并向外弯曲，敲击时用力适当，敲击均匀，并随时转动构件。若凸缘要求边宽或角度大时，可适当增加敲击次数。

操作的注意事项如下。

（1）拔缘时，每次弯边不能过急，每一周的弯角一般不应该超过30°。

（2）当弯边宽度较大时（大于10mm），应先按弯曲曲线敲出根部轮廓线，再采用锼弯收边的工艺方法，逐步增加其宽度，直至成形。

（3）在拔缘过程中，锤击的力度与锤击点的分布要均匀，以防止裂纹的产生。

（二）圆筒形零件拔缘

（1）用钢锉锉光板料边缘毛刺。

（2）划出拔缘的标记线。

（3）将制件靠在平台或砧座的边棱上，标记线和边棱对齐，使伸出部分与砧座的平面保持30°左右的夹角，如图3-4-6和图3-4-7所示。

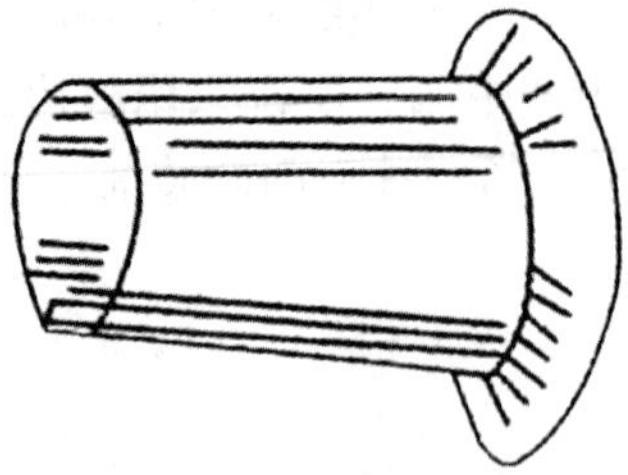

图3-4-6　圆筒形零件拔缘（一）

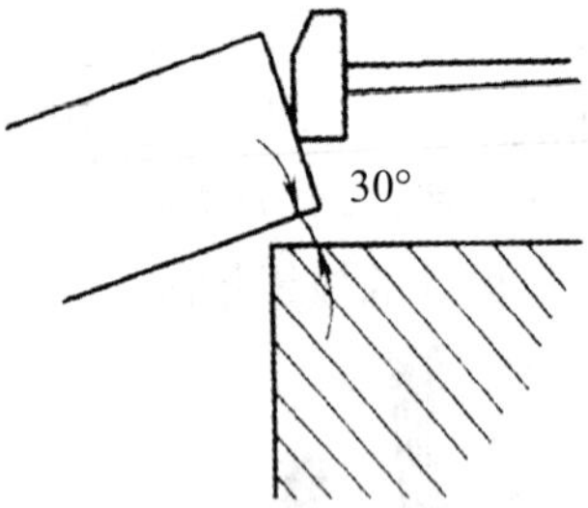

图3-4-7　圆筒形零件拔缘（二）

（4）在铁砧上用锤子将标注线处敲打成圆角。敲击用力要适当，击点要均匀，以免产生裂纹，如图3-4-8所示。

（5）打平波纹，使弯边收缩，如图3-4-9所示。

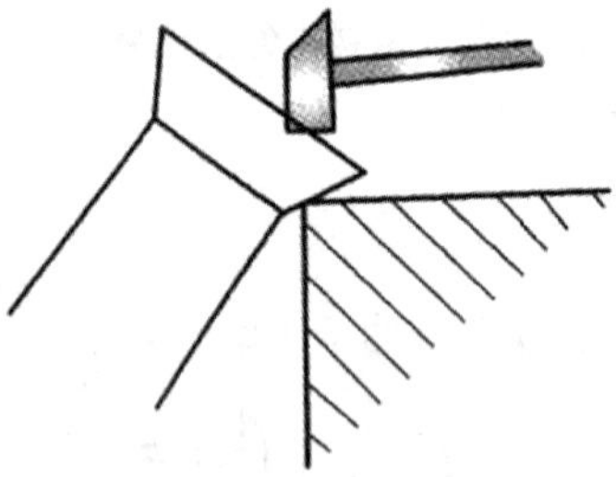

图3-4-8　圆筒形零件拔缘（三）

图3-4-9　圆筒形零件拔缘（四）

任务实施

一、任务内容

将板材制作成笔筒。

二、实施准备

（1）场地：汽车一体化车间。

（2）安全防护用品：工作服、工作帽、工作鞋、手套、防护眼镜、耳塞。

（3）设备材料：台虎钳、划线平板、钣金平台、方箱、1mm厚铁板、方木块、划针、钢直尺、直角尺、样冲、钢板剪刀（剪金属）、橡胶锤等。

三、操作步骤

（1）在板材上划出笔筒咬缝线、拔缘线，如图3-4-10所示。

（2）将板材进行裁剪，如图3-4-11所示。

（3）将板材进行咬缝边弯曲，如图3-4-12所示。

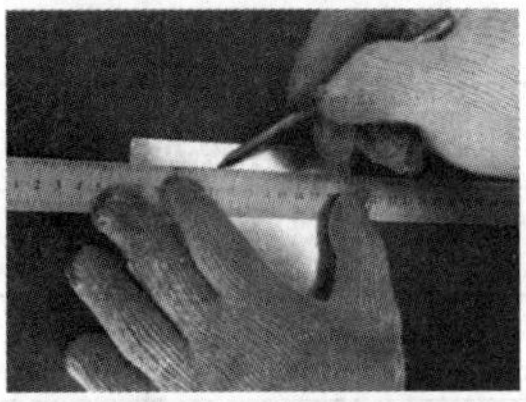

图3-4-10　划出笔筒咬缝线、拔缘线

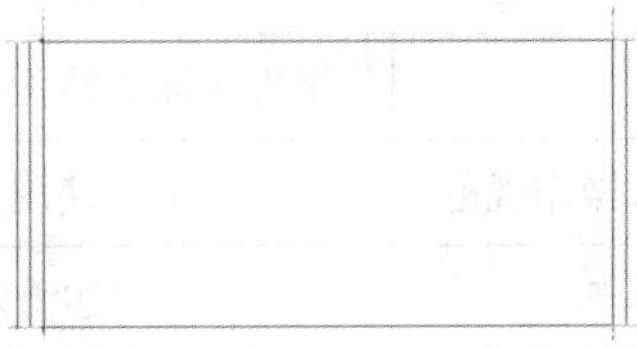

图3-4-11　裁剪板材

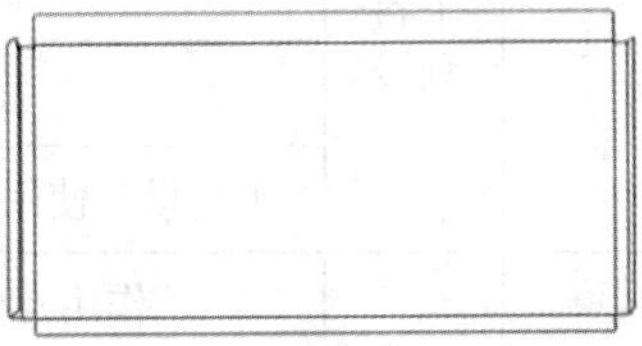

图3-4-12　将板材进行咬缝边弯曲

（4）借助圆筒将板材进行弧度弯曲成圆筒，如图3-4-13所示。

（5）将圆筒进行咬缝，如图3-4-14所示。

（6）借助圆筒将咬缝敲平整，如图3-4-15所示。

图3-4-13　将板材进行弧度弯曲

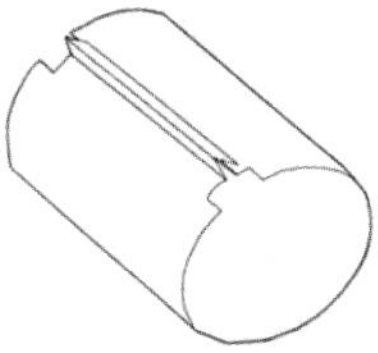

图3-4-14　将圆筒进行咬缝

图3-4-15　将咬缝敲平整

（7）将制件靠在平台或砧座的边棱上，标记线和边棱对齐，使伸出部分与砧座的平面保持30°左右的夹角，在铁砧上用锤子将标注线处敲打成圆角。敲击用力要适当，击点要均匀，以免产生裂纹。如图3-4-16所示。

（8）打平波纹，使弯边收缩。如图3-4-17所示。

（9）笔筒制作及拔缘完成，如图3-4-18所示。

图3-4-16　敲打成圆角

图3-4-17　打平波纹，使弯边收缩

图3-4-18　笔筒制作及拔缘完成

四、实施评价

序号	项目	考核内容	评分细则	分值	得分
1	下料划线	作用及分类认知	表述清楚	10分	
		制作	流程准确	10分	
		找正	零件表面光滑无裙皱和破裂	20分	
		工具量具使用正确,操作规范	工具使用正确	10分	
2	拔缘	作用及分类认知	表述清楚	10分	
		制作	流程准确	10分	
		找正	零件表面光滑无裙皱和破裂	20分	
		工具量具使用正确,操作规范	工具使用正确	10分	
合计				100分	

项目四　汽车车身典型钣金件拆装

项目描述

对汽车钣金维修来说，车身构件的拆装和调整是一项非常重要的工作，车身维修有时必须把必要的板件或者相关附件拆卸以后才能进行。车身构件调整的目的是将许多部件之间的配合间隙调整到规定的范围，常见车身构件之间配合间隙的参考数据，见表4-1-1。

表4-1-1　常见车身构件之间配合间隙的参考数据

序号	配合间隙的位置	参考间隙〔mm)
1	大灯侧面与前翼子板	2.9±1.5
2	大灯下面与前保险杠	3.7±1.5
3	大灯上面与发动机罩	3.9±1.5
4	前挡风玻璃与车顶盖	4.9±1.5
5	车门上沿与车门上边框	4.3 ± 1.5
6	前后车门外板之间	4.0±1.5
7	车门下沿与门槛板	6.0±1.5
8	车门外板与前翼子板	4.0±1.5
9	后车门与后翼子板	4.2 ±1.5
10	发动机罩与前翼子板	3.2±1.5

任务一　汽车保险杠的拆装

任务目标

知识目标	1. 了解保险杠的类型； 2. 了解保险杠的结构组成； 3. 了解前照灯的结构组成
技能目标	1. 掌握保险杠的拆装与调整； 2. 掌握前照灯的拆装与调整

任务描述

在行驶过程中，由于前方车辆出现故障而紧急制动，后车驾驶人反应较快紧急制动，但仍造成两车追尾，导致后车前保险杠开裂和脱落，未造成重大事故和人员伤亡，但需对保险杠进行拆装修复。

知识储备

一、汽车保险杠的作用

当汽车前端或后端与其他物体相撞时，汽车保险杠不仅能有效保护车身，而且有利于减轻被撞人或物的伤害程度。另外，保险杠作为车身外部装饰件，可以很自然地与车身结合在一起，起到了美化汽车外形的作用。

二、汽车保险杠的类型

按照结构的不同，汽车保险杠可以分为普通型保险杠和吸能型保险杠两类。普通保险杠结构简单、质量轻，广泛用于一般汽车上；吸能型保险杠安全系数较高，保险性能好，且与车身造型相协调，多用于高级轿车上。

（一）普通型保险杠

普通型汽车保险杠可分为钢制保险杠和整体成形树脂型保险杠。

钢制保险杠也称为刚性保险杠，它常用厚度为2mm左右的钢板冲压成形，表面镀铬。为了增加安全性，有的钢制保险杠将其钢质支架安装在车身纵梁部位，外侧装上合成树脂材料制成的保险杠面罩。普通钢制保险杠结构简单（图4-1-1），但在局部碰撞变形后会影响整个车身。

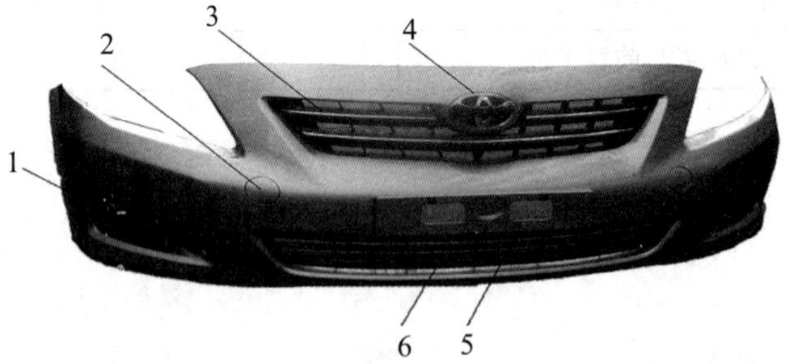

1—前雾灯；2—前侧孔；3—上格栅；4—车型标志；5—车牌安装座；6—下格栅

图4-1-1　普通钢制保险杠结构

现代轿车主要采用与车身造型一体化的整体成形树脂型保险杠，保险杠材料使用聚丙烯树脂，质量轻，容易注塑成形，应用非常广泛。整体成形树脂型保险杠，如图4-1-2所示。

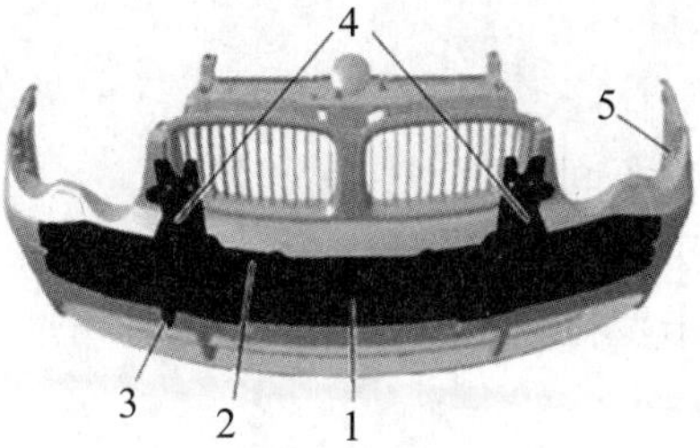

1—吸能元件；2—保险杠饰板；3—拖钩；4—保险杆横梁；5—泡沫塑料碰撞缓冲器

图4-1-2　整体成形树脂型保险杠

（二）吸能型保险杠

吸能型保险杠在其结构中加设了一种防冲击的装置，以吸收碰撞时的冲击能量。常见的吸能保险杠有直接吸能型和筒状吸能型两种形式。

直接吸能型保险杠将泡沫塑料或橡胶等吸收冲击能量好的材料填充于面罩和支架中，当汽车受到轻度冲击时，靠填充材料受冲击压迫后的瞬间变形直接吸收能量，直接吸能型保险杠。

筒状吸能型保险杠是利用液压油的阻尼作用吸收冲击，以空气弹簧的压缩作为减轻冲击的缓冲器，并通过两端套管的面积差起缓冲复原的作用。

三、汽车保险杠的组成

目前，轿车前后保险杠一般由塑料保险杠壳体、吸能缓冲材料、加强横梁和左右两个吸能支架，以及其他安装用部件组成。常见轿车的前保险杠结构，如图4-1-3所示。

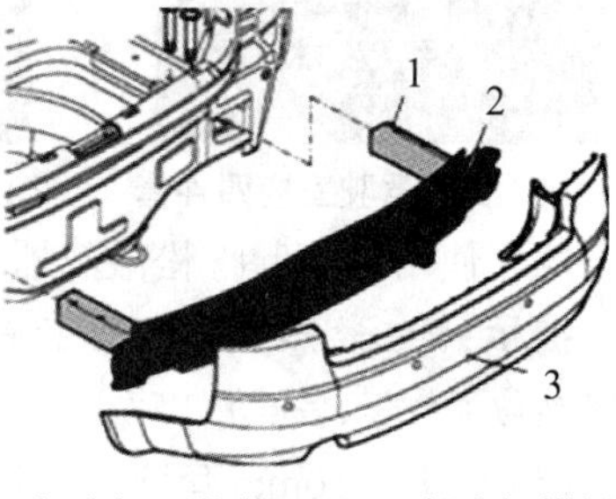

1—保险杠吸能装置；2—保险杠横梁；3—保险杆面罩

图4-1-3　常见轿车的前保险杠结构

四、汽车保险杠的连接方式

保险杠一般是安装在车架及纵梁上面，拆装前要仔细查找保险杠在车架及纵梁上的安装位置。前保险杠的固定有多种形式：有由下而上的固定方式，如丰田系列和本田系列轿车保险杠；有侧面固定方式，如货车、皮卡车、吉普车保险杠；有发动机舱内侧固定方式，如桑塔纳轿车；有正面固定方式，如奔驰系列等。后保险杠一般采用自下而上的安装方式，也有少数从侧面固定，但大多是安装在行李箱下方的纵梁上，由左右安装支架上的两个螺钉定位。

任务实施

一、任务内容

根据实训车辆厂家的质量标准要求，完成前后保险杆的拆装。

二、实施准备

（1）场地：汽车一体化车间。
（2）安全防护用品：工作服、工作鞋、手套。
（3）设备工具材料：卡罗拉轿车、零件车、工具车。

三、操作步骤

（一）轿车前保险杠的拆装

（1）安装驾驶室内四件套，如图4-1-4所示。

提示：室内四件套包括座椅套、转向盘套、档位杆套、地板垫，保证驾驶室内清洁。

（2）打开机舱盖，使用扳手将蓄电池负极电缆拆下。如图4-1-5所示。

提示：操作过程中，断开蓄电池负极电缆，以免损坏电气设备。

（3）使用起子拆卸6个散热器格栅防护罩卡扣，如图4-1-6所示。

提示：拆卸塑料卡扣要小心，谨防卡扣断裂。

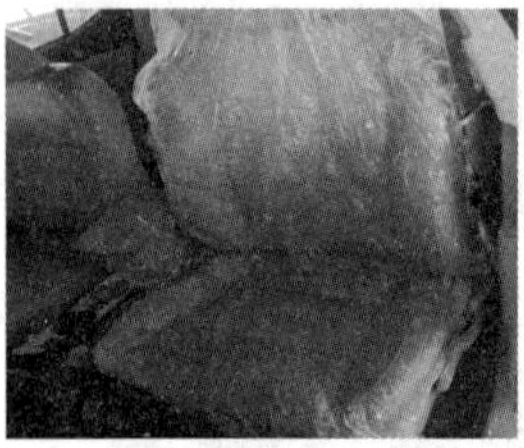

图4-1-4　安装驾驶室内四件套

图4-1-5　拆下蓄电池负极电缆

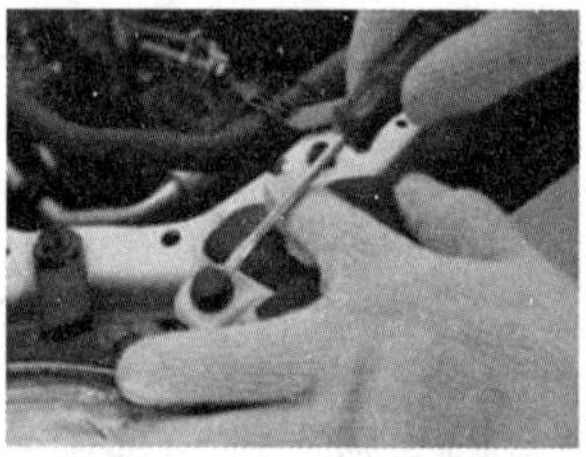

图4-1-6　拆卸卡扣

（4）使用十字起拧松散热器格栅防护罩连接螺钉，并取下。如图4-1-7所示。

提示：① 散热器格栅防护罩连接螺钉共2只，左右各一只。②拧松螺钉时，要使十字起与螺钉保持垂直，防止螺钉在拧松时偏斜，损坏螺钉孔。

（5）使用Φ10mm套筒、接杆、棘轮扳手，拧松前保险杠上2个螺栓，并取下。如图4-1-8所示。

（6）将保险杠总成四周粘贴上保护性胶带，如图4-1-9所示。

提示：保护性胶带粘贴于保险杠总成四周，主要作用为：防止保险杠总成边角碰到油漆表面而划伤漆膜。

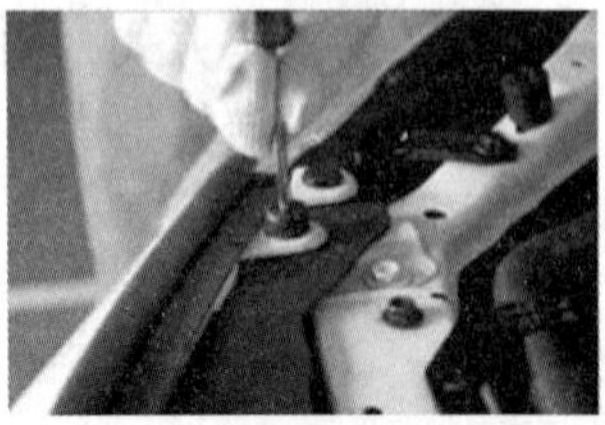

图4-1-7　取下连接螺钉

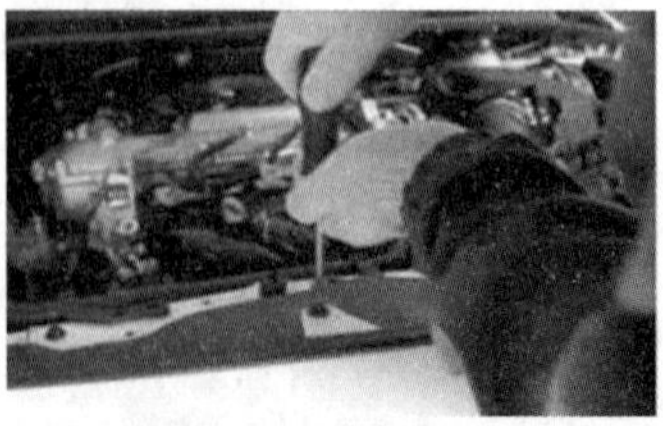

图4-1-8　拧松螺栓

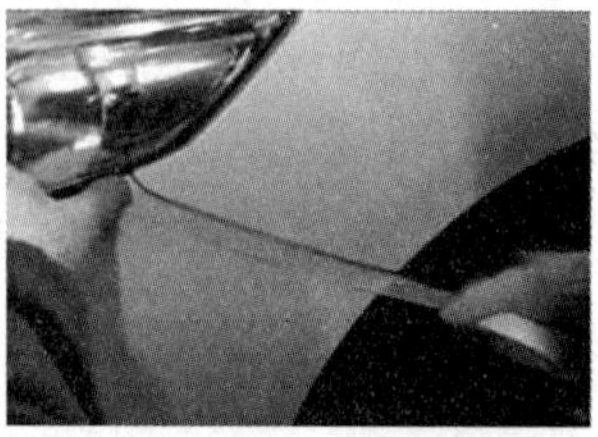

图4-1-9　粘贴上保护性胶带

（7）使用一字起，将销转动90°并拆下销固定卡扣。如图4-1-10所示。

提示：左侧与右侧程序相同。

（8）使用十字起拧松前翼子板外界衬板连接螺钉，并将其取下。如图4-1-11所示。

提示：① 前翼子板外接衬板连接螺钉共2只，左右各一只。②拧松螺钉时，要使十字起与螺钉保持垂直，防止螺钉在拧松时偏斜

（9）使用Φ10mm套筒、接杆、棘轮扳手，拧松发动机底盖板12只螺栓，并将其取下。如图4-1-12所示。

提示：拧松螺栓时，要使套筒与螺栓保持垂直，防止螺栓在拧松时偏斜，损坏螺栓孔。

图4-1-10　拆下销固定卡扣

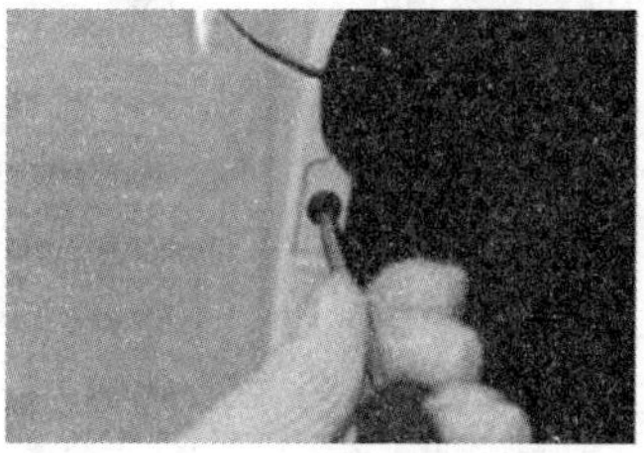

图4-1-11　拧松并取下前翼子板外界衬板连接螺钉

图4-1-12　拧松和取下发动机底盖板12只螺栓

（10）使用起子拧松前保险杠下卡扣，并取下。如图4-1-13所示。

提示：拆卸塑料卡扣要小心，谨防卡扣断裂。

（11）两人配合，双手扶住保险杠总成端角，往外侧轻拉，将总成与保险杠支撑架脱离。如图4-1-14所示。

提示：①保险杠总成为塑料件，拉动时用力适度，防止损坏保险杠总成。②用力点应是保险杠上端的手，轻轻往外侧拉动。

（12）两人配合，将保险杠总成沿车头方向移出。如图4-1-15所示。

提示：①移出时，两人配合要默契，不能一人快一人慢。②雾灯连接线长度有限，不能移出过多，动作用力要适度。

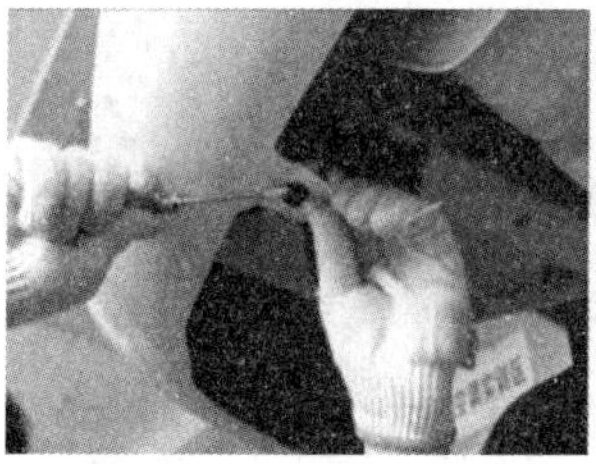

图4-1-13　拧松和取下前保险杠下卡扣

图4-1-14　将总成与保险杠支撑架脱离

图4-1-15　将保险杠总成沿车头方向移出

（13）将雾灯连接器的插接器拔出，如图4-1-16所示。

提示：将保险杠总成反转90°，使雾灯插接器朝上。用一只手扶住保险杠总成，另一只手拔出雾灯插接器的插头。

（14）汽车前保险杠的安装步骤与拆卸相反，如图4-1-17所示。

提示：螺钉和卡夹要安装到位，老化或损坏的卡扣要及时更换。

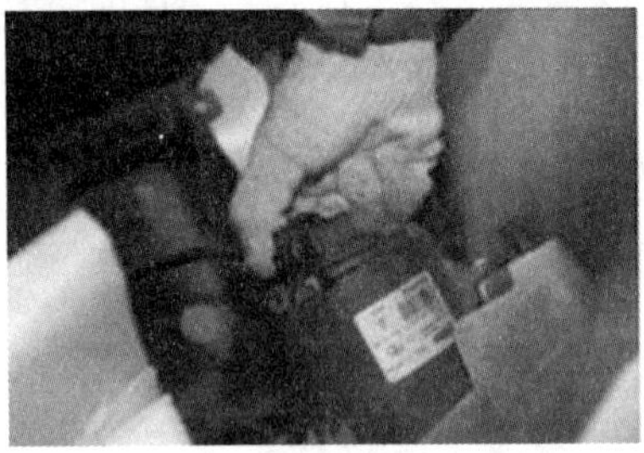

图4-1-16　将雾灯连接器的插接器拔出

图4-1-17　汽车前保险杠的安装

（二）轿车后保险杠的拆装

（1）安装驾驶室内四件套，如图4-1-18所示。

提示：室内四件套包括座椅套、转向盘套、档位杆套、地板垫，保证驾驶室内清洁。

（2）打开机舱盖，使用扳手将蓄电池负极电缆拆下。如图4-1-19所示。

提示：操作过程中，断开蓄电池负极电缆，以免损坏电气设备。

（3）拆下保险杠卡子，如图4-1-20所示。

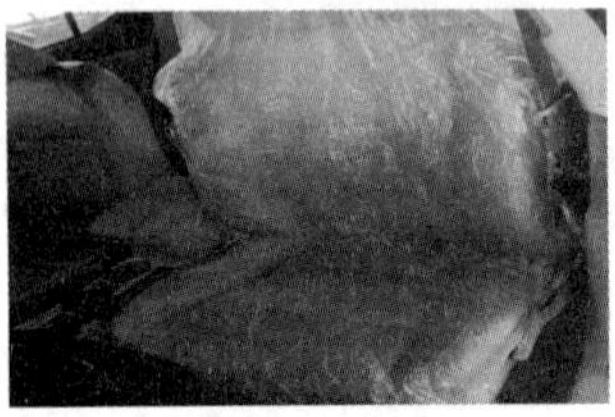

图4-1-18　安装驾驶室内四件套

图4-1-19　拆下蓄电池负极电缆

图4-1-20　拆下保险杠卡子

（4）用10号套筒拆下两侧螺栓，如图4-1-21所示。

（5）用10号套筒拆下尾灯旁两个螺栓，如图4-1-22所示。

（6）脱开16个卡爪并拆下后保险总成，如图4-1-23所示。

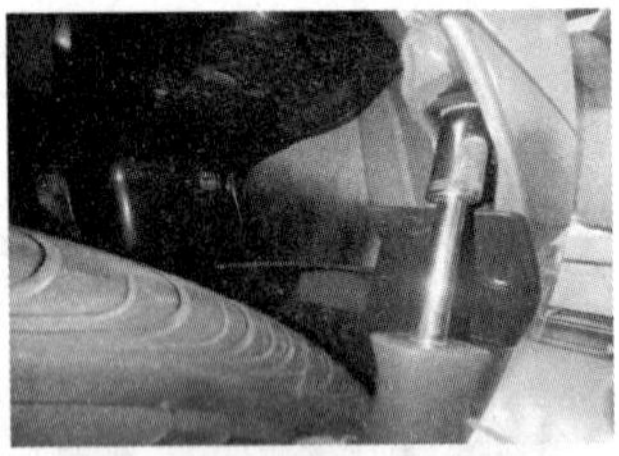

图4-1-21　拆下两侧螺栓

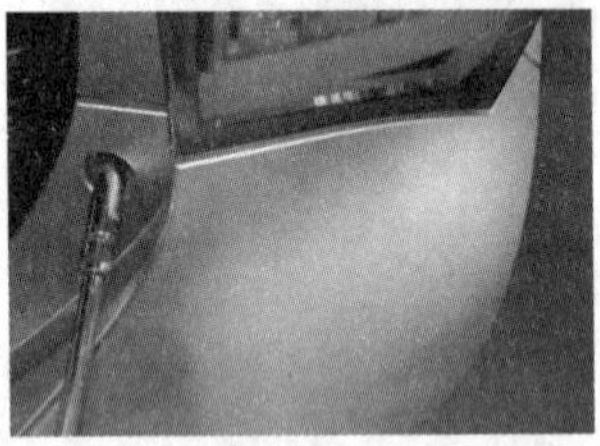

图4-1-22　拆下尾灯旁两个螺栓

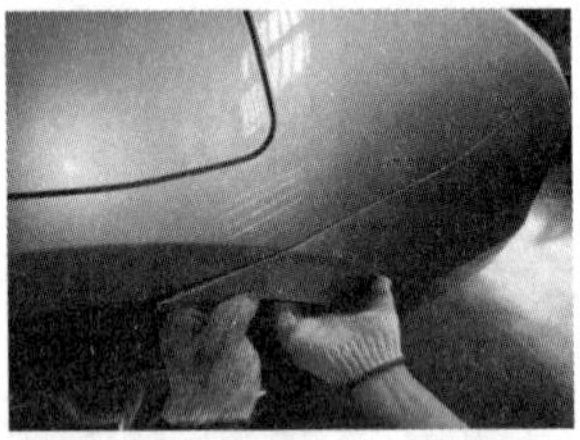

图4-1-23　拆下后保险总成

（7）拆卸后保险杠两侧支架：①用10号套筒拧松3个螺钉；②松开3个卡爪，拆卸后保险杠两侧支架。如图4-1-24所示。

提示：保险杠左侧支架的拆卸与右侧相同。

（8）拆卸后保险杠右上固定架：①用10号套筒拆下螺钉；②脱开两个卡爪并拆卸保险杠右上固定支架。如图4-1-25所示。

提示：保险杠左上固定支架的拆卸与右侧相同。

（9）后保险杠的安装。汽车后保险杠的安装步骤与拆卸相反，如图4-1-26所示。

提示：螺钉和卡夹要安装到位，老化或损坏的卡扣要及时更换。

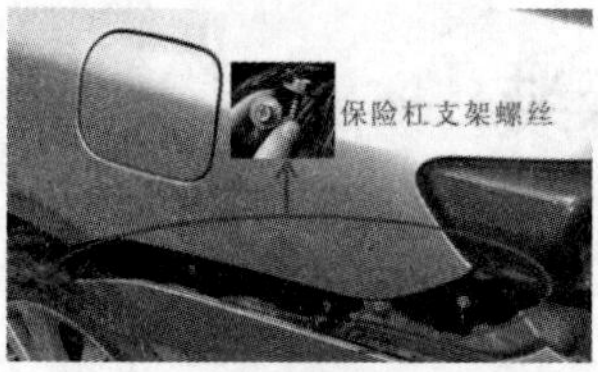

图4-1-24　拆卸后保险杠两侧支架

图4-1-25　拆卸后保险杠右上固定架

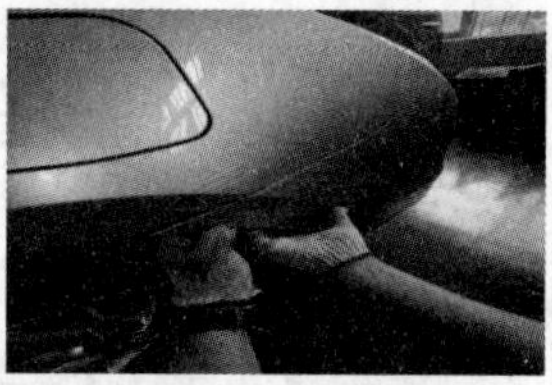

图4-1-26　后保险杠的安装

四、实施评价

序号	考核内容	评分细则	分值	得分
1	拆装前准备	准备不充分酌情扣分,并指正	10分	
2	轿车前保险杠格栅的拆装	按要求酌情扣分,并指正	10分	
3	轿车前保险杠连接零件的拆装	按要求酌情扣分,并指正	15分	
4	轿车前保险杠的调整与定位	按要求酌情扣分,并指正	10分	
5	轿车前保险杠的安装	按要求酌情扣分,并指正	15分	
6	汽车尾灯的拆装	按要求酌情扣分,并指正	10分	
7	轿车后保险杠的拆卸	按要求酌情扣分,并指正	10分	
8	轿车后保险杠的安装	按要求酌情扣分,并指正	10分	
9	整理工具、清理现场	每项扣2分,扣完为止	10分	
10	避守相关安全操作规范	因违规操作发生人身和设备事故,终止考核,或绩按0分计;超时每分钟扣2分,超时5分钟终止考核		
合计			100分	

任务二　汽车翼子板的拆装

任务目标

知识目标	1. 了解翼子板的结构形式； 2. 了解翼子板的作用
技能目标	1. 掌握翼子板的拆装； 2. 掌握翼子板的调整

任务描述

一辆轿车在等待信号灯过程中，由于其他车辆在左转弯占道卡位时，致使汽车右前翼子板被其车尾撞击，右前翼子板出现严重凹陷变形，经4S店鉴定后无法修复至原先形状，车主要求更换右前翼子板。

知识储备

一、汽车翼子板的结构

翼子板是遮盖车轮的车身外板，因旧式翼子板形状类似鸟翼而得名。现在轿车翼子板与车身本体成为一个整体，是车身非常重要的结构件。翼子板受到撞击和刮擦时，经常会发生凹陷、划痕、撕裂、皱褶等状况，因此要求翼子板要具有很高的强度、良好的抗凹性能和抗腐蚀性。翼子板的制造通常需要选用高强度钢板，表面采用镀锌处理。

按照在车身上安装位置的不同，现代轿车的翼子板分为前翼子板和后翼子板。

普通轿车的前翼子板主要由前翼子板外板、前翼子板内板、加强筋等组成，部分轿车还装有翼子板防擦装饰条。如图4-2-1所示。

后翼子板又称为后侧围板，是后部车身两侧的大块板件，从后车门向后一直延伸到后保险杠位置，构成后段车身的侧面，它与后侧围内板或后舱架连接（两厢式）。如图4-2-2所示。

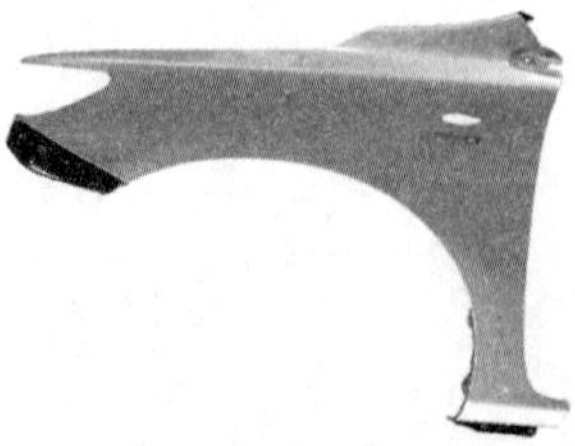

图4-2-1　前翼子板

图4-2-2　后翼子板

二、汽车翼子板在车身上的连接方式

前翼子板大多用螺钉与车身壳体相连接（图4-2-3），后端通过中间板与前围支柱相连接，前端和散热器框的延长部分及灯具架相连接，侧面与挡泥板相连接，左、右前翼子板间也有连板。

后翼子板总成包容车轮，应具有防止水流飞溅的功能，并与车轮不发生运动干涉。它的形状和四周边界取决于车身造型，并与行李箱盖或后舱背门、后保险杠、后部灯具、车轮等形状和位置有关。后翼子板通常以焊接方式固定（图4-2-4），是后段车身中的重要构件。

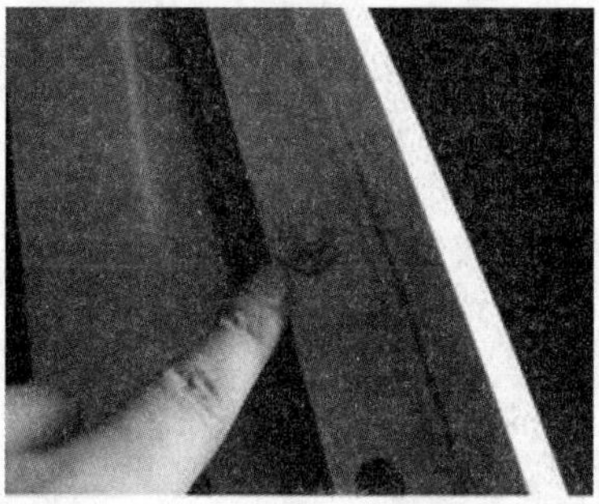

图4-2-3　前翼子板的连接方式

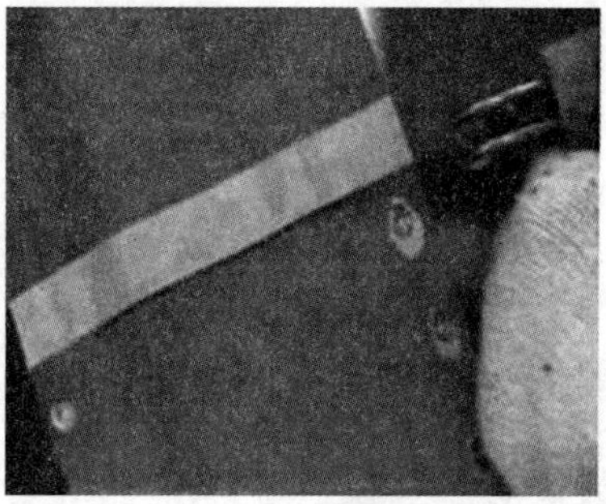

图4-2-4　后翼子板的固定方式

任务实施

一、任务内容

根据实训车辆厂家的质量标准要求，完成前翼子板的拆装。

二、实施准备

（1）场地：汽车一体化车间。

（2）安全防护用品：工作服、工作鞋、手套。

（3）设备工具材料：卡罗拉轿车、零件车、工具车。

三、操作步骤

（1）安装驾驶室内四件套，如图4-2-5所示。

提示：驾驶室内四件套包括座椅套、转向盘套、档位杆套、地板垫，保证驾驶室内清洁。

（2）打开机舱盖，使用扳手将蓄电池负极电缆拆下。如图4-2-6所示。

提示：操作过程中，断开蓄电池负极电缆，以免损坏电气设备。

（3）拆卸前保险杠。

（4）拆卸前翼子板内衬。使用卡扣拆卸专用工具拆卸前翼子板的8个内衬卡扣并取出前翼子板内衬，如图4-2-7所示。

提示：卡扣为塑料材料，拆卸时用力要适度，防止损坏。

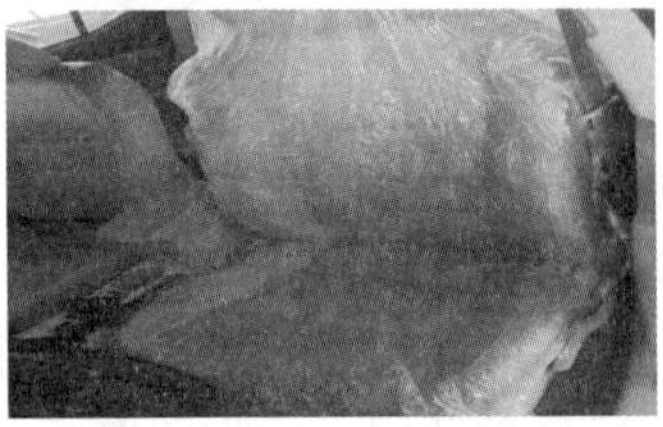

图4-2-5　安装室内四件套

图4-2-6　拆下蓄电池负极电缆

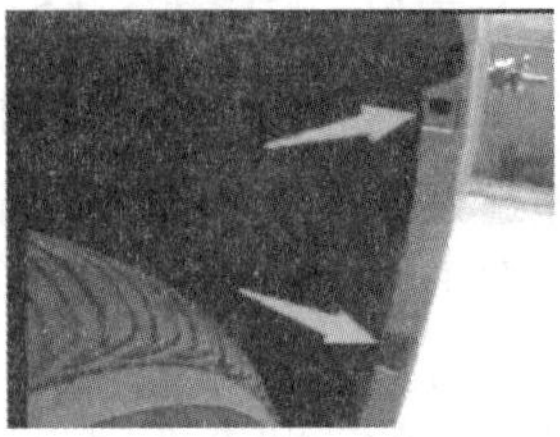

图4-2-7　拆卸前翼子板内衬

（5）拆卸雨刮器臂。使用一字螺丝刀或卡扣拆卸专用工具将雨刮器臂的两个端盖撬出，如图4-2-8所示。

（6）使用10号套筒、接杆、棘轮扳手拧松雨刮器臂固定螺栓，如图4-2-9所示。

（7）将雨刮器臂折起，双手握住雨刮器臂轻轻左右摇动，将雨刮器臂与连杆分离。如图4-2-10所示。

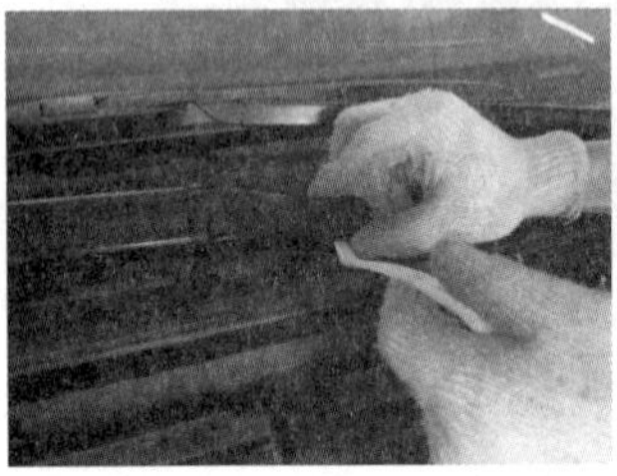

图4-2-8　拆卸雨刮器臂

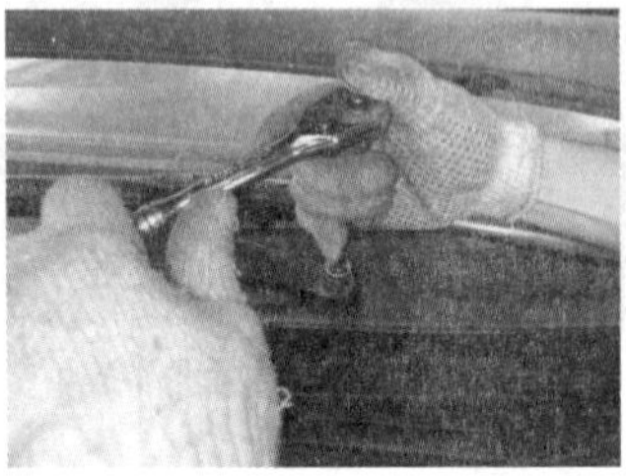

图4-2-9　拧松雨刮器臂固定螺栓

图4-2-10　将雨刮器臂与连杆分离

（8）拆卸通风挡板。使用卡扣拆卸专用工具将发动机舱盖至前围板的密封条卡扣撬出，如图4-2-11所示。

（9）将上通风栅板往下拉，使上通风栅板上的14个卡扣与挡风玻璃脱离，并取下上通风栅板。如图4-2-12所示。

（10）使用卡扣拆卸专用工具将前车身立柱上分盖总成撬出并取下，如图4-2-13所示。

图4-2-11　拆卸通风挡板

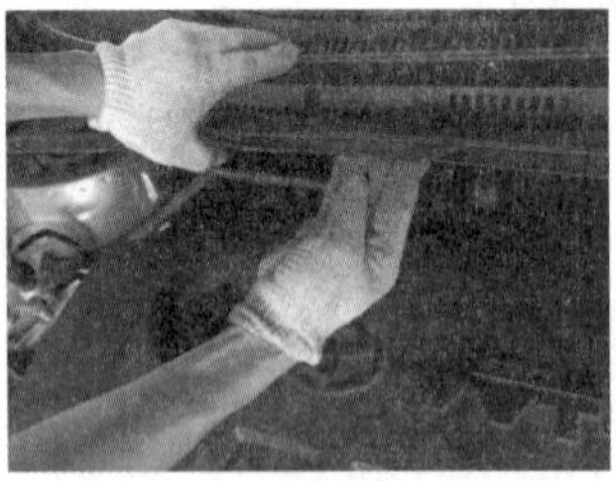

图4-2-12　取下上通风栅板

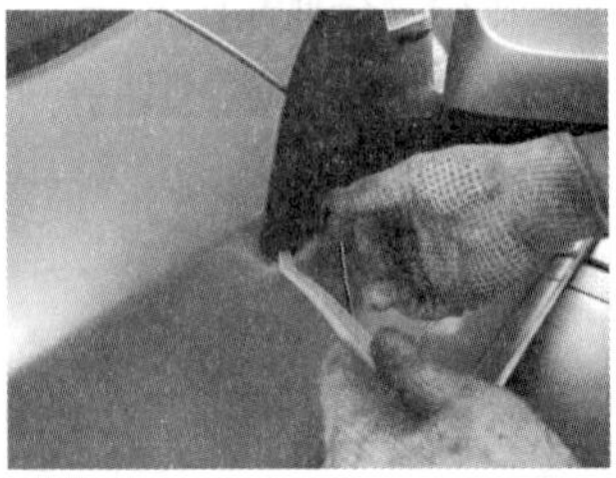

图4-2-13　撬出并取下前车身立柱上分盖总成

（11）拆卸侧转向灯。使用一字螺丝刀或卡扣拆卸专用工具将侧转向灯从前翼子板孔中撬出，如图4-2-14所示。

提示：若已拆下前翼子板内衬，则可用手将侧转向灯顶出，并拔下连接插头。

（12）拆卸前翼子板。使用10号套筒、接杆、棘轮扳手拧松前翼子板上的7个固定螺栓，如图4-2-15所示。

提示：拆卸前翼子板固定螺栓连接部位时，要先将7个螺栓全部拧松，禁止一次拧下，防止板件因应力而产生变形。

（13）双手扶住前翼子板两端，将其从车身上取下，如图4-2-16所示。

图4-2-14　拆卸侧转向灯

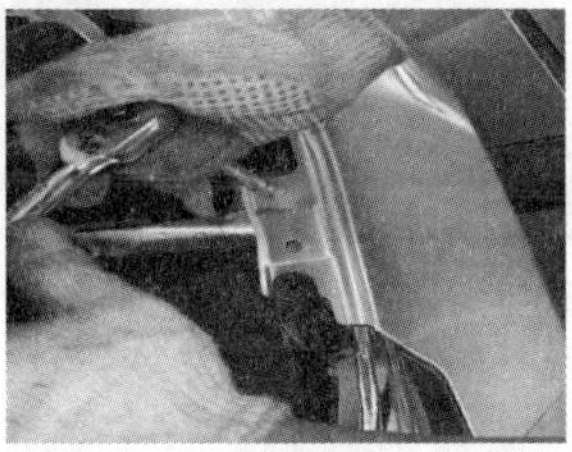

图4-2-15　拆卸前翼子板

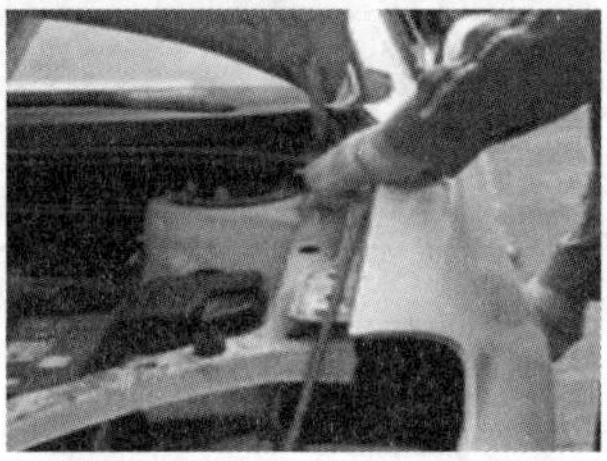

图4-2-16　取下前翼子板

（14）前翼子板的安装。汽车前翼子板的安装步骤与拆卸相反，如图4-2-17所示。

提示：螺栓和卡夹要安装到位，老化或损坏的卡扣要及时更换。

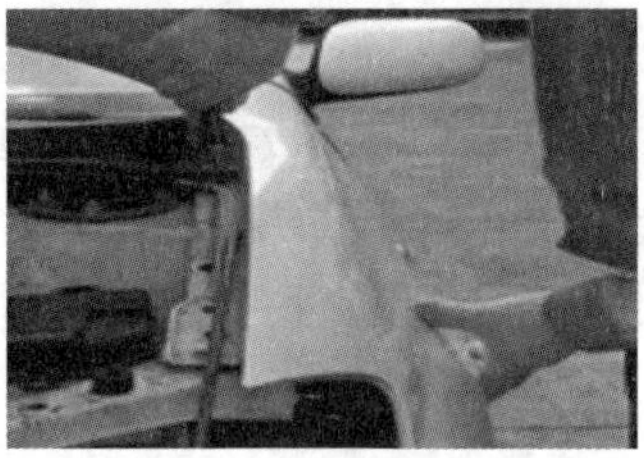

图4-2-17　前翼子板的安装

四、实施评价

序号	考核项目	评分细则	分值	得分
1	正确使用工具	工具使用不当酌情扣分，并指正	10分	
2	拆卸翼子板前端的覆盖件	按要求酌情扣分，并指正	15分	
3	拆加前翼子板内衬	按要求酌情扣分，并指正	15分	
4	拆卸前式子板上附件	按要求酌情扣分，并指正	10分	
5	拆卸前翼子板	按要求酌情扣分，并指正	15分	
6	安装前翼子板	按要求酌情扣分，并指正	15分	
7	调整前翼子板	按要求酌情扣分，并指正	10分	
8	整理工具、清理现场	每项扣2分，扣完为止	10分	
	遵守相关安全操作规范	因违规操作发生人身和设备事故。终止考核，成绩按0分计；超时每分钟扣2分，超时5分钟终止考核		
合计			100分	

任务三　汽车车门的拆装

任务目标

知识目标	1.了解车门的类型与构造； 2.了解玻璃升降器与车锁的构造
技能目标	1.掌握车门的拆装与调整； 2.掌握玻璃升降器的拆装与调整

任务描述

途经一丁字路口时，由于肇事车辆未能看清两侧行驶的车辆，即进行左转弯且行驶速度较快，正好撞击到直线行驶的事故车辆，导致直行车的右侧车门出现严重损伤变形，未造成重大事故和人员伤亡，但需对右侧车门及附件进行拆装修复，以便恢复到原来的形状及强度。

知识储备

车门是汽车车身主要组成部分，是乘客上车、下车或装卸货物的通道；在汽车行驶时，车门封闭车身壳体，以确保行车安全。

一、汽车车门的类型

（1）根据车门的开启方式不同，分为旋转式车门、平移式车门、上掀式车门、折叠式车门和外摆式车门等形式，如图4-3-1所示。

（a）旋转式车门

（b）平移式车门

（c）上掀式车门

（d）折叠式车门

（e）外摆式车门

图4-3-1　不同开启方式的车门

（2）根据车门的数量不同，可分为两门、三门、四门和五门等形式，如图4-3-2所示。

（a）两门车　（b）三门车　（c）四门车　（d）五门车

图4-3-2　不同车门数量的汽车

二、汽车车门的组成

车门通常由门皮、门内骨架、门板、内饰板、车门铰链、车门密封条等部件组成，门皮、门内骨架和门板通常用点焊或粘接的方式接合在一起。车门通过铰链与门柱相连接，铰链通常采用螺栓连接或焊接方式固定在立柱和门框上。为提高车门侧面的抗碰撞强度，门内通常还设有防撞杆。车门上通常装有车窗玻璃、玻璃升降器、门锁等相关附属设施。前车门内饰的基本结构，如图4-3-3所示。

车门本体的骨架部分包括内板、外板、窗框和加强板等，如图4-3-4所示。车门外板的形状由车身外形决定，车门内板是车门主要受力部件，大多数附件装在车门内板上。

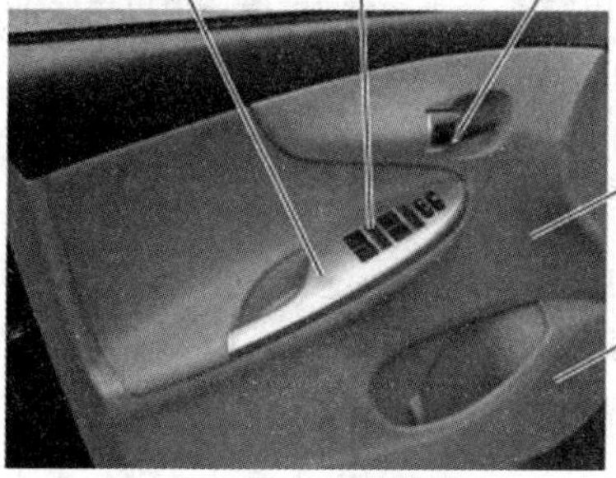

图4-3-3　前车门内饰

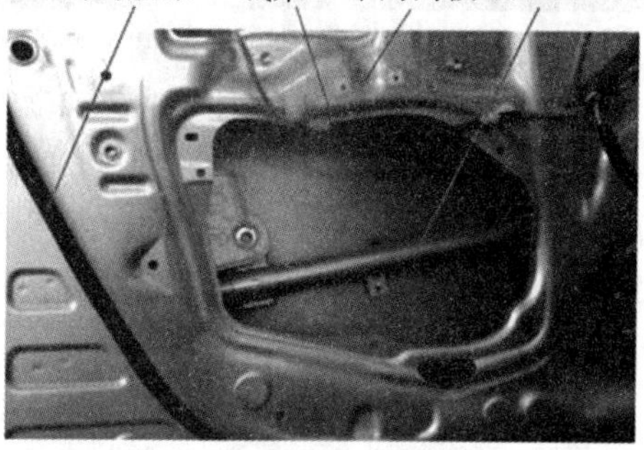

图4-3-4　车门本体骨架的组成

任务实施

一、任务内容

根据实训车辆厂家的质量标准要求，完成车门的拆装与调整。

二、实施准备

（1）场地：汽车一体化车间。

（2）安全防护用品：工作服、工作鞋、手套。

（3）设备工具材料：卡罗拉轿车、零件车、工具车。

三、操作步骤

（一）轿车内饰板的拆装

（1）安装驾驶室内四件套，如图4-3-5所示。

提示：驾驶室内四件套包括座椅套、转向盘套、档位杆套、地板垫，保证驾驶室内清洁。

（2）打开机舱盖，使用扳手将蓄电池负极电缆拆下。如图4-3-6所示。

提示：操作过程中，断开蓄电池负极电缆，以免损坏电气设备。

（3）使用小一字起撬开内拉手装饰盖，如图4-3-7所示。

提示：①撬动塑料装饰盖时，要注意力度，避免塑料表层损伤，严禁野蛮操作。②使用金属制品撬塑料装饰盖时，最好在端部缠好保护胶带。

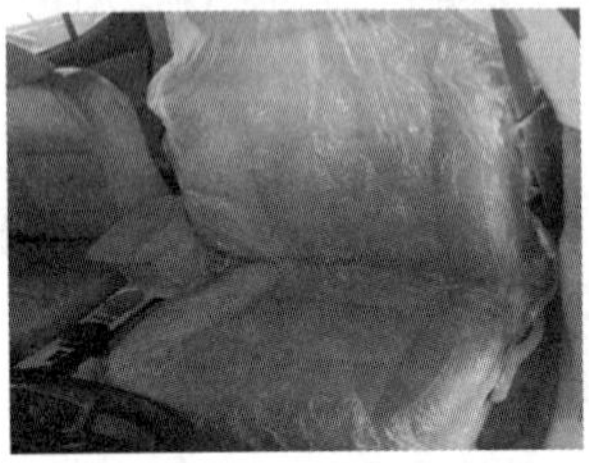
图4-3-5　安装驾驶室内四件套

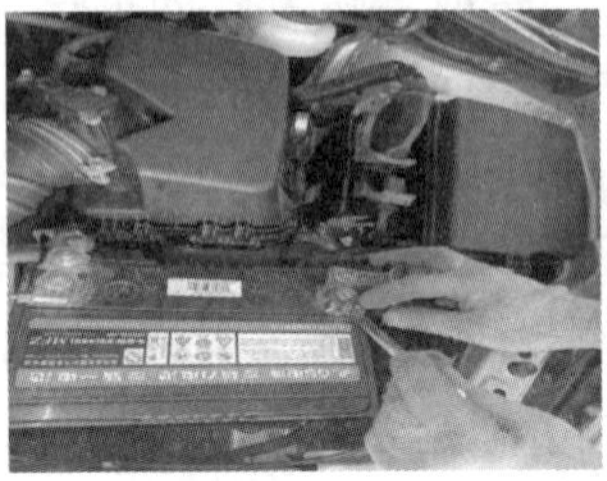
图4-3-6　拆下蓄电池负极电缆

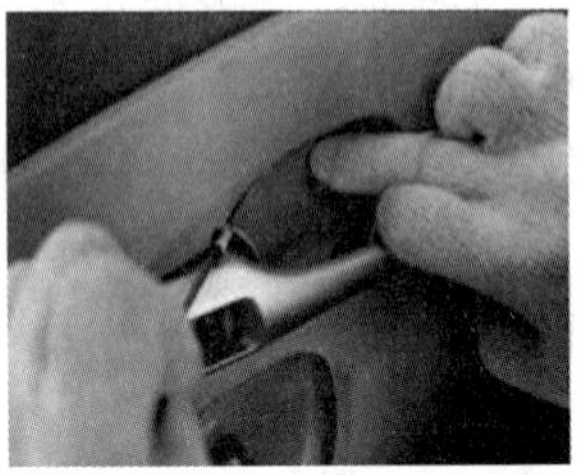
图4-3-7　撬开内拉手装饰盖

（4）使用十字起拆卸内拉手装饰盖螺钉，如图4-3-8所示。

提示：①为方便拆装，一只手可按住装饰盖，另一只手拆卸内拉手装饰盖螺钉。②部分车辆内拉手装饰盖螺钉去除后可直接将内拉手装饰件取出。

（5）使用十字起拆卸车门内饰板扶手座螺钉，如图4-3-9所示。

提示：拆卸时注意十字起应与螺钉呈垂直状，防止拆卸过程中损坏螺钉孔。

（6）使用小一字起将车门扶手座上板从端部轻轻翘起，如图4-3-10所示。

提示：①扶手座上板采用卡扣与车门内饰板连接，一般采用贴片式卡扣和塑料卡扣两种。②撬动时，应从卡扣端进行撬动，因为卡扣端处有一定弹力，不易损坏装饰件。

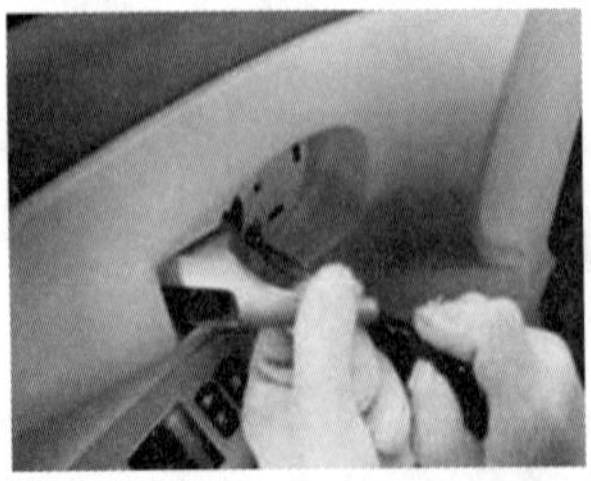
图4-3-8　拆卸内拉手装饰盖螺钉

图4-3-9　拆卸车门内饰板扶手座螺钉

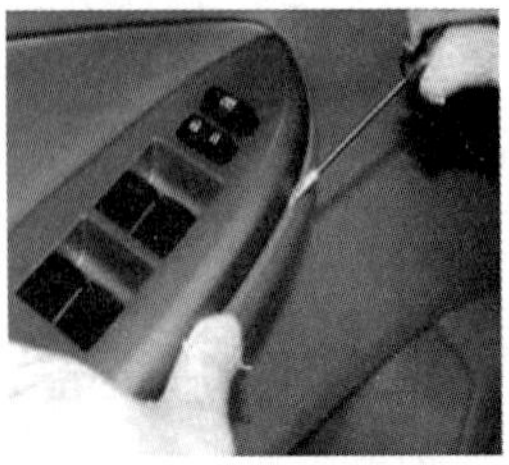
图4-3-10　翘起车门扶手座上板

（7）将玻璃升降机线插接器与控制开关断开，并将车门扶手座总放置规定位置。如图4-3-11所示。

提示：①一般情况下，用手松开线束插接器即可。但如果线束插接器过紧时，可用小一字起顶住插接器卡扣，将插接器与控制器分开。②拆卸插接器时，一定要顶住卡扣，严禁野蛮操作，防止损坏部件。

（8）使用卡扣拆卸专用工具将车门内饰板从下方轻轻分开，使卡扣与车门分离。如图4-3-12所示。

提示：①拆除车门内饰板前需再次检查是否将所有固定螺钉取出，避免损坏车门内饰板。②卡扣专用工具必须从门饰板下方依次对角使卡扣与车门分离，操作中注意保护漆面。

图4-3-11　将车门扶手座总放置规定位置

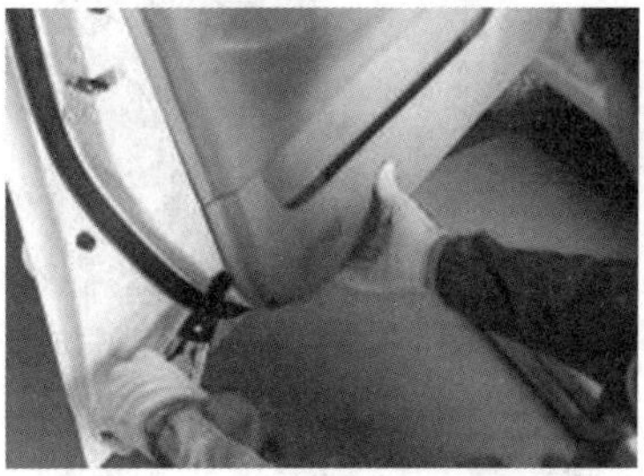

图4-3-12　分离卡扣与车门

（9）双手握住车门内饰板总成两端，向上轻轻抬起，将车门内饰板与车门分离，并将门把手分总成与车门锁止遥控拉索分离。如图4-3-13所示。

提示：车门锁止遥控拉索有两处卡固定扣装置，先将塑料固定扣分离，再将拉索与门把手分总成分离。

（10）安装车门内饰板和各附件，如图4-3-14所示。

①安装车门内侧锁止拉索和遥控锁止拉索，导出控制器开关连接器。

②安装车门内饰板和控制开关。

提示：应通过观察、声音或手的感觉，确保安装到位。

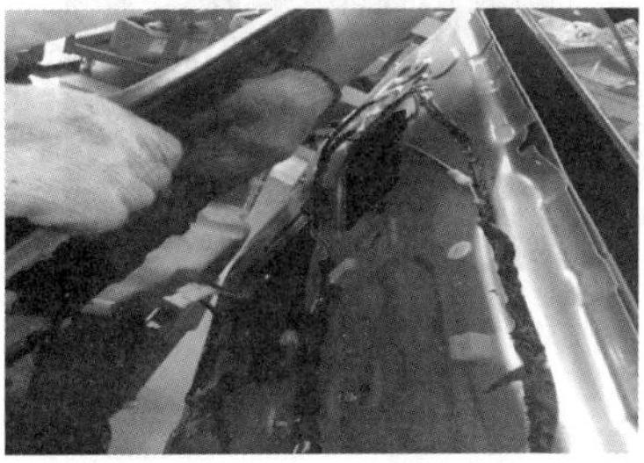

图4-3-13　分离门把手分总成与车门锁止遥控拉索

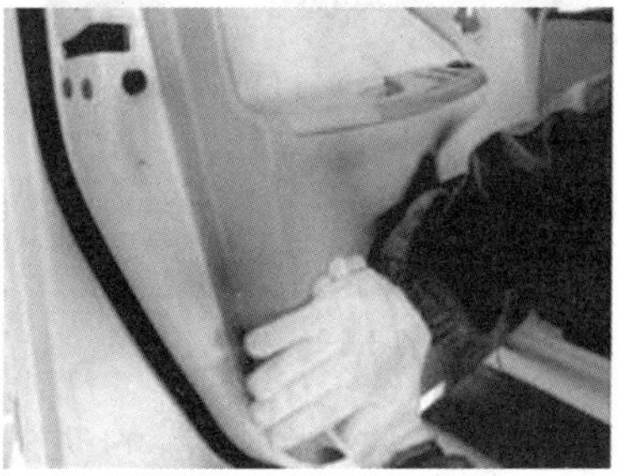

图4-3-14　安装车门内饰板和各附件

（二）车门门锁的拆检

（1）拆卸门锁总成，如图4-3-15所示。

①拆除内把手罩、门内饰板及防水胶条。

②将连杆架自锁筒与杠杆接头处拆离连杆，拆除内锁的固定螺栓。

③拆除内把手整体总成；拆除固定螺母，取下外把手。

④拆除固定夹，取下锁筒。

提示：拆卸门内饰板及防水胶条时要防止损坏周围的部件。

（2）拆卸门锁内部，如图4-3-16所示。

①拆卸锁盖固定螺钉，将锁盖分开。

②拿出卡板弹簧，取下卡板，取出门锁控制装置。

③清洗门锁零部件，然后用吹气枪吹干。

提示：门锁装置及部件需放置在工具盒内，避免丢失。

图4-3-15　拆卸门锁总成

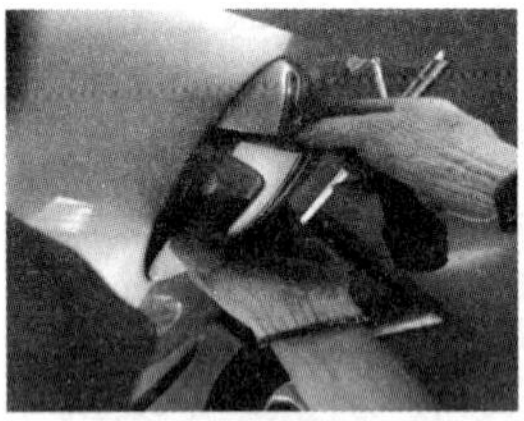

图4-3-16　拆卸门锁内部

（3）检修门锁。如图4-3-17所示。

①打开车门，目测卡板是否磨损；轻轻关车门，观察卡板和锁销是否平衡。

②检查锁销是否磨损，检查门锁弹簧是否缺失或受损。

提示：门锁的损坏一般是卡板磨损和门锁弹簧因固定螺钉的松动面弹出。

（4）装配门锁，如图4-3-18所示。

①装配时，在门锁活动零件及弹簧表面，涂上黄油进行润滑。

②门锁的安装依拆卸的相反顺序进行。

提示：装配后，要检查门锁的相对位置和修理质量是否符合要求，否则需要进行调整或修理。

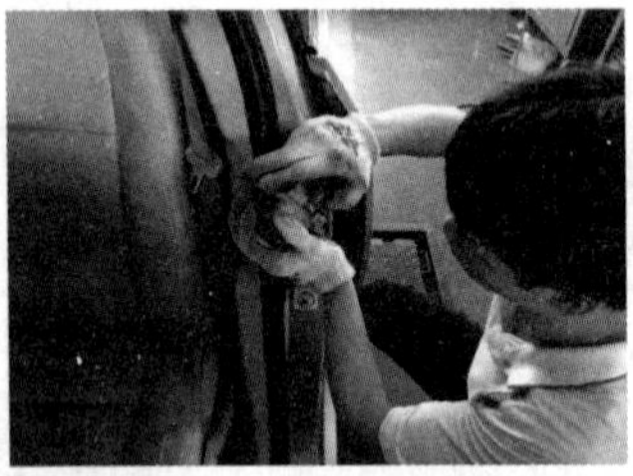

图4-3-17　检修门锁

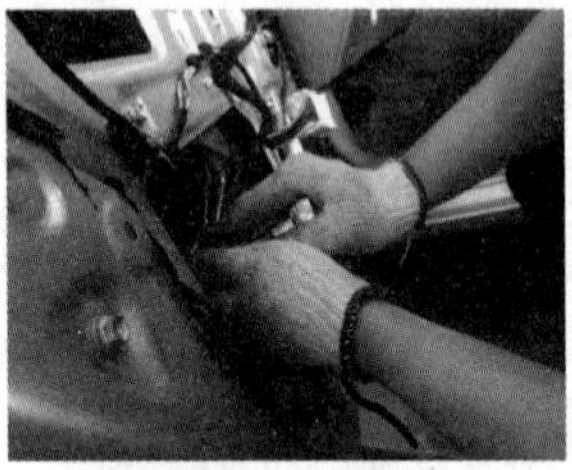

图4-3-18　装配门锁

（三）车门玻璃与升降器的拆装与调整

（1）拆装前准备：①拆卸车门饰板；②降下玻璃，拆卸车门饰条，抽出玻璃密封条。如图4-3-19所示。

提示：老化黏附在车门上的密封条要用铲刀清除干净。

（2）拆卸车门玻璃，如图4-3-20所示。

①用升降器把门玻璃下降到拆装孔位置。用套筒拧松或取下升降器与玻璃的固定螺钉，拆下玻璃导向槽。

②拆下车门玻璃放置在安全地点，避免损坏。

提示：拆卸时要防止套筒、硬物碰擦或刮花车门玻璃。

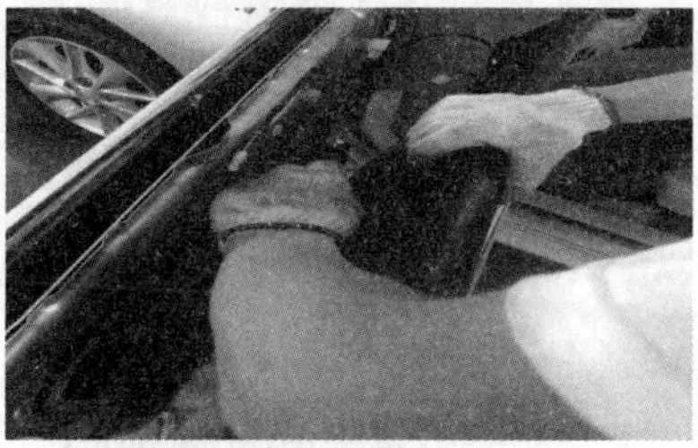

图4-3-19　拆卸车门饰条

图4-3-20　拆卸车门玻璃

（3）拆卸车门升降器，如图4-3-21所示。

①拆开电源插头，拆下升降器的六个定位螺钉。

②从车门内侧将升降器取出。

提示：拆下的小零件要放置在工具盒内，避免丢失。

（4）安装车门玻璃和升降器，如图4-3-22所示。

①安装前，在升降器的滑动面上涂上润滑油。

②装配按照拆卸的反顺序进行。

提示：老化的密封条要更换，升降器的安装要到位。

（5）调整车门玻璃和升降器，如图4-3-23所示。

①将玻离导向槽的固定螺钉部分拧松。

②将车门玻璃移动到车门上方，根据玻璃倾斜方向稠整玻璃导向槽，使玻璃与门框玻璃滑槽对准。

③将车门玻璃上升或下降到适当位置，镇紧导向槽的固定螺栓。

提示：如果车门玻璃向左倾斜，就将导向槽向上移动；车门玻璃向右倾斜，则将导向槽向下移动。

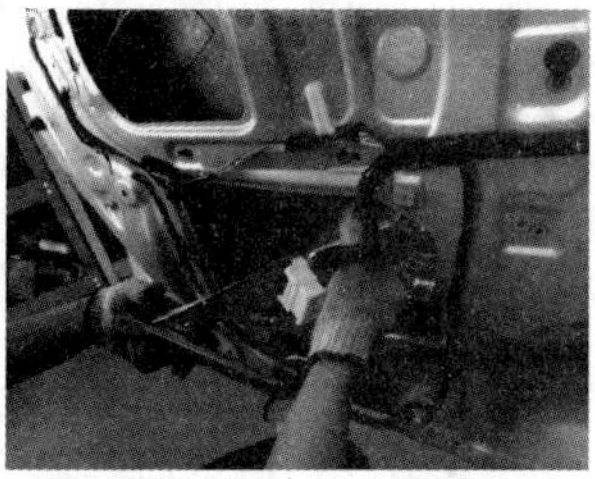

图4-3-21　拆卸车门升降器

图4-3-22　安装车门玻璃和升降器

图4-3-23　调整车门玻璃和开降器

（四）前车门的拆装与调整

（1）拆卸前车门开度限位器总成。用10号套筒拆下螺栓、两个螺母和前车门开度限位器总成，如图4-3-24所示。

（2）拆卸前车门铰链。用12号梅花扳手拆下前车门铰链螺栓，如图4-3-25所示。

（3）拆卸侧前车门，如图4-3-26所示。

（4）汽车前门的安装步骤与拆卸相反，并调整前门间隙。如图4-3-27所示。

①松开车身上的铰链螺栓并调整前车门间隙。

②调整完毕后，紧固车身上的铰链螺栓。

③松开车门上的铰链螺栓并调整前车门间隙。

④调整完毕后，紧固车门上的铰链螺栓。

提示：扭矩为26 N·m。

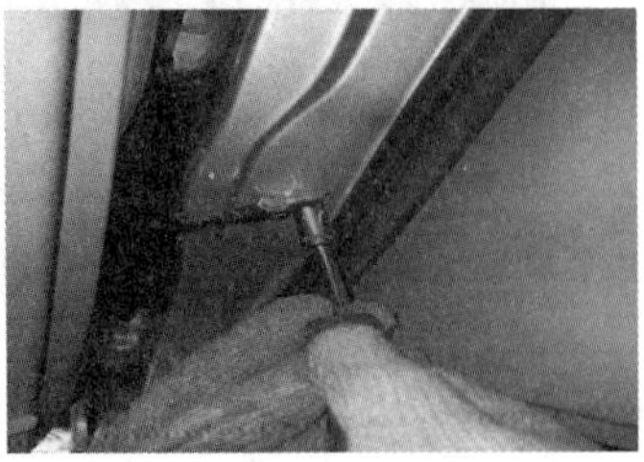

图4-3-24　拆卸前车门开度限位器总成

图4-3-25　拆卸前车门铰链

图4-3-26　拆卸侧前车门

图4-3-27　安装汽车前门

四、实施评价

序号	考核项目	评分细则	分值	得分
1	正确使用工具	工其使用不当酌情扣分，并指正	10分	
2	拆装前准备	按要求酌情扣分，并指正	5分	
3	拆卸车门拉手和扶手	按要求酌情扣分，并指正	5分	
4	拆卸车门内饰板	按要求酌情扣分，并指正	10分	
5	拆卸车门内附件	按要求酌情扣分，并指正	10分	
6	车门总成的拆卸与安装	按要求酌情扣分，并指正	20分	
7	车门内饰板及附件的安装	按要求酌情扣分，并指正	10分	
8	车门控制部件的测试	按要求酌情扣分，并指正	10分	
9	车门的调整	按要求酌情扣分，并指正	10分	
10	整理工具、清理现场	每项扣2分，扣完为止	10分	
	遵守相关安全操作规范	因违规操作发生人身和设备事故。终止考核，成绩按0分计；超时每分钟扣2分，超时5分钟终止考核		
合计			100分	

任务四　汽车发动机罩和行李箱盖的拆装

任务目标

知识目标	1. 了解发动机罩和行李箱盖的结构形式； 2. 了解发动机罩和行李箱盖的作用
技能目标	1. 掌握发动机罩的拆装与调整； 2. 掌握行李箱盖的拆装与调整

任务描述

在行驶过程中，前方货车由于速度较快且其车上的货物固定不牢固，货物掉落，正好砸中后车的发动机舱盖，导致后车的发动机舱盖出现严重损伤变形，未造成重大事故和人员伤亡，但需对发动机舱盖进行拆装修复。

知识储备

一、汽车发动机罩

发动机罩是发动机舱的上盖板，是遮盖和保护发动机的一个车身钣金总成。发动机罩除了保护发动机外，还要具有隔音、减振以及避免与发动机运转声共振的功能。

（一）汽车发动机罩的结构

发动机罩主要由发动机罩盖、发动机罩铰链、发动机罩支撑杆、锁头、锁座、发动机罩开启拉索等部件组成，发动机罩的结构如图4-4-1所示。发动机罩盖包含了外板、内板和加强梁，并于内板和外板的四周施加折边以取代焊接，发动机罩盖内、外板结构如图4-4-2所示。

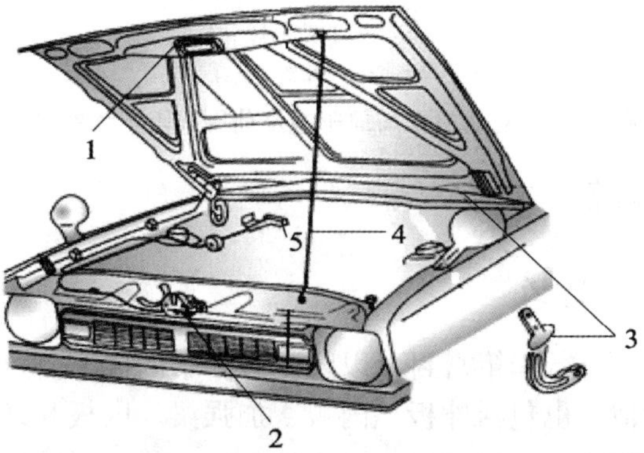

1—锁头；2—锁座；3—铰链；4—支撑杆；5—发动机舱盖锁开启拉索

图4-4-1　发动机盖的结构

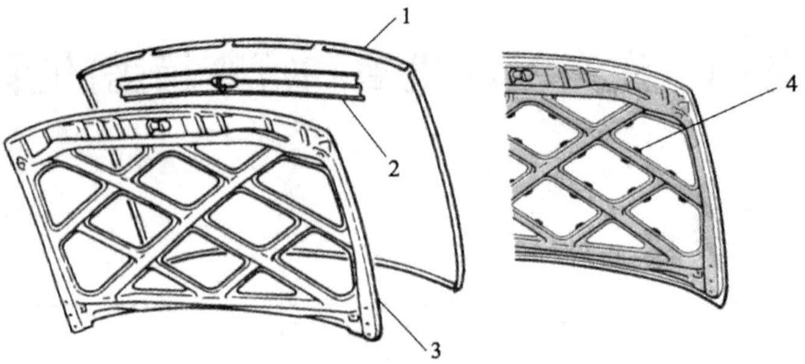

1—外板；2—加强梁；3—内板；4—隔音胶

图4-4-2　发动机罩盖内、外板结构

（二）发动机罩的拆装与调整

发动机罩是车身板件中的大件，拆装需要两人来共同完成。对一般车身而言，发动机罩的拆装过程较简单，拆下连接件就可以了。但有些汽车拆装比较复杂，如奔驰轿车，在拆装喷水管时，需要将细绳子穿进喷水管到达发动机罩的后加强部，安装时就能顺利地将喷水管从拆出的地方安装进去，否则在安装中会出现困难。

发动机罩的调整方法主要有超尺寸孔调整法、垫片调整法、可调节定位器调整法等。通过铰链，可调定位器、挂钩的调整就能使发动机罩做上下、前后、左右方向的移动，最终达到配合要求。发动机罩与周边板件配合的要求是侧边与前翼子板的上边平齐，间隙大约为4mm且均匀一致，后边与盖板间应有足够的间隙。发动机罩与翼子板及前围的间隙不均的情况，如图4-4-3所示。

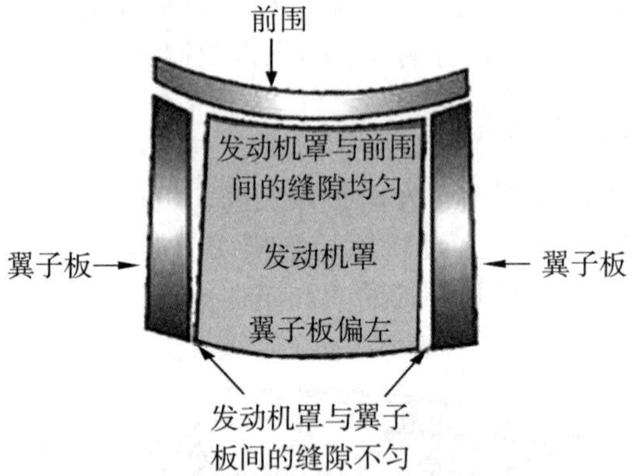

图4-4-3　发动机罩与翼子板及前围间隙不均的情况

二、汽车行李箱盖

（一）行李箱盖的结构

行李箱盖的作用是将行李箱密封，以防尘砂和水的侵入。行李箱盖的结构与发动机罩盖的结构非常相似，也包括外板、内板、加强梁。内板和外板的四周采用措边连接方式，而加强梁和支座用点焊焊接于行李箱盖上，将密封胶涂入内板和外板的某些间隙中，以确保外板有足够的张力；与发动机罩不同的是，行李箱盖加装了扭力杆，当打开盖锁后箱盖能自动弹起。行李箱盖用两个铰链将箱盖连接到后部车身板件上，行李箱盖铰链结构如图4-4-4所示。行李箱盖的后缘用行李箱盖锁的挂钩固定。为了防止尘砂和水的侵入，在行李箱的上边缘安装有密封条，在行李箱盖关闭时，箱盖的边缘与密封条全部接触，能起到有效的密封作用。

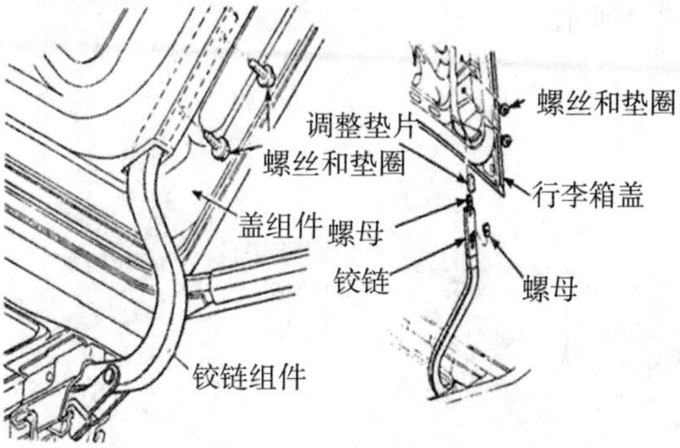

图4-4-4　行李箱盖铰链的结构

（二）汽车行李舱盖的拆装与调整

行李箱盖的拆装与发动机罩相似，这里不做详细的介绍。

三厢轿车行李箱盖的调整只需要松开铰链上的螺栓，将行李箱盖前后、左右移动，在达到要求以后打开箱盖并将铰链固定螺栓紧固。与发动机罩一样，行李箱与周围板件的间隙要均匀一致。调整时，如果行李箱盖的边缘与两边翼子板的上平面不平齐，可通过提升或降低箱盖的方法来达到平齐。调整时可在螺栓和舱盖之间使用垫片，如果需提升前面的边缘，可将垫片放在铰链和盖的前螺栓位置之间；如果要降低盖的前边缘，可将垫片放置在铰链的后面。现代轿车的行李箱盖是利用扭力杆来平衡箱盖的重量，这个装置使行李舱盖容易自动提升并固定在一定的位置。当行李舱盖不能自动提升和固定在一定位置时，可通过调节扭力杆的松紧来平衡箱盖，如图4-4-5所示。

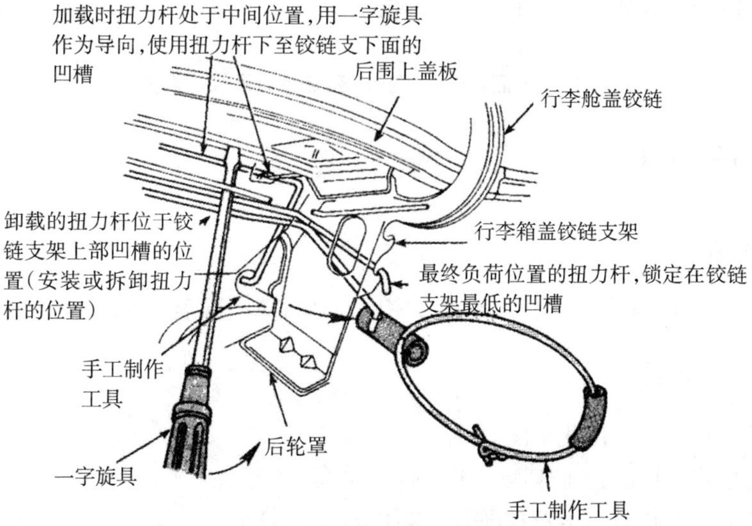

图4-4-5　调整扭力杆

具有后背仓门式行李箱盖的车辆，由于它们的尺寸关系，很难进行调整。这种类型的行李箱盖的调整部位是铰链和门锁，如图4-4-6所示。调整时分别将铰链及铰链座上的固定螺栓拧松，将后背仓门式行李箱盖沿前后方向或左右方向移动调整；也可拧松车身上锁座的固定螺栓，进行前后、左右的移动来改变后背仓门式行李箱盖关闭状态时的位置，如图4-4-7所示。

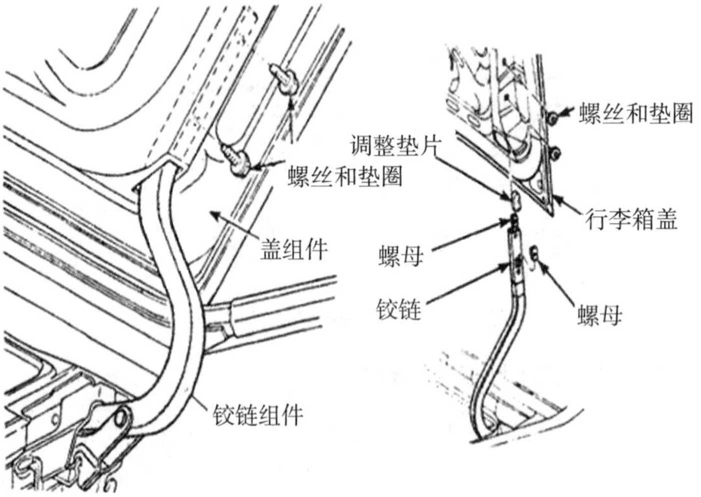

图4-4-6　后背仓门式行李箱盖的调整

（a）调整车门铰链　（b）门闩的调整（一）　（c）门闩的调整（二）

图4-4-7　后背仓门式行李箱盖铰链及锁座调整

任务实施

一、任务内容

根据实训车辆厂家的质量标准要求，完成发动机罩、行李箱盖的拆装与调整的拆装。

二、实施准备

（1）场地：汽车一体化车间。
（2）安全防护用品：工作服、工作鞋、手套。
（3）设备工具材料：卡罗拉轿车、零件车、工具车。

三、操作步骤

（一）发动机罩的拆装与调整

（1）拆装前准备，如图4-4-8所示。

①准备好发动机罩拆装所需要的工具。

②拉动发动机罩开启拉索，打开发动机罩并支撑好。

提示：发动机罩拉索手柄一般设置在驾驶室的左下方。

（2）拆卸洗涤喷水管和线束插件，如图4-4-9所示。

①拆下洗涤器喷水管与喷嘴的连接，拆除喷水管。

②观察发动机罩内衬板相关线束，拔下线束插接器。

提示：要根据具体的车型确定洗涤器水管的拆卸方法。

图4-4-8　拆装前准备

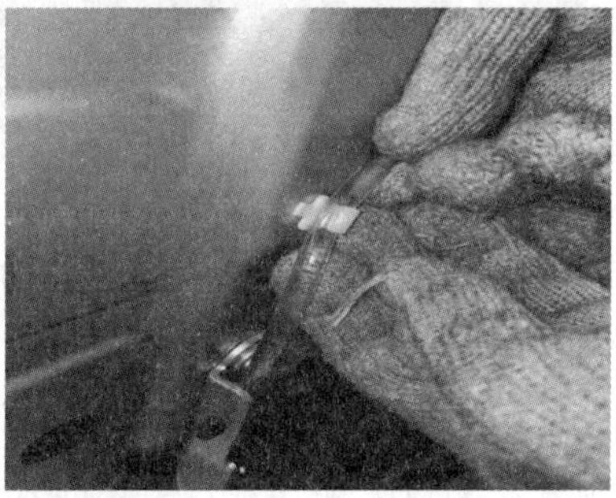

图4-4-9　拆卸洗涤喷水管和线束插件

（3）拆卸发动机罩铰链，如图4-4-10所示。

①在发动机罩铰链位置上做好记号，以便于以后的安装。

②拆下发动机罩铰链固定螺栓。

提示：拆卸发动机罩铰链时应两人配合，一人在拆卸的同时，另一人用手托住发动机罩。

（4）抬下发动机罩。卸完两侧铰链的固定螺栓后，两人共同抬下发动机罩，妥善放置。如图4-4-11所示。

提示：放置发动机罩时应注意其表面不得与地面等粗糙的表面接触，以防止刮伤涂层。

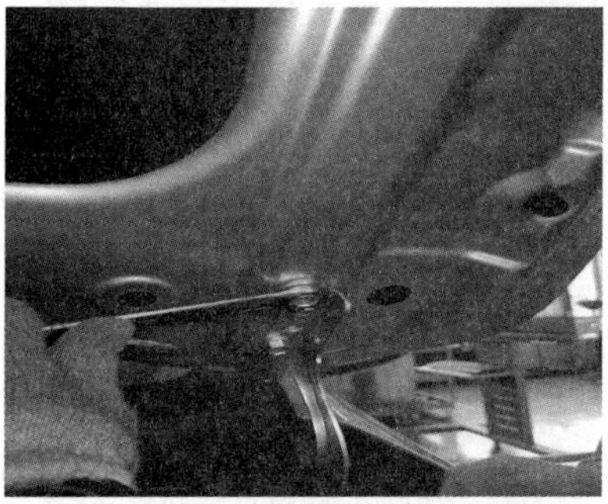

图4-4-10　拆卸发动机罩铰链

图4-4-11　抬下发动机罩

（5）安装发动机罩。安装发动机罩按拆卸的相反顺序进行，如图4-4-12所示。

提示：注意拆卸的位置或痕迹，以便于调整发动视罩的间隙和位置。

（6）调整发动机罩，如图4-4-13所示。

①稍稍松开固定发动机罩与铰链的固定螺栓，再扣上发动机罩。

②移动发动机罩，使发动机罩的后缘与翼子板后缘对齐，其前缘与前翼子板和前照灯之间保留合适的缝隙。

提示：发动机罩调整要避免开启时的相互干扰，同时左右与翼子板的缝隙要保持一致、美观。

图4-4-12　安装发动机罩

图4-4-13　调整发动机罩

（7）调整发动机舱盖前端高度，通过转动橡胶垫来调整发动机舱盖高度，以使发动机舱盖和前翼子板的高度对齐。如图4-4-14所示。

（8）发动机罩及锁扣的检查，如图4-4-15所示。

①检查发动机罩锁扣是否平稳脱开，发动机罩锁扣钢绳工作是否正常。

②发动机罩铰链行程是否合适。发动机罩支撑柱工作是否可靠。

提示：如果发动机罩与拉钩需猛烈地撞击才能扣上，则应提升拉钩；如果锁住时发动机罩不能接触前定位器，则应降低拉钩。

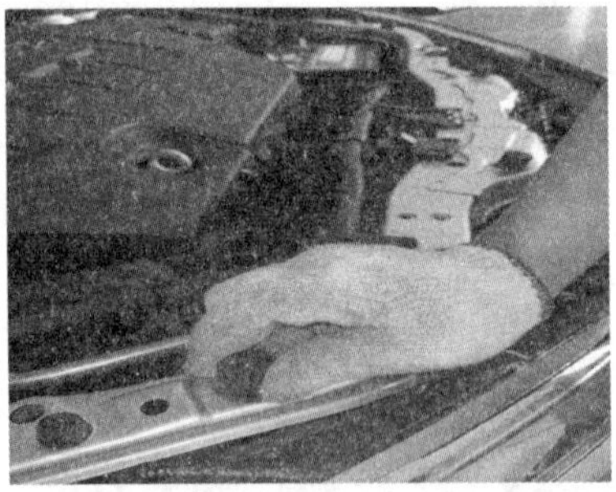

图4-4-14　对齐发动机舱盖和前翼子板

图4-4-15　检查发动机罩及锁扣

（二）行李箱盖的拆装与调整

（1）拆卸行李箱门装饰罩。用螺丝刀脱开8个卡爪，并拆卸行李箱门装饰罩。如图4-4-16所示。

（2）拆卸行李箱门锁总成。断开连接器，并用10号丁字套筒拆卸两个螺栓和行李箱门锁总成。如图4-4-17所示。

提示：不能用硬拉的方法拆卸尾箱灯灯线插头，否则会造成灯具电路损坏。

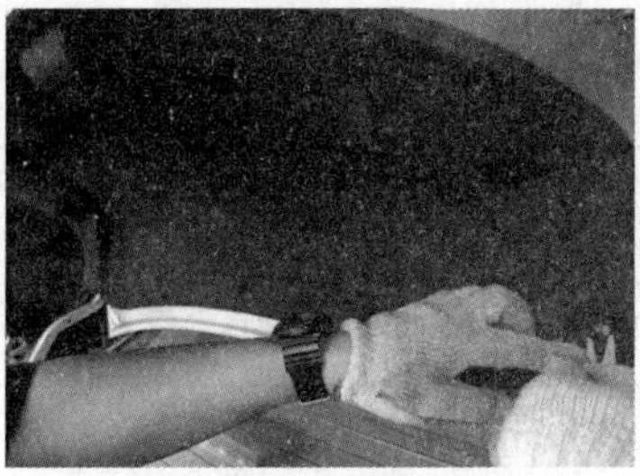

图4-4-16　拆卸行李箱门装饰罩

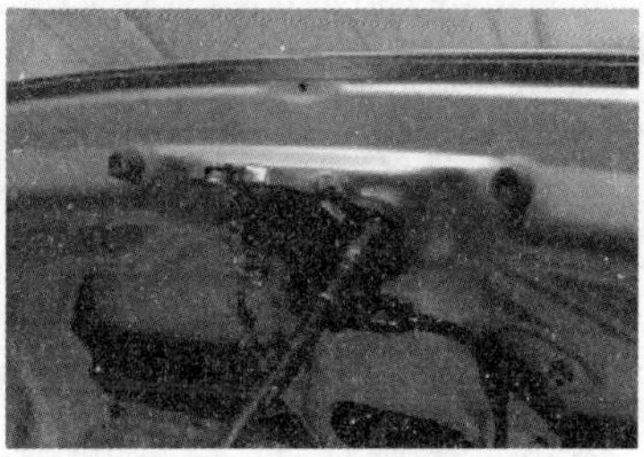

图4-4-17　拆卸行李箱门锁总成

（3）拆卸行李箱盖，如图4-4-18所示。

①拆下箱盖铰链螺栓，抬下箱盖。

②将箱盖放置在仓库或安全的地方，避免损伤变形。

提示：将拆下螺钉和塑料卡扣放置工.具盒内，以免丢失。

（4）安装行李箱盖。安装行李箱盖按拆卸的相反顺序进行，如图4-4-19所示。

提示：安装时尽可能按照拆卸的痕迹进行安装，这样可以减少调整时的工作量。

图4-4-18　拆卸行李箱盖

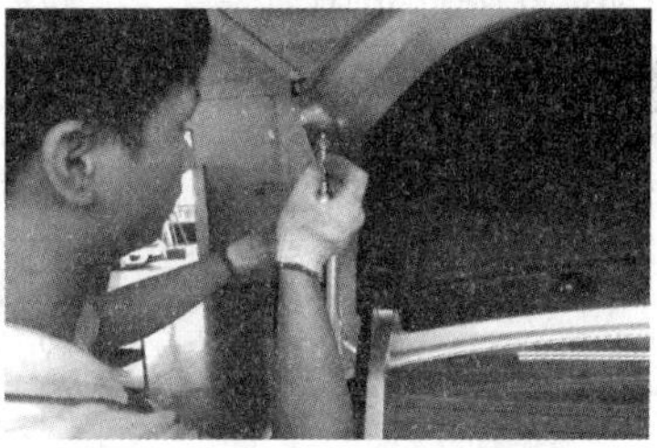

图4-4-19　安装行李箱盖

（5）调整行李箱盖，如图4-4-20所示。

①松开行李箱盖与铰链的固定螺栓，增减行李箱盖与铰链间的垫片，上下调整行李箱盖。

②将行李箱盖向前后、左右移动，使它与后翼子板平齐，然后锁紧螺栓。

提示：调整后行李箱盖与左右后翼子板的间隙符合要求且缝隙保持一致。

（6）调整行李箱盖锁，如图4-4-21所示。

①将行李箱盖锁和锁座的固定螺栓稍稍松开，使之能够移动。

②上下或左右移动盖锁和锁座，使它们能够对正，锁止良好。

提示：调整好后，一定要将螺栓拧紧。

图4-4-20　调整行李箱盖

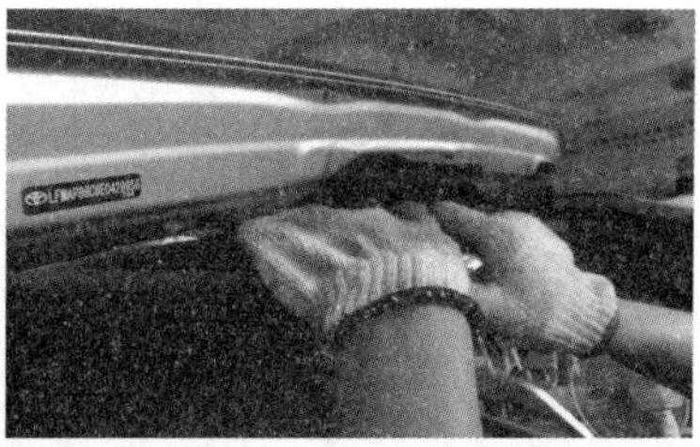

图4-4-21　调整行李箱盖锁

四、实施评价

序号	考核项目	评分细则	分值	得分
1	正确使用工具	工具使用不当酌情扣分,并指正	10分	
2	拆装前准备	按要求酌情扣分,并指正	5分	
3	拆卸洗涤喷嘴和线束插件	按要求酌情扣分,并指正	5分	
4	拆卸发动机罩	按要求酌情扣分,并指正	15分	
5	安装发动机罩	按要求酌情扣分,并指正	15分	
6	发动机罩间隙的调整	按要求酌情扣分,并指正	10分	
7	发动机罩高度的调整	按要求酌情扣分,并指正	10分	
8	发动机罩及锁扣的检查	按要求酌情扣分,并指正	10分	
9	发动机罩锁控制机构的调整	按要求酌情扣分,并指正	10分	
10	整理工具、清理现场	每项扣2分,扣完为止	10分	
	遵守相关安全操作规范	因违规操作发生人身和设备事故。终止考核,成绩按0分计;超时每分钟扣2分,超时5分钟终止考核		
合计			100分	

项目五　汽车钣金常用设备使用

项目描述

惰性气体保护焊焊机、电阻点焊机、车身外形修复机等设备在车身维修中应用广泛，其使用的合理与否直接影响修理效率的高低。只有正确和安全地使用钣金修理设备，掌握作业技巧，才能顺利地完成相应的钣金修理工作。本项目主要围绕汽车钣金常用主要设备的操作使用进行学习和训练。

任务一　惰性气体保护焊焊机

任务目标

知识目标	1. 了解惰性气体保护焊焊接原理； 2. 了解焊接参数对焊接质量的影响
技能目标	1. 掌握焊接的操作方法； 2. 掌握焊机参数的调整

任务描述

焊接不仅应用于各种钢材的连接，而且可以解决铝、铜等有色金属及钛、锆等特种金属材料的连接，因而在机械制造、汽车制造、航天技术、电子技术及建筑等广泛应用。

知识储备

与常规的电弧焊和氧—乙炔焊相比，惰性气体保护焊焊机有许多优点。不管是对车身外部覆盖件的修理，还是对整体式高强度钢车身构件的修理，惰性气体保护焊焊接都比较优越，在车身修理中应用广泛。

一、惰性气体保护焊焊机的优点

二氧化碳保护焊

(1) 操作方法简单，容易掌握。操作者能在较短的时间内学会，并能独自进行设备调试；焊接质量好，焊接速度快，电弧平稳。

（2）可使焊接板件100%熔化，熔池小，热量便于控制，不会降低板件的强度。

二、惰性气体保护焊焊机的工作原理

惰性气体保护焊的工作原理是：按下启动开关，送丝电机把焊丝以一定的速度送出（出丝的速度，取决于送丝电机的转速），在板件和焊丝之间产生电弧，电弧产生的热量能使焊丝和板件熔化，将板件熔合后连接在一起。同时，惰性气体通过内部管路到达焊枪前端，对焊接部位进行保护，防止熔融的金属受到空气的氧化。惰性气体保护焊焊机的工作原理，如图5-1-1所示。

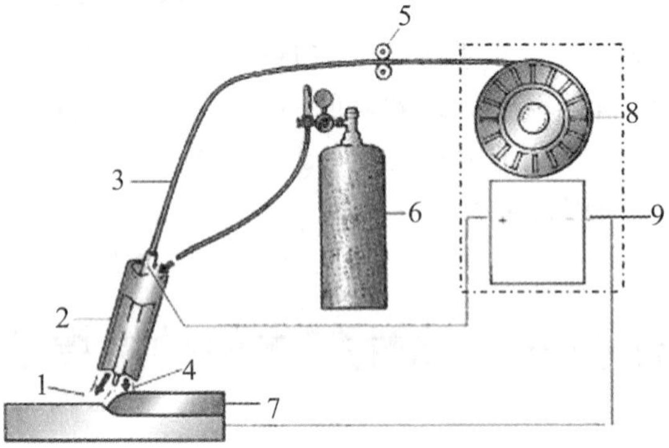

1—电弧；2—焊炬；3—焊丝；4—保护气体；5—送丝机构
6—保护气瓶；7—焊缝工件；8—焊丝卷轴；9—焊机

图5-1-1　惰性气体保护焊焊机的工作原理

三、惰性气体保护焊焊机的组成及部件功用

如图5-1-2所示，惰性气体保护焊的设备主要由保护气瓶、减压调节器、焊枪、导电嘴、控制面板和电缆等组成。

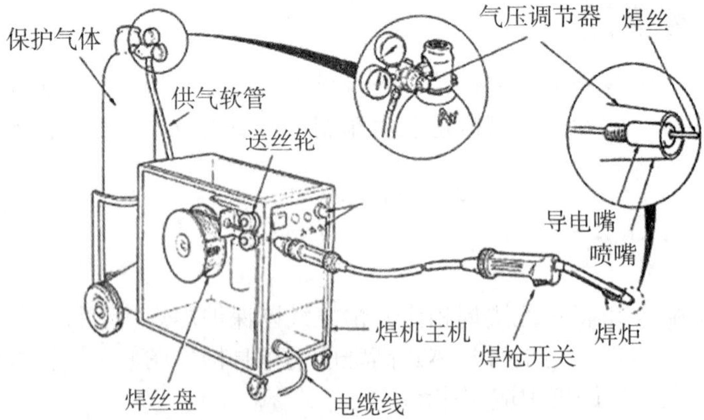

图5-1-2　惰性气体保护焊焊机的组成

（1）送丝电机。送丝电机（图5-1-3）通过调节送丝电机的转速控制出丝的速度。

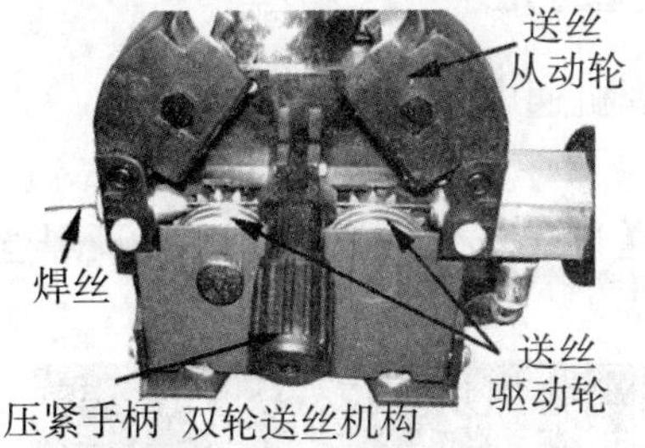

图5-1-3　**送丝电机**

图5-1-4　**焊丝**

（2）焊丝。焊丝（图5-1-4）作为填充物使用，车身修理中使用的焊丝型号为AWS- ER70S-6，所用焊丝的直径多为0.6～0.8mm，可以在弱电流强电压条件下使用，能有效减少热量。

（3）焊机电源。焊机电源的核心是变压器，它把220V或380V的电压转变成10V左右的低电压，保证稳定的电压输出。

（4）电缆和搭铁装置。焊接的部位要正确搭铁才能形成电流回路，搭铁不是接地装置，焊机自带搭铁线。

（5）焊枪。焊枪（图5-1-5）将焊丝引导至焊接位置，在焊枪上有启动开关，焊枪前部有导电嘴和喷嘴。

（6）保护气体。焊接保护气常用二氧化碳和氩气的混合气体（其中氩气含75%，二氧化碳含25%，通常被称为C-25气体），如图5-1-6所示。

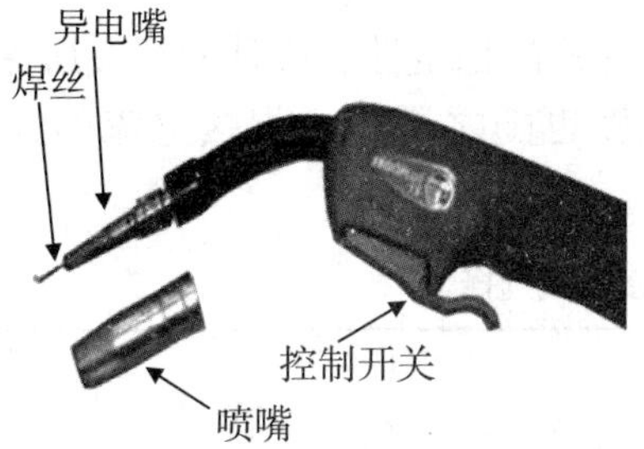

图5-1-5　**焊枪**

图5-1-6　**混合气体**

（7）控制面板。通过控制面板可以进行电流、送丝速度和焊接模式的调节，如图5-1-7所示。

图5-1-7　**控制面板**

四、惰性气体保护焊焊机的安装及调整方法

（1）按照说明书规定，将惰性气体保护焊焊机通电。

（2）将保护气气瓶放置在位置上并固定。

（3）焊丝安装（图5-1-8）。先用手将焊丝送进送丝管约300mm，保证焊丝顺利进到送丝管内。

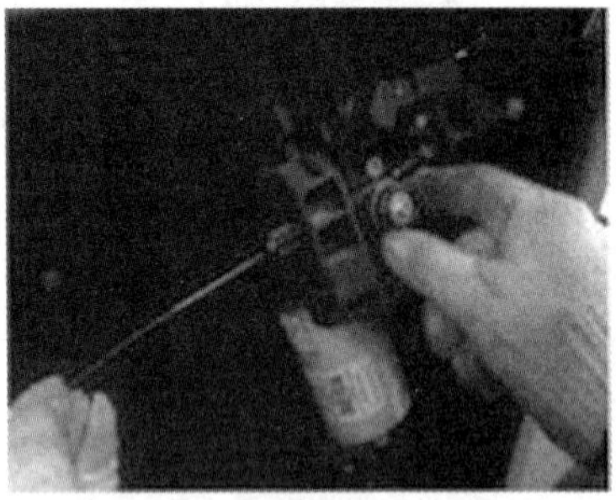

图5-1-8　焊丝的安装

图5-1-9　送丝轮压力

（4）调整送丝轮压力，使焊丝获得足够的推力，如图5-1-9所示。压力过小，焊丝会在送丝轮上打滑；压力过大，焊丝则会发生变形，导致送丝不均。

五、惰性气体保护焊焊接参数的调整

（一）焊接电流调整

焊接电流的大小影响焊丝熔化的速度、电弧的稳定性、板件的焊接熔深。随着电流的增大，焊接熔深随之增大，焊缝的宽度也随之增宽。焊接电流的选择，见表5-1-1。

表5-1-1　焊接电流选择

焊丝直径(mm) \ 金属厚度(mm)	0.7	1.0	1.2
0.6	30～40A	40～50A	50～60A
0.8	—	40～50A	50～60A

（二）电弧长度调整

质量好的焊接取决于适当的电弧长度，而电弧长度由电弧电压决定。电弧电压过低，电弧的长度缩短，焊接熔深增加，焊缝呈狭窄的圆拱状。电弧电压过高，电弧的长度增加，焊接熔深减小，焊丝出现轻微回烧，使焊缝位置热量增加，焊缝呈扁平状。不同的电弧产生不同的焊接效果，如图5- 1-10所示。

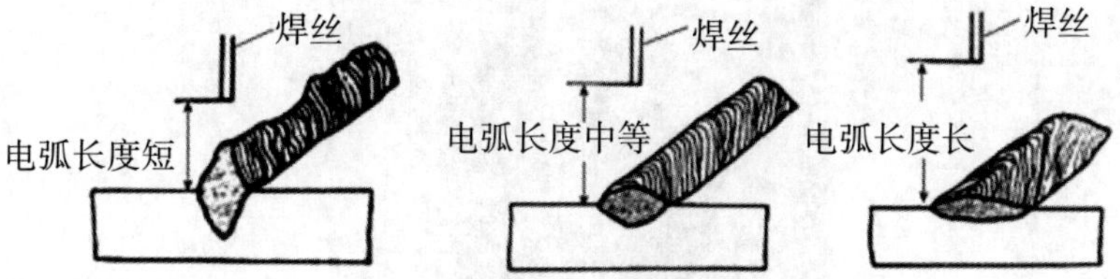

图 5-1-10　电弧长度不同导致的不同焊接效果

（三）导电嘴到板件的距离

导电嘴到板件的距离为 8 ～15mm，如图 5-1-11 所示。距离过大，从焊枪端部伸出的焊丝长度会增加，产生预热加快了焊丝熔化的速度，保护气体所起的作用会减小。距离过小将难以进行焊接，并会烧毁导电嘴。

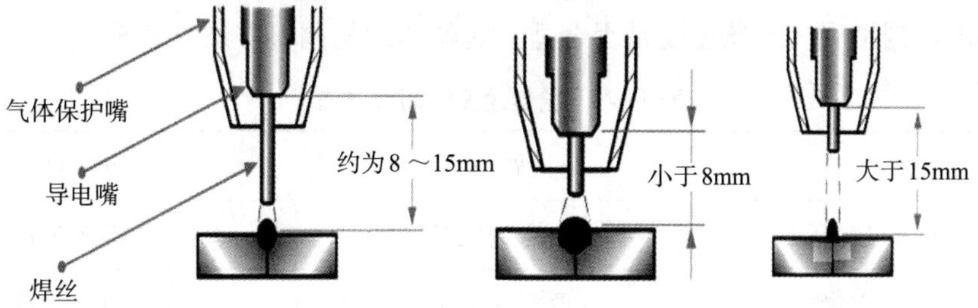

图 5-1-11　喷嘴到板件的距离

（四）焊枪角度和方向

焊枪角度应在 10°～15°，如图 5-1-12 所示。焊接方向分正向焊接和逆向焊接，正向焊接的熔深小且焊缝平；逆向焊接的熔深大，并会产生大量的熔敷金属。

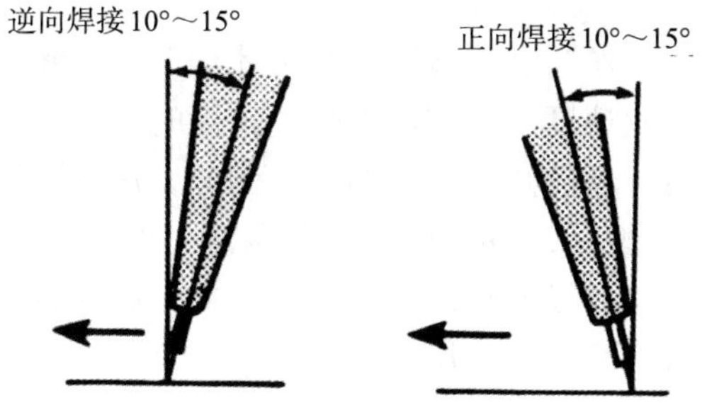

图 5-1-12　焊枪角度

（五）保护气体流量的调整

保护气体的流量太大或太小都会使保护层的效果降低，焊接时要根据焊接电流、焊接移动速度、焊接距离等来调节保护气体的流量，如图 5-1-13 所示。

图5-1-13　保护气流量

（六）送丝速度的调整

在相同电流的情况下，焊接不同厚度的板件，焊接前需要对焊机的送丝速度进行调整，送丝速度的快慢关系到焊接质量，送丝速度的调整是不可省略的步骤。可以通过现象和声音判别焊接送丝速度是否合适，送丝速度的调整方法见表5-1-2。

表5-1-2　送丝速度的调整方法

现象	问题原因	解决办法
焊丝出现回烧(嘶嘶声)	送丝速度慢	增加送丝速度
飞溅物数量增多(啪嗒声)	送丝速度快	减小送丝速度
焊接平稳(吵吵声)	送丝速度合适	保持送丝速度

六、惰性气体保护焊焊机的主要熔滴过渡形式

（一）短路过渡

在短路过渡过程中，焊丝与金属熔池接触后才会形成熔滴过渡，熔滴过渡时电弧处在一种间歇状态。当送丝速度大于焊丝的熔化速度时，焊丝接触到熔池形成短路状态，电流迅速增大，通过焊丝的热量迅速增加，同时，焊丝开始变形，在电磁力的作用下焊丝末端形成很细的颈部，最终在电流和电磁力的持续作用下焊丝末端颈部断开，形成熔滴进入熔池。这种过渡形式的热输入量低，熔池凝固较快，变形小，适合全位置和薄板焊接。如图5-1-14（a）所示。

（二）滴状过渡

熔化的金属以大颗粒形式穿过电弧形成熔滴过渡，电流比短路过渡状态时的电流大，并且熔滴的尺寸往往是焊丝直径的2～4倍。熔滴过渡不是沿着电弧的轴线，而是在焊丝末端由于电弧力的影响向上挠曲，最后在熔滴的重力作用下掉入熔池中，或熔滴过大与熔池短路形成过渡。如图5-1-14（b）所示。

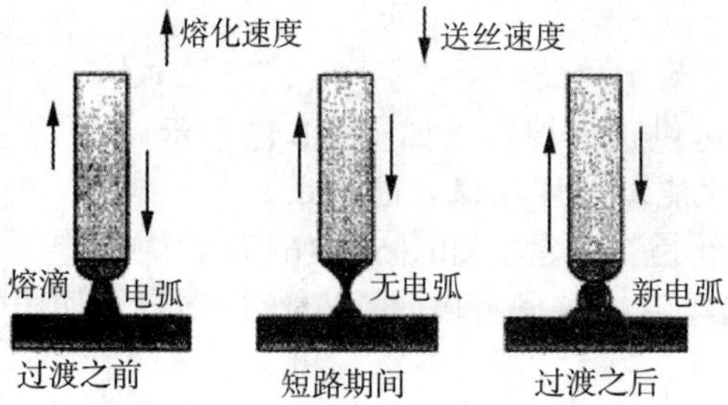

（a）熔滴短路过渡的过程

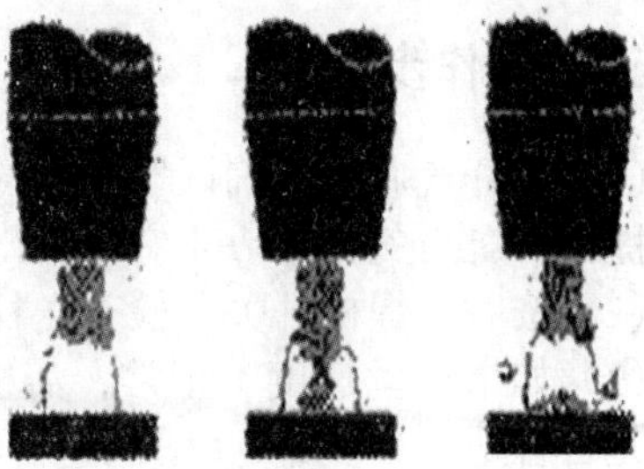
（b）熔滴滴状过渡的过程

图5-1-14　惰性气体保护焊焊机的主要熔滴过度形式

七、常见焊接缺陷的产生原因及防止方法

（1）送丝不均匀。原因是焊丝盘制动轴太松或太紧、V形槽太小或磨损太大、压紧轮压力太大或太小。防止方法是调整送丝轮及机构。

（2）焊丝打弯，送丝不畅。原因是进丝嘴孔太大、太小，或进丝嘴与送丝轮间距离太大，弹簧软管内径太大、太小或被脏物堵住，软管太短或太长。

（3）接触点经常变化、电弧不稳、焊缝不直。原因是导电嘴磨损或孔径太大，防止方法是检查导电嘴后进行更换。

（4）气体保护不好、产生气孔、电弧不匀或不稳定。原因是喷嘴被飞溅堵死或松动、地线松动或接触处铁锈未除净。防止方法是清理喷嘴或旋紧喷嘴，检查处理地线松动，清除工件上的铁锈。

（5）因焊接方面产生的缺陷主要是气孔产生的原因，有气体纯度不够、水冷式焊枪漏水、没有保护气体、有风或气体流量不合适、喷嘴被飞溅物堵塞、焊枪倾角太大、焊丝伸出长度太大或喷嘴位置太高、弹簧软管内孔堵塞。防止产生气孔的方法如下：

①加热保护气体；

②加强熔池的保护，采取有效的防风、避风措施，并选择合适的气体流量；

③经常清理导电嘴表面和喷嘴内壁附着物，保持导电嘴表面和喷嘴内壁清洁；

④注意保持焊枪倾角以及喷嘴与钣件之间的距离；

⑤注意检查焊丝伸出的长度及位置；

⑥养成良好的定期保养设备习惯。

任务实施

一、任务内容

参照奔腾1500焊机的操作要求，完成二氧化碳保护焊机的操作使用。

二、实施准备

（1）场地：汽车一体化车间。

（2）安全防护用品：工作服、工作鞋、手套、焊接保护服、焊接手套，可变色焊接面罩。

（3）设备工具材料：二氧化碳保护焊焊机、零件车、工具车、焊接工作台。

三、操作步骤

（1）打开气瓶阀，确认气瓶内的气体可供正常焊接。如图5-1-15所示。

提示：瓶内气体压力要高于0.1MP，才能满足焊接保护的要求。

（2）按一下焊机开关，检查送气、送丝是否正常。如图5-1-16所示。

（3）如果送丝速度不正常，需检查送丝轮的丝槽宽度是否与丝径吻合，加压螺杆压力是否合适。如图5-1-17所示。

提示：加压螺杆压力为5～6N。

图5-1-15　确认气瓶内的气体可供正常焊接

图5-1-16　检查送气、送丝是否正常

图5-1-17　检查送丝轮的丝槽宽度和加压螺杆压力

（4）调节气体流量，如图5-1-18所示。

提示：调节二氧化碳气体流量为10～15L/min。

（5）调整焊接电流，如图5-1-19所示。

提示：根据工件厚度适当调整焊接电流。

（6）调整脉冲时间，如图5-1-20所示。

提示：根据工件厚度适当调整脉冲时间。

图5-1-18　调节气体流量

图5-1-19　调整焊接电流

图5-1-20　调整脉冲时间

（7）调整送丝速度，如图5-1-21所示。

提示：根据焊接方法调整送丝速度。

（8）按要求穿戴焊接安全服、手套、面罩，如图5-1-22所示。

（9）夹好焊接的试焊片，夹好搭铁线，如图5-1-23所示。

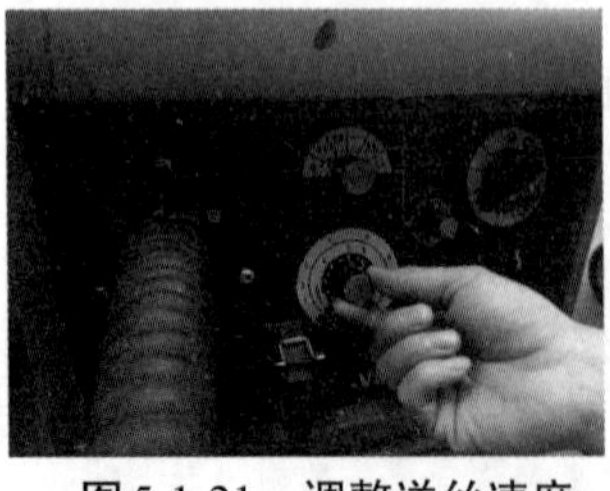

图5-1-21　调整送丝速度

图5-1-22　穿戴焊接安全服、手套、面罩

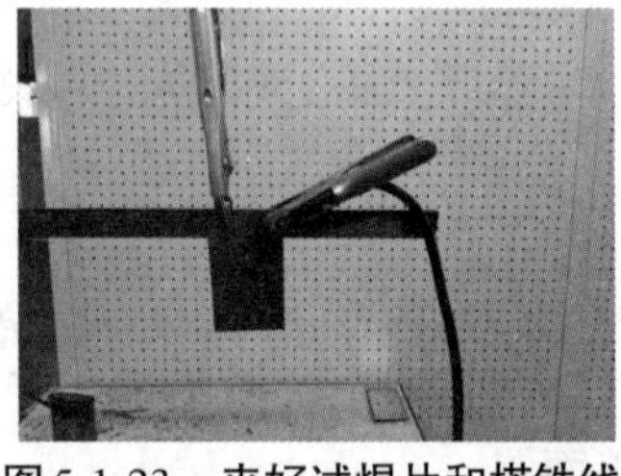

图5-1-23　夹好试焊片和搭铁线

（10）焊头头部放于防堵膏盒中，使头部粘带一层防堵膏，如图5-1-24所示。

提示：防堵膏的作用是在焊接时，防止因熔化物形成铁水粘在保护套上。

（11）使用抹布清洁保护套，将保护套外面的防堵膏擦干净，如图5-1-25所示。

提示：外边缘的防堵膏在焊接时会熔化滴落，不清洁干净，会滴落到衣服或焊接手套上，影响焊接服或焊接手套的使用寿命。

图5-1-24　头部粘带一层防堵膏

图5-1-25　清洁保护套外部的防堵膏

（12）使用斜口钳将多余的的焊丝剪除，如图5-1-26所示。

提示：引弧前先送出一段焊丝，用斜口钳剪去焊丝端部的焊瘤，将焊丝从导电嘴伸出长度匹配为5～8mm。

（13）拿起焊枪，并摆好焊接姿势，焊接姿势为：左右两腿要错位立开、两脚之间的最大宽度为50～60cm，左腿半弯、右腿半直、左右两臂交替握枪，腰要挺直。面部与工件接近平行视觉，右耳与工件成直线，焊枪和工件调整成5°～15°，这时把面部与工件转成10°～15°的焊接视角。进行焊接操作前，头部姿势如图5-1-27所示。

图5-1-26　剪除多余的的焊丝

图5-1-27　进行焊接作业

（14）焊接完毕，将焊枪和搭铁线放回原位，将电压调节开关、送丝调节按钮、电源开关全部调回原位。

四、实施评价

<table>
<tr><th>序号</th><th>考核项目</th><th>评分细则</th><th>分值</th><th>得分</th></tr>
<tr><td>1</td><td>操作前准备</td><td>准备不充分酌情扣分,并指正</td><td>10分</td><td></td></tr>
<tr><td>2</td><td>安全防护用品穿戴</td><td>按要求酌情扣分,并指正</td><td>10分</td><td></td></tr>
<tr><td>3</td><td>气体流量的调节</td><td>按要求酌情扣分,并指正</td><td>15分</td><td></td></tr>
<tr><td>4</td><td>送丝速度的调整</td><td>按要求酌情扣分,并指正</td><td>10分</td><td></td></tr>
<tr><td>5</td><td>焊接电流的调整</td><td>按要求酌情扣分,并指正</td><td>15分</td><td></td></tr>
<tr><td>6</td><td>焊接脉冲时间的调整</td><td>按要求酌情扣分,并指正</td><td>10分</td><td></td></tr>
<tr><td>7</td><td>喷嘴到板件的距离、焊枪的角度、焊接方法正确</td><td>按要求酌情扣分,并指正</td><td>20分</td><td></td></tr>
<tr><td rowspan="2">5</td><td>整理工具、清理现场</td><td>每项扣2分,扣完为止</td><td rowspan="2">10分</td><td></td></tr>
<tr><td>避守相关安全操作规范</td><td>因违规操作发生人身和设备事故,终止考核,或绩按0分计;超时每分钟扣2分,超时5分钟终止考核</td><td></td></tr>
<tr><td colspan="3">合计</td><td>100分</td><td></td></tr>
</table>

任务二　电阻点焊机

任务目标

知识目标	1. 了解电阻点焊机的原理； 2. 了解焊接质量影响因素
技能目标	1. 掌握电阻点焊焊接方法； 2. 掌握电阻点焊焊接参数的调整

任务描述

电阻点焊是承载式车身在制造中应用最广泛的焊接方法，在一辆汽车的车身部件里有几千个电阻点焊点，占车身全部焊接部位的90%以上。在车身修复中，立柱、车顶、门槛和散热器框架等位置的板件更换都可以利用电阻点焊进行快速焊接。

知识储备

电阻点焊具有焊接时间短（只需1s或更短的时间便可焊接高强度钢、高强度低合金钢），受热范围小，焊接强度高，金属不易发生变形，焊接成本低等优点。因此，电阻点焊在车身生产中应用最广泛，在整体式车身上的焊接生产中有90%～95%的焊接采用电阻点焊。

一、电阻点焊机的焊接原理

电阻点焊机的焊接原理是通过低电压、高强度的电流流过夹紧在一起的两块金属板时产生电阻热，用焊枪电极的压力把它们熔合在一起。电阻点焊机的工作原理，如图5-2-1所示。

电阻点焊机的使用

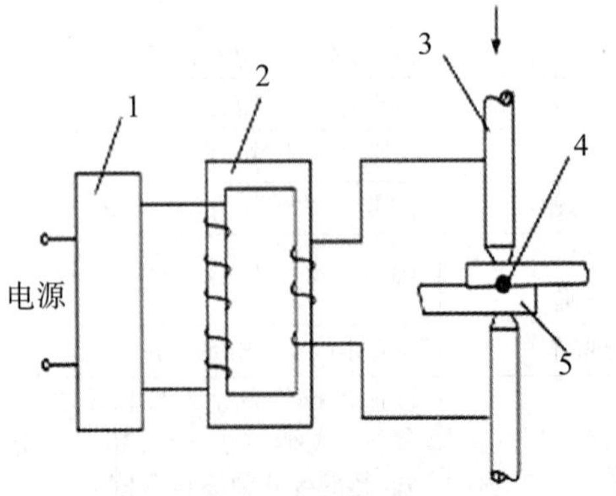

1—控制器；2—变压器；3—电板；4—熔核；5—被焊板；

图5-2-1　电阻点焊焊接原理

二、电阻点焊机的主要参数

（一）电极压力

焊枪电极施加在金属板上的压力与两个金属件之间的焊接强度有直接的关系。如果焊枪电极的压力小或电流大，则会产生焊接飞溅，导致焊接接头强度降低；如果焊枪电极压力大，则会使焊点过小，也会降低焊接部位的强度。焊接压力对焊点的影响，如图5-2-2所示。焊点被电极压入的深度应不超过板厚的一半。

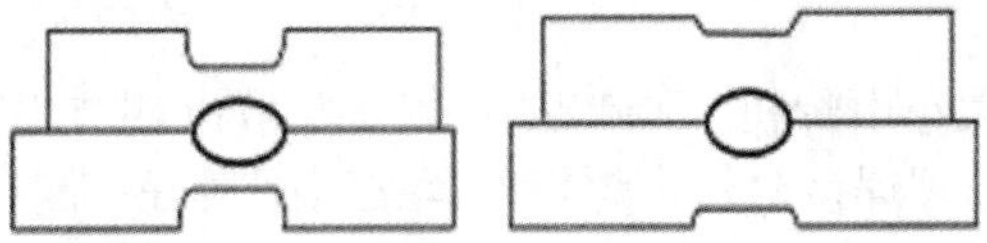

图5-2-2　电极压力影响

（二）焊接电流

电极给金属板加压后，会有一股很强的电流流过焊枪电极，然后流入两个金属板件。若电流太大或压力太小，会产生内部溅出物。通过调小电流或调大压力可以减少焊接溅出物数量。焊接电流和施加在点焊部位的压力对焊接质量也有直接的影响。

现实中，可以通过观察焊接部位焊点的颜色来分辨电流选择是否合适，如图5-2-3所示。焊点与焊接前的颜色相同说明焊接电流正常，若颜色变深则电流偏大，应适当减少电流参数。

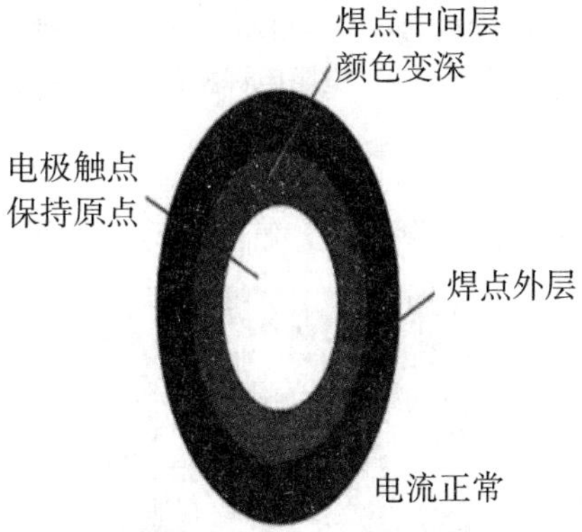

图5-2-3　颜色判断电流

（三）加压时间

焊接停止后，焊接部位的金属开始冷却，在压力作用下熔合的金属形成了圆而平的焊点。因此，加压时间是一个非常重要的因素，时间太短会使金属熔合不够紧密。

三、电阻点焊机的组成

如图5-2-4所示，电阻点焊机由机箱、控制面板、冷却系统和带有可更换电极臂的焊枪组成。

（一）变压器

变压器的作用是将低电流的220V或380V转变成2～5V的低电压、高电流的焊接电流，使操作更安全。

（二）控制系统

输出焊接电流的大小由焊机控制装置调节，并可以调节出精确焊接电流通过的时间。一般来说，车身修理焊接时每个焊点的焊接时间最好控制在1～6s。

（三）冷却系统

大量电阻热不能很快冷却，长时间焊接后导致焊机过热预警或烧坏电极头。点焊机箱下面设有冷却系统，冷却液直接接到电极头内部，如图5-2-4所示。冷却系统可以延长焊接时间，有效保护焊机正常使用。

1—控制面板；2—冷却系统；3—机箱（内含变压器）；4—焊枪本体

图5-2-4 电阻电焊机的组成

（四）焊枪

焊枪（图5-2-5）的作用是：按下开关，气缸推动电极臂向被焊金属表面施加压力。

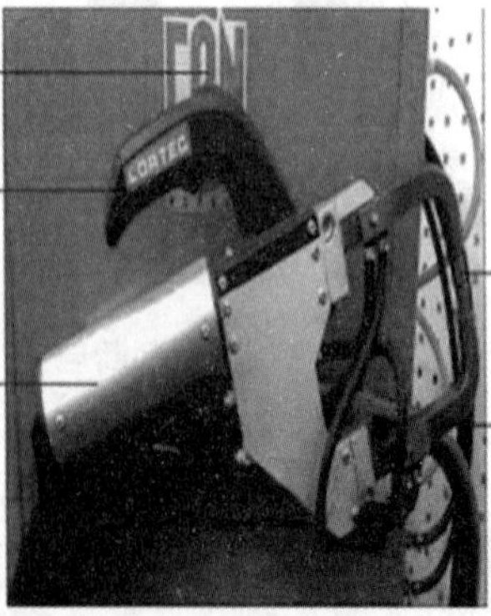

1—泄压开关；2—加压、通电开关；3—气缸；4—电极头；5—电极臂

图5-2-5 焊枪本体

四、电阻点焊机的调整

（一）选择与调整电极臂

修理车身时应使用合适的电极臂，以便对汽车上的不同部位进行焊接。为了获得最大的焊接压力，电极臂应尽量缩短。焊枪电极臂和电极头应完全固定，电极头应将上、下两个电极头对准在同一条轴线上（图5-2-6），否则将引起加压不均，造成电流过小导致焊点扭曲，降低焊接部位的强度。

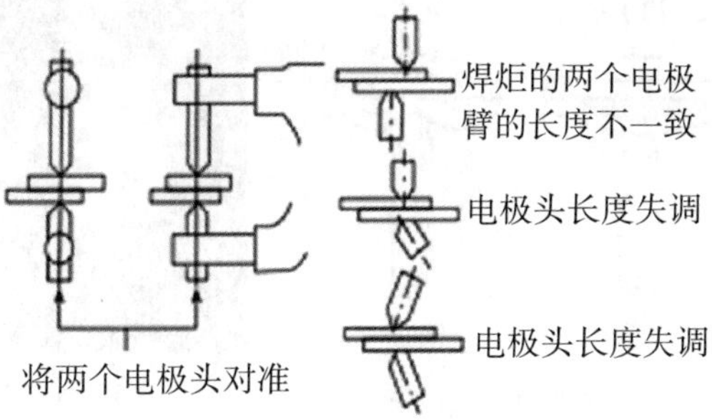

图5-2-6　电极头在同一轴线上

（二）选择电极头直径

电极头直径减小，焊点的直径将增大，当电极头直径小到一定值后，焊点的直径将不再增大。焊接前，需检查电极头直径是否合适，然后用砂纸（建议用P600）将其修整，清除电极头表面的燃烧生成物和杂质。使用没有冷却系统的电阻点焊机时，可在焊接5 ～6次后，待电极头端部冷却后再进行焊接。

（三）电流参数选择

通电的时间与焊点的形成有很大关系。电流流过金属的时间越长，产生的热量越大，焊点直径和熔深也会增大，焊接部位的热量随着通电时间的增大而增加。在对车身上的防锈钢板进行焊接中，应将在普通钢板的焊接电流参数上提高10%～20%，来弥补电流损失。

五、影响电阻点焊机质量的因素

电阻点焊焊机使用中，除了焊机自身的电极臂、压力、电流等影响焊接的质量因素外，还有以下因素会影响焊接的质量。

（一）焊接间隙

如图5-2-7所示，两个焊接表面之间存有间隙，间隙会影响电流的通过，降低焊接的强度。因此，焊接前要用夹具夹紧被焊接金属，再开始焊接。

（二）表面清理

涂层、锈斑、灰尘或其他污染物等都会影响焊接电流，降低焊接质量。进行焊接之前，把这些物质从焊接表面上清理掉，保证接触表面干净，如图5-1-8所示。在金属板件焊接表面做防锈处理，包括金属板的端面上。

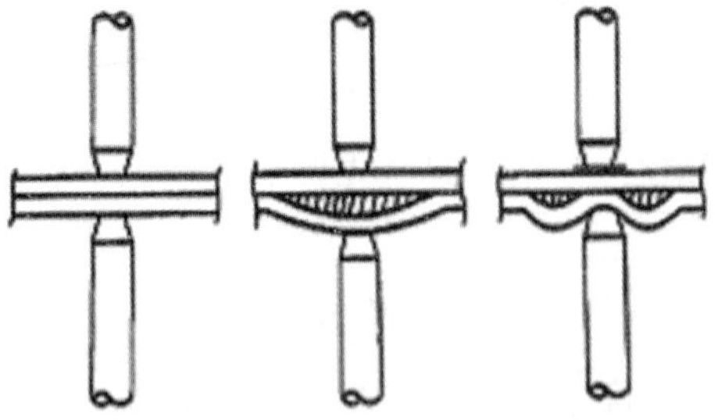

图5-2-7 焊接间隙

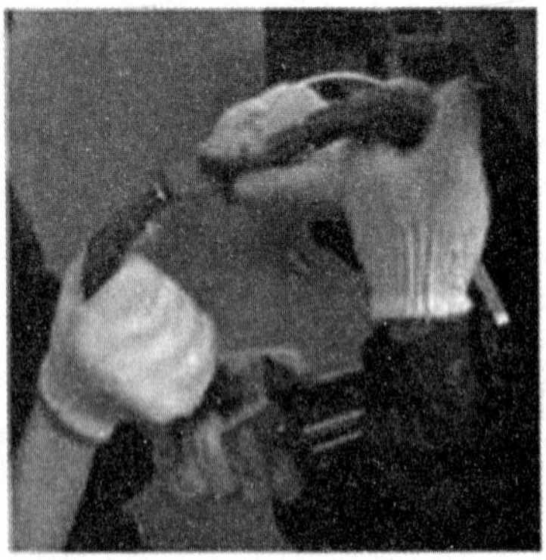

图5-2-8 电极头修整

六、电阻点焊机操作的注意事项

（1）采用双面点焊的方法，电极和金属板成90°，如图5-2-9所示。点焊三层或多层的金属板时，应进行两次焊接或适当增加焊接电流。

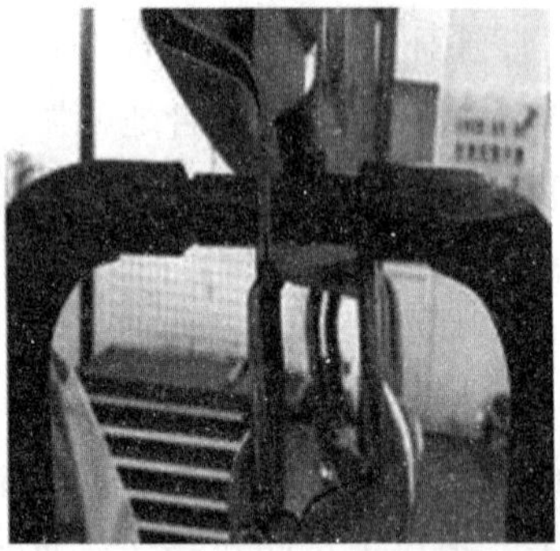

图5-2-9 电极头与被焊板件垂直

（2）修理用电阻点焊机功率小，所以修理中进行点焊应将焊点数量比原厂焊点数量增加30%。

（3）点焊的强度取决于两个焊点之间的距离和焊点到板件边缘的距离。两层金属板之间的结合力会随着焊接间距的缩小而增大。间距过小时，将导致焊接电流分流，使焊接部位流过的电流变小，影响焊接强度降低。焊点到边缘距离由电极头的位置决定，如果到边缘的距离太小，一样会使焊点的强度降低。电阻点焊时，焊接间距和边缘距离的选择见表5-2-1。

表5-2-1　焊接间距选择

焊接板件厚度(mm)	焊点间距S(mm)	边缘距离P(mm)	
0.4	≥11	≥5	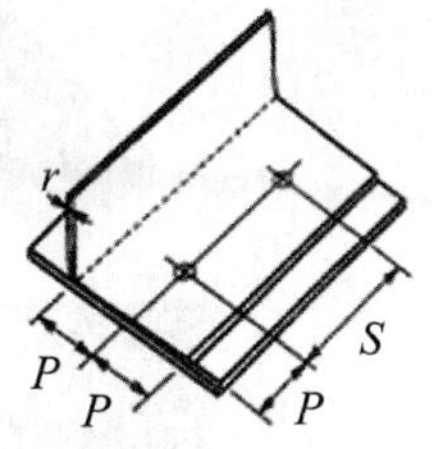
0.8	≥14	≥5	
1.0	≥17	≥6	
1.2	≥22	≥7	
1.6	≥30	≥8	

（4）点焊的顺序。点焊操作不能沿着一个方向连续进行，因为电流会产生分流导致焊接质量降低，成采用跳焊的方式，如图5- 2-10所示。

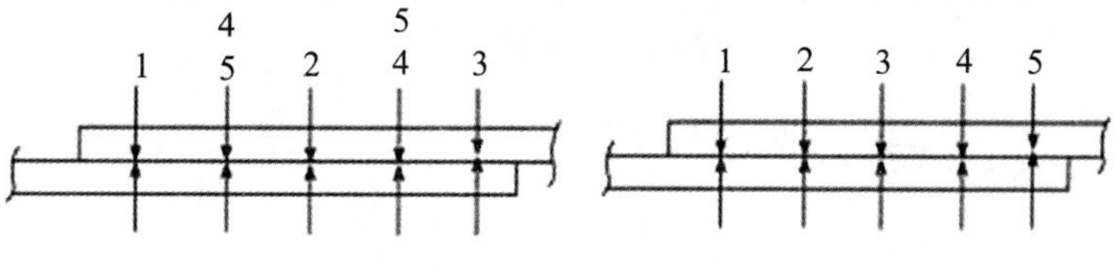

图5-2-10　点焊的顺序

七、焊点质量检验

焊点质量检验非常重要，它是保证修理后汽车安全性是否达标的关键步骤。焊点质量检验有外观检验和破坏性试验两种方法。外观检验是通过目测外观来判断焊接质量，破坏性试验用于检验焊接的强度。

（一）外观检验

焊点两表面金属压痕应同心，压痕深度不得超出被焊板件的一半，焊点不可偏斜，焊出的焊点直径座与电极头直径大小相同。焊接表面不能有飞溅物，更不能出现气孔。修理中，车身需要点焊的部件需整平且不能在分离后的原焊点位置焊接操作，必须按照要求进行。

（二）破坏性检验

焊接前用一块与车身金属板相同的材料试焊，通过检验，判断出焊点质量能否符合要求。破坏性试验如图5-2-11所示，有扭转法和撕裂法两种。扭转检验是在某一焊片上应留有一个与焊点直径相同的孔，如果检验中孔小于焊点直径相同的孔或根本就没有孔，说明焊点的焊接强度太低，不符合要求，需重新调整焊接参数。撕裂检验是在某一焊片上留有一个大于焊点直径的孔，将焊片撕裂部位与该孔比较，如果留下的孔直径比该孔小或根本没有孔，说明焊点的焊接强度太低，不符合要求，需重新调整焊接参数。

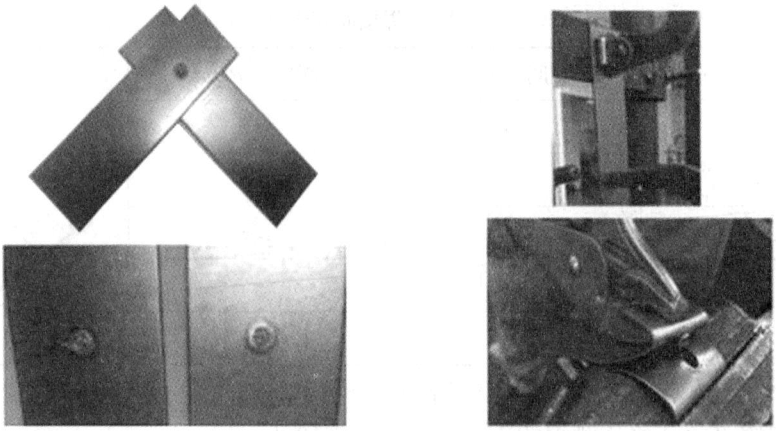

扭转试验不合格　　　　撕裂试验合格

图 5-2-11　破坏性试验

任务实施

一、任务内容

根据奔腾电阻点焊机的使用要求，进行电阻点焊机焊接操作。

二、实施准备

（1）场地：汽车一体化车间。

（2）安全防护用品：焊接服、工作帽、工作鞋、手套、防护面罩、耳塞。

（3）设备工具材料：电阻点焊机、1mm厚铁板、焊接工作台。

三、操作步骤

（1）检查电极头直径大小，电极头表面是否有燃烧生成物和杂质。如图 5-2-12 所示。

提示：电极头表面有燃烧生成物和杂质，用锉刀或砂纸来清除。

（2）调整电极压力，如图 5-2-13 所示。

图 5-2-12　检查电极头

图 5-2-13　调整电极压力

（3）调整焊接电流，如图5-2-14所示。

提示：电流档位应在45～90A。

（4）调整焊接时间，如图5-2-15所示。

提示：焊接时间应在30～80s。

图5-2-14　调整焊接电流

图5-2-15　调整焊接时间

（5）举起电阻点焊焊枪，准备试焊。如图5-2-16所示。

提示：电极头与焊板件垂直。

（6）按下加压开关，如图5-2-17所示。

提示：轻轻按下开关一半左右，不要按到底。

（7）按下通电开关，如图5-2-18所示。

提示：按下通电开关到底。

（8）取下铁板，进行破坏性试验。如图5-2-19所示。

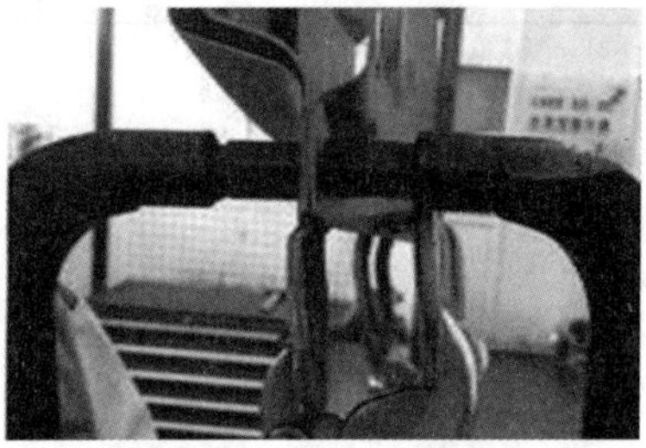

图5-2-16　准备试焊

图5-2-17　按下加压开关

图5-2-18　按下通电开关

图5-2-19　进行破坏性试验

四、实施评价

<table>
<tr><th>序号</th><th>考核项目</th><th>评分细则</th><th>分值</th><th>得分</th></tr>
<tr><td>1</td><td>操作前准备</td><td>准备不充分酌情扣分,并指正</td><td>10分</td><td></td></tr>
<tr><td>2</td><td>安全防护用品穿戴</td><td>按要求酌情扣分,并指正</td><td>10分</td><td></td></tr>
<tr><td>3</td><td>气体压力的调节</td><td>按要求酌情扣分,并指正</td><td>15分</td><td></td></tr>
<tr><td>4</td><td>电极头直径大小选用正确</td><td>按要求酌情扣分,并指正</td><td>10分</td><td></td></tr>
<tr><td>5</td><td>焊接电流的调整</td><td>按要求酌情扣分,并指正</td><td>15分</td><td></td></tr>
<tr><td>6</td><td>焊接时间的调整</td><td>按要求酌情扣分,并指正</td><td>10分</td><td></td></tr>
<tr><td>7</td><td>焊接方法正确,破坏性试验合格</td><td>按要求酌情扣分,并指正</td><td>20分</td><td></td></tr>
<tr><td rowspan="2">8</td><td>整理工具、清理现场</td><td>每项扣2分,扣完为止</td><td rowspan="2">10分</td><td></td></tr>
<tr><td>避守相关安全操作规范</td><td>因违规操作发生人身和设备事故,终止考核,或绩按0分计;超时每分钟扣2分,超时5分钟终止考核</td><td></td></tr>
<tr><td colspan="3">合计</td><td>100分</td><td></td></tr>
</table>

任务三　车身外形修复机

任务目标

知识目标	1. 了解车身外形修复机的工作原理； 2. 了解车身外形修复机的使用方法
技能目标	1. 掌握车身外形修复机的参数调整； 2. 掌握车身外形修复机的使用方法

任务描述

一辆轿车受到轻微碰撞，一侧车门面板凹陷变形。请汽车钣金维修人员根据维修前台接待提供的维修工单，在汽车钣金维修工位，使用拉拔法修复的方法；在规定的工时内，以经济的方式，按照车身维修手册的规范要求，完成车门面板除涂装以外的所有修理工作。

知识储备

一、车身外形修复机

车身外形修复机也称为介子机，属于电阻点焊的一种，是对汽车车辆外板件进行整形修复的必要设备。车身修复机常用的功能就是焊接垫片、配合游锤使用星形垫圈进行连续快速拉拔、收缩作业等。同时，可以配合各种专用的工具，能够快捷完美地修复整形损坏部位。

介子机的使用

钢材车身外形修复机如图5-3-1所示，主机前面配置有两条输出电缆线：一条为焊枪电缆；另一条为搭铁电缆，在工作时两条电缆形成一个回路。把搭铁申缆连接到工件上，焊枪电缆通过垫圈等介子把电流导通到面板的某一部分上，由于电流达到3 500A左右，垫圈接触面板的部位产生巨大的电阻热，使温度能够熔化钢铁，熔化的垫圈焊接到面板上，就可进行外板整形修复了。

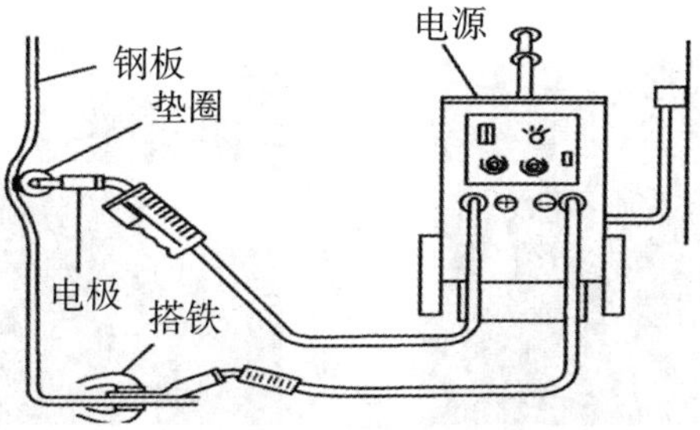

图5-3-1　车身外形修复机结构简图

二、拉拔法修复钢板的原理

许多车身板都由于受到焊接在一起的内部板件和车窗等结构的限制而难以触及它们的内部或是因为损伤比较轻微且只局限于金属外板，内板没有损坏。如果拆卸内板或拆卸相关构件，对车身维修来讲，工作量会加大很多，生产效率大大降低。

因此，车身维修中还使用另一种方法专门用于上述的情况，即将凹陷的金属用拉拔的方法抬高，在拉拔的同时，用钣金锤对高点进行敲击。这种方法，有些类似于手锤和顶铁的错位敲击，如图5-3-2所示。

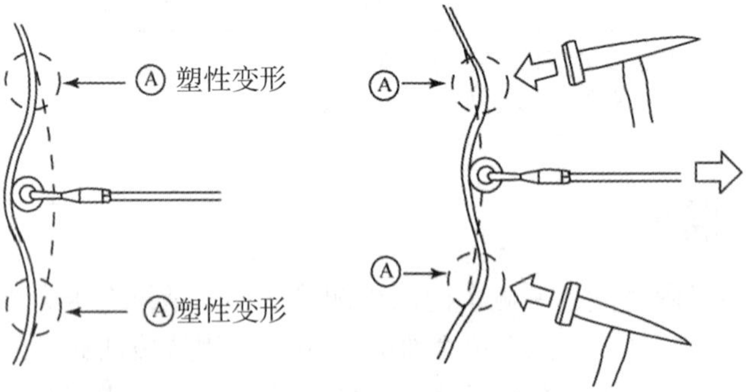

图5-3-2　拉拔法修复钢板的原理

任务实施

一、任务内容

根据外形修复机的使用要求，进行使用外形修复机进行板件损伤修复。

二、实施准备

（1）场地：汽车一体化车间。
（2）安全防护用品：工作帽、工作鞋、手套、防护口罩、耳塞。
（3）设备工具材料：外形修复机、打磨机、风枪、门板、门板支架。

三、操作步骤

（1）打开电源键，如图5-3-3所示。

（2）将地线钳夹到打磨干净并且清除油漆的工件上，越靠近操作面越好。如图5-3-4所示。

图5-3-3　打开电源键

图5-3-4　将地线钳夹到工件上

（3）用主机的转换开关选择所需要的作业方式，如图5-3-5所示。

（4）根据实际情况选择电流调节开关的合适档位，如图5-3-6所示。

（5）根据实际情况选择时间调节开关的合适档位，如图5-3-7所示。

图5-3-5　选择作业方式

图5-3-6　选择档位

图5-3-7　调节档位

（6）换上所需要的焊头进行焊接，如图5-3-8所示。

（7）选用圆环形焊片，安装在焊接头处，焊接时用力把焊片压在板件上，按下焊枪开关，通电后垫圈焊接在金属板件上，如图5-3-9所示。

提示：*焊接时用力把焊片压在板件上，力度适中，否则焊接不牢或爆出火花。*

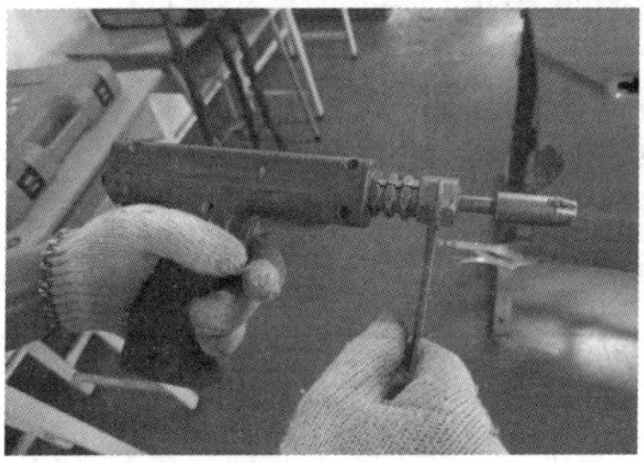

图5-3-8　进行焊接

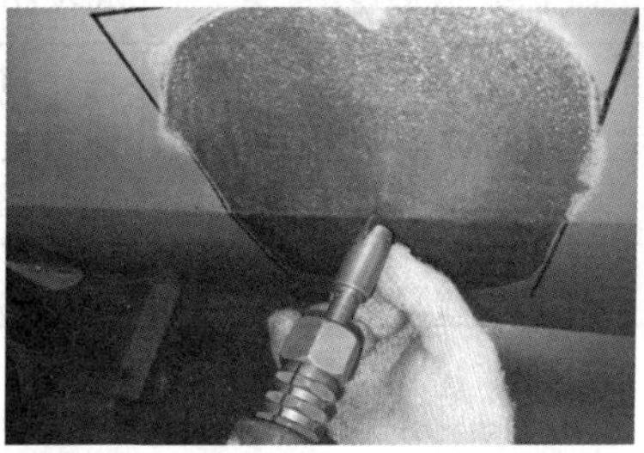

图5-3-9　把垫圈焊接在金属板件上

（8）用碳棒加热后，迅速用铁锤先在加热区周围轻敲，让晶粒之间相互靠拢一些，最后在板件未冷却前整平加热缩火点，再用风枪使金属的收缩部位冷却即可。如图5-3-10所示。

提示：*以直径20mm左右圆画圈，把热量传递板件，直至红热。*

（9）用碳棒进行收火操作：①安装碳棒；②点击选择模式收火、转动调节收火电流，试收调整。如图5-3-11所示。

提示：*收火电流在20～40A。*

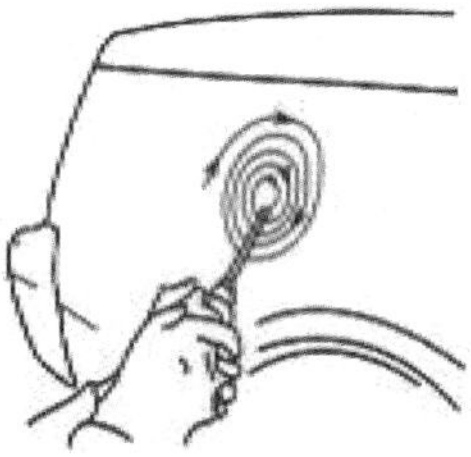

图5-3-10　冷却

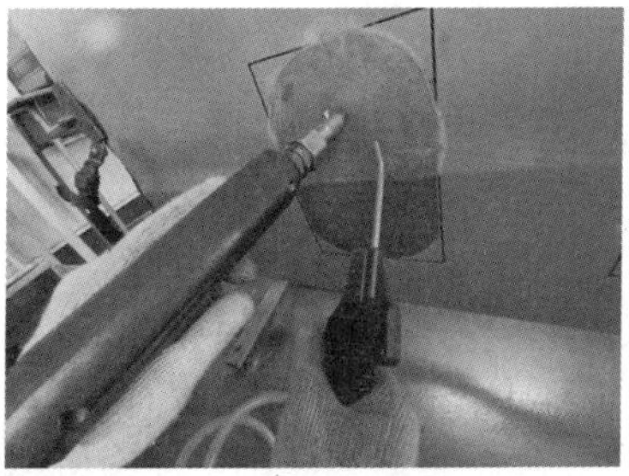

图5-3-11　用碳棒进行收火操作

四、实施评价

序号	考核项目	评分标准与指导	分值	得分
1	操作前准备	准备不充分酌情扣分，并指正	10分	
2	安全防护用品穿戴	按要求酌情扣分，并指正	10分	
3	损伤区打磨正确	按要求酌情扣分，并指正	10分	
4	工作功能的调整正确	按要求酌情扣分，并指正	10分	
5	工作参数调整正确	按要求酌情扣分，并指正	20分	
6	正确焊接介子拉片	按要求酌情扣分，并指正	10分	
7	正确使用碳棒进行缩火操作	按要求酌情扣分，并指正	20分	
8	整理工具、清理现场	每项扣2分，扣完为止	10分	
	避守相关安全操作规范	因违规操作发生人身和设备事故，终止考核，成绩按0分计；超时每分钟扣2分，超时5分钟终止考核		
合计			100分	

项目六　汽车车身板件的维修、更换与测量

项目描述

在汽车车身上可以看到很多不同类型和材质制造的车身零件，不同的车身零件在整个车身上起到不同的作用。当车身钢板受到碰撞或剐蹭的时候，车身钢板会产生变形，有些钢板损伤可以修复，有些钢板损伤则失去修复价值只能更换新的板件。车身结构板件更换是指用新的车身板件通过切割、测量及焊接更换严重损坏的车身板件。

车身测量与校正事故维修作业中，若车辆遭受较严重撞击，车身骨架件发生变形后，为了确保修复或更换的板件能保持接近原始状态的形状、尺寸及位置，以确保车辆修复后正常行驶性能，需要测量车身骨架件的受损状况，以确定受损情况，制订合理的修复方案，合理、高效地修复车辆。车身尺寸测量与校正是板件更换作业的基础，是中高级维修技师必备的核心技能。

任务一　汽车车身钢板损伤修复

任务目标

知识目标	1. 知道汽车车身钢板损伤的修复流程； 2. 学会汽车车身钢板修复必需的拉拔技术、敲击技术和缩火技术； 3. 学会汽车车身钢板损伤判定的方法并能够判断损伤是否可以修复
技能目标	1. 学会手工工具的正确使用与操作； 2. 学会实敲、虚敲的操作技巧； 3. 学会汽车车身钢板变形的损伤评估方法； 4. 学会使用手锤、手顶铁进行维修的操作技巧

任务描述

汽车车身钢板损伤修复过程中用到许多维修工具和设备，有些是动力工具和设备，如果操作不当就会导致发生事故。有一些专业维修工具，需要不断练习，才能掌握其规范的使用方法。本任务主要学习用手工工具修复车身钢板损伤、学习车身钢板损伤评估方法，以及学习利用手工工具修复车身的技能。

知识储备

一、汽车车身钢板损伤评估的方法

要修复发生变形的车身零件，首先必须学会判断损伤发生的具体范围，从而确定损伤程度。下面介绍车身钢板损伤修复的几种常见的评估损伤的方法。

（一）目视法

目视法是通过观察钢板表面来评估受损范围，当车身零件表面发生损伤变形时，在光线的照射下，变形的区域和未变形的区域反射出来的光线强度不同；也可以使用荧光灯对钢板表面进行照射，观察钢板上反射的光线，逐渐改变视线水平以评估扭曲程度。如图6-1-1所示。

图6-1-1　观察钢板表面

（二）触摸法

触摸法主要是评估受损部位的凹陷和凸起。触摸法的要点是：在触摸时，伸直手腕将力集中在手掌中，不要施加任何压力，这是一种通过触觉的形式来感知受损表面的凹陷和凸起的方法。所以在触摸的时候，可以先触摸未受损表面，然后触摸受损表面；或者将触摸的区域由未受损位置贯穿受损位置再到未受损位置。

（三）对比法

对比法是使用直尺或者自制的样板尺对受损部位进行测量，通过测量工具和受损表面之间的间隙或者移动测量工具来检测受损部位的变形情况。使用对比法做损伤评估时，要确定受损表面是平面还是曲面。

（四）指压法

指压法是通过使用拇指对受损位置进行按压，检查受损表面的刚性，从而确定受损区域是否有高点或者延展的现象。在使用指压法操作时，拇指需要施加适当大小的压力，通常拇指前端指甲变白即可。按压时，将受损部位的刚性和未受损部位的刚性以及另一侧钢板的刚性做对比，从而评估受损部位是否存在延展或者高点。

二、汽车车身钢板变形的类型

钢板在外力的作用下，可能发生下述三种情况的变化。

（一）弹性变形

弹性变形是金属受到拉伸后能够恢复到原来形状的能力，也就是在修理中常见的金属回弹。在受到损坏的金属板上会发生弹性变形，可以利用金属的回弹倾向进行修理，任何比较平滑的部位都可能发生回弹，即使它们受到邻近部位的影响而偏离了原来的位置。当临近部位的变形消除后，这些受影响的部位往往会恢复其原来的形状。

（二）塑性变形

塑性变形是金属发生弯曲或变成各种形状的能力。当金属的弯曲超过了它的弹性极限时，它将出现回弹的倾向，但它并不能完全回到原来的形状。发生塑性变形时，它的晶体组织变成另一种结构，塑性对车身修理非常重要，因为大多数受到损坏的金属都会在不同的部位发生拉伸变形（永久的变形）。

（三）加工硬化

加工硬化是达到塑性变形上限时，金属出现的一种现象。金属被弯曲过的部位变得非常硬，这就是加工硬化。受弯曲或加工部位的金属产生硬化而造成强度增加，这一认识的重要性无论怎样强调都不过分，因为它实际上是所有金属损坏的根源。

三、汽车钣金校正的基本原理

钢材是由钢坯轧制而成的，在长度方向可以看成由许多纤维组成。任何变形都是内部纤维的长短不等造成的。校正的原理就是使纤维较短的部分伸长或较长的部分缩短，直至各层纤维的长度趋于一致。

（一）直接损坏

直接损坏通常以断裂、擦伤和划痕的形式出现，用眼睛即可看到，如图6-1-2所示。 直接损坏是引起碰撞的物体与金属板上受到损坏的部位直接接触而造成的。在所有的损坏中，直接损坏通常只占10%～15%。实际上，一般不对受到直接损坏的部位进行修理。修理直接损坏通常需要使用塑料填充剂，有时还需要铅性填充剂。在填充过程中，间接损坏也得到了修理。

图6-1-2　直接损坏

（二）间接损坏

间接损坏是由直接损坏引起的，通常在所有的损坏中，大部分都是间接损坏。所有的非直接的损坏都可以看成间接损坏，大多数碰撞都会同时造成这两种损坏。各种构件所受到的间接损坏没有什么区别，它总是产生同样的弯曲、同样的压缩力。间接损坏平均占所有损坏的80%～90%，由于各种构件所受到的间接损坏基本相同，80%～90%的金属板都可以采用同样的方法修理。

间接损坏主要有以下几种类型。

（1）单纯的铰折。它的弯曲过程像一个铰链一样，沿着其整个长度均匀地弯曲。金属板件铰折时，金属上表面受到拉力而产生拉伸变形，而下部的表面受到压力而产生收缩变形。很显然，在金属中间有一个未发生变形的区域，如图6-1-3所示。

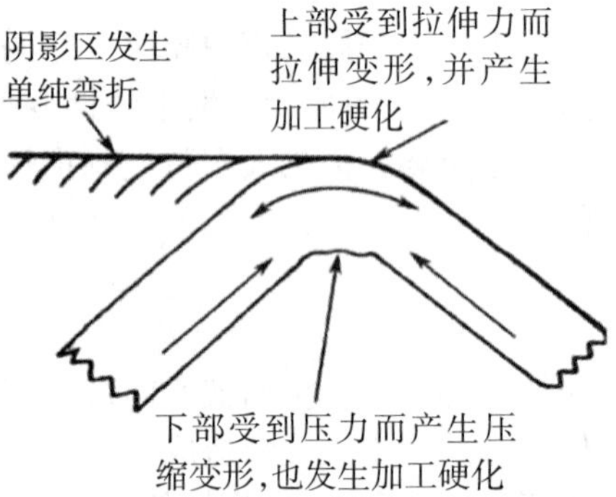

图6-1-3　单纯的铰折

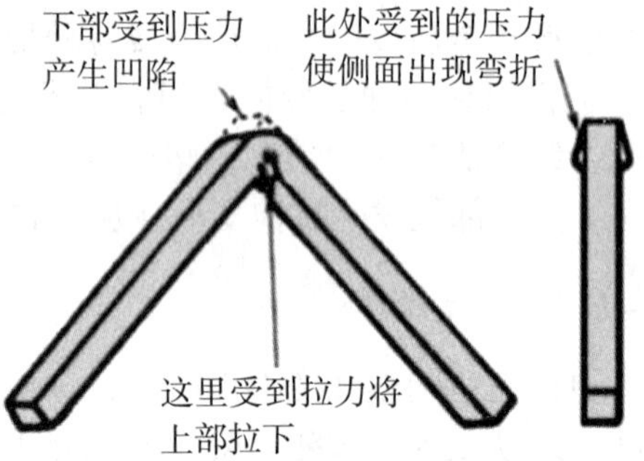

图6-1-4　箱形截面铰折

（2）箱形截面铰折。箱形截面的弯曲与实心板相同，不同之处是箱形截面中心线没有强度，所以顶部的金属板被向下拉而不是受到拉伸，很少或根本没有拉伸。底部的金属板受到两边的压力，所以很容易出现铰折。校正时不加注意，顶部的表面也会铰折，而造成严重的全面收缩，如图6-1-4所示。

（3）凹陷铰折。对于箱形截面施加在端部的压力，金属板的抵抗能力很低，但对沿着其长度方向施加的拉力却有很大的抵抗力。这说明铰折中顶部金属受到的损伤比底部金属小得多，折损处受到压力的一边产生严重收缩，这就是凹陷铰折，如图6-1-5所示。在整体式车身上，有许多结构复杂的箱形截面构件，其中包括箱形结构梁、门槛板、风窗支柱、中心支柱、车顶梁等。金属件上被弯成一个角度的部位，都可以认为存在箱形截面。局部箱形截面也会发生凹陷，与完全箱形截面凹陷的结果相同，两者折损的名称也相同，都是凹陷铰折。

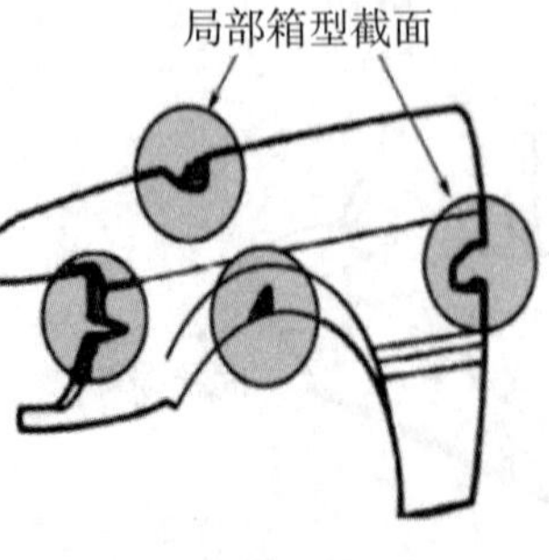

图6-1-5　凹陷铰折

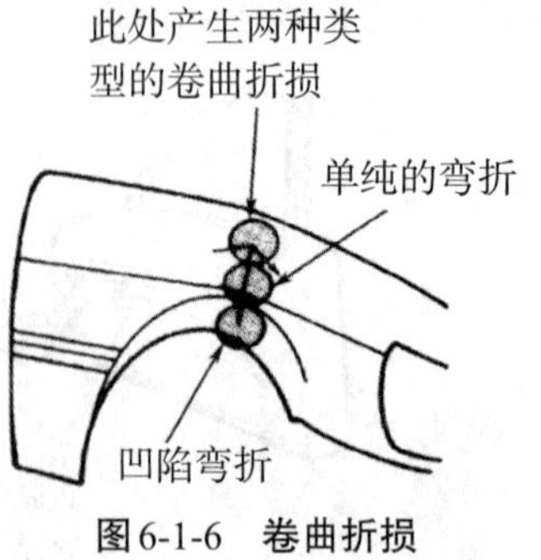

图6-1-6　卷曲折损

（4）卷曲折损。每当发生凹陷卷曲时，还有另两处也同时发生折损，这两处折损发生在凹陷卷曲部位的旁边，这就是单纯的卷曲折损，如图6-1-6所示。由于这两处都位于金属板的隆起部分，因而也是收缩型的折损，很容易识别卷曲型折损。凹陷和单纯的卷曲都会在金属板的隆起部位形成一个箭头形状。卷曲折损只发生在隆起的表面上，因为这种折损区是由隆起的部分引起的，如果金属是平坦的，它将会以铰折的形式发生弯曲，产生单纯的铰折折损。

四、汽车板件损坏区域的受力分析

实际上，在任何损坏发生之前，金属内部已经存在压缩和拉伸。如果该压力突然消失，金属将返回到它原来的状态。判断金属产生的变化并进行校正时，应考虑金属在受到损坏前未受压缩或拉伸的状况。金属被推上去的部位称为“压缩区”，被拉下的部位称为“拉伸区”，如图6-1-7所示。隆起很高的金属板称为“高隆起”，接近平坦的金属板称为“低隆起”。当低隆起的金属板受损时，金属被拉入损坏的中心部位。这个拉力使金属板低于它原来的高度，低于原来高度的称为“拉伸区”；相反，金属板上超出原高度的损坏区都称为“压缩区”。

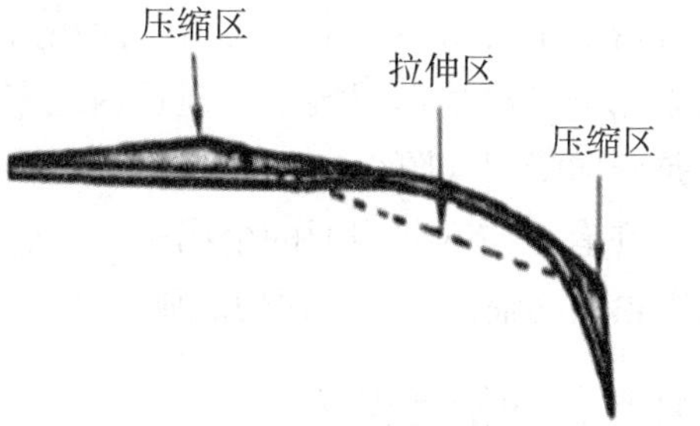

图6-1-7　拉伸区

在钢板钣金修理时，先要确定受损部位受到的是拉伸还是压缩，然后才能确定修理的方法和使用的工具。绝不可用锤子敲打拉伸区，也不可用垫铁敲打压缩区的内侧，要根据压力的方向决定需要施加的力。如果金属板一个方向上（左或右）是平坦的，而在另一个方向上是隆起的（90°或交叉方向），当向金属板隆起处施加一个压力时，在金属板的纵向（隆起的长度）方向受到拉伸，在金属板的横向（隆起的宽度）方向受到压缩，如图6-1-8和图6-1-9所示。

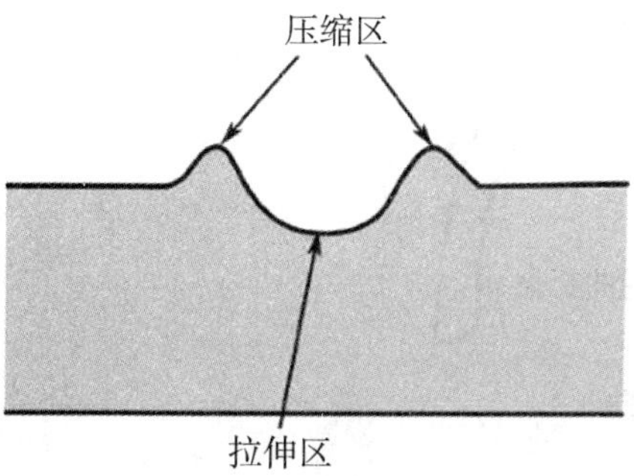

图6-1-8　拉伸区

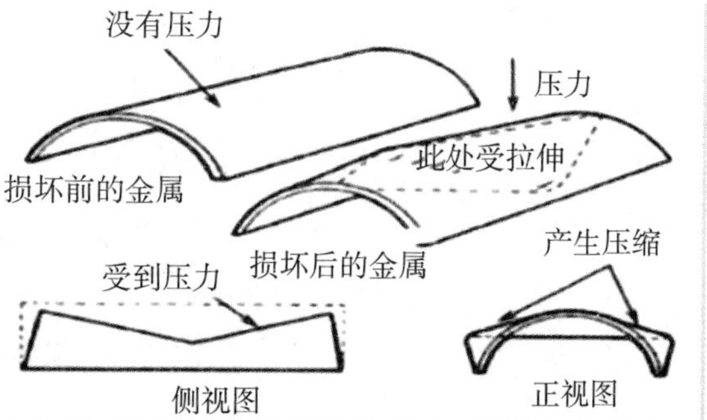

图6-1-9　压缩区

复合隆起的板件所受的压力方向为从上到下，几乎是垂直向下的（图6-1-10），产生了*P*到*BC*和*P*到*BF*两处长度不同的凹陷卷曲。这是因为隆起处金属比平坦处的强度大，抵抗压力的能力强。如果在它的附近没有伴随着出现一一个压缩区，便可以用拉的方法来校正收缩的凹陷区。通过升高受拉伸凹陷区的方法进行校正时，只会降低邻近部位的高度。

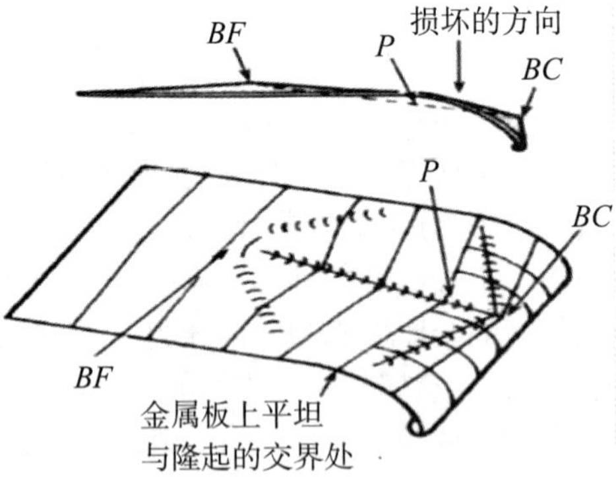

图6-1-10　**复合隆起**

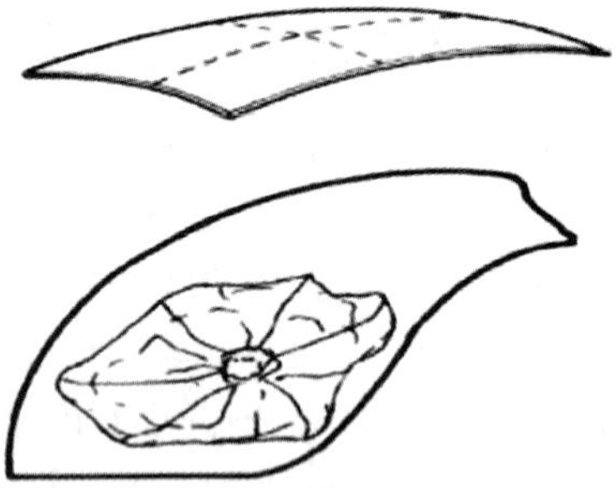

图6-1-11　**双向隆起**

一般金属板上的各种弯折都发生在一个方向上，而在另一个方向上保持平坦。大多数金属板上发生的弯折都与这种情形很接近。但是，也有一些金属板在两个方向上都有隆起，这类隆起就是双向隆起（图6-1-11）。在隆起的表面上发生的弯曲折损会扩散到离它最近的平坦区。在有双向隆起表面的金属板上，卷曲折损通常会从受碰撞处向各个方向传播，就像车轮上的辐条一样，而轮毂则相当于最初的碰撞点。

五、汽车板件损坏部位的修复程序

（1）找到损坏的方向，碰撞损坏的方向应该和碰撞的方向完全相反。一般来说，通过目测检查即可找出损坏方向，如图6-1-12所示。

（2）在修理时，基本的原则是最后的损伤要最先修复，最先的损伤要最后修复。

（3）在损坏部位中，离直接损坏点最远的位置要最先进行修理，以此类推把损伤全部修理好，对最后的直接损伤位置可能需要塑料填充剂修理。

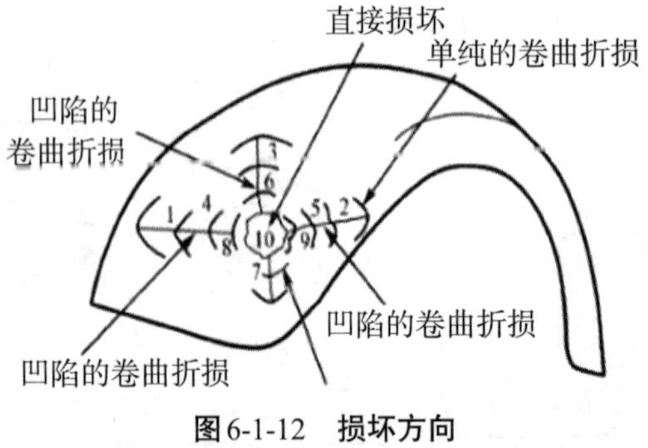

图6-1-12　**损坏方向**

六、汽车车身板件常用修复的方法

（一）敲击修复的基本方法

1. 铁锤的敲击方法

在用钣金捶敲打金属板时，锤子的平面应该与金属板的平面一致，否则会损坏金属板，如图6-1-13所示。钣金铁锤的工作面必须与金属板的形状相配合，具有平坦锤面的铁锤适用于平坦的或低隆起的金属表面。重的敲击锤可用来进行大致的修整，但要保证敲击不能加重损坏的程度。精整锤用于最后的精整修复，精整锤比敲击锤轻，并且通常都带有锤头。精整修复时，敲击的要领是快速轻敲；敲击时，锤子也应和金属表面垂直。用铁锤敲打金属表面的棱边将会加重金属的变形。

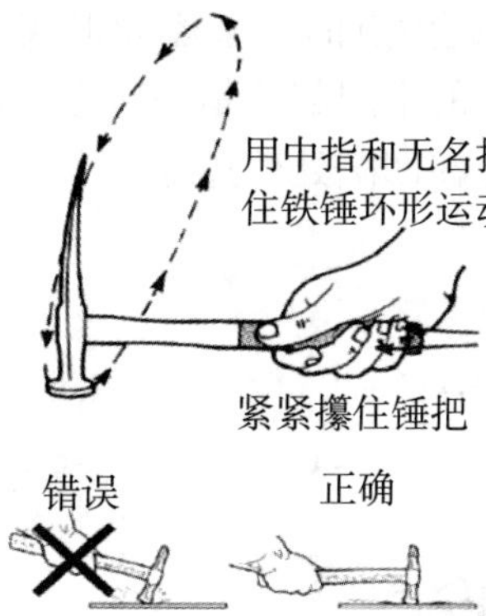

图6-1-3　锤子敲击方法

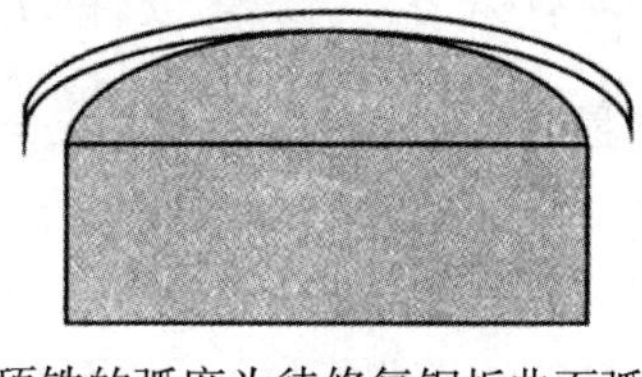

(a)手顶铁的弧度为待修复钢板曲面弧度的80%

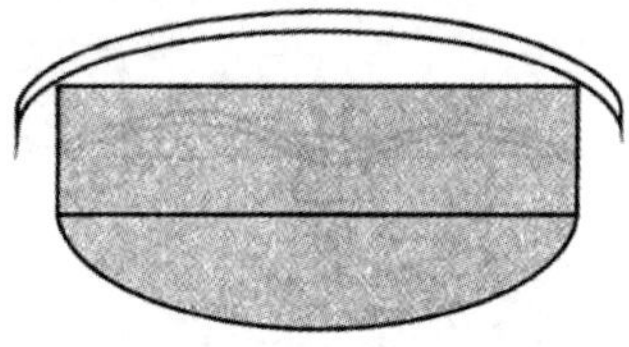

(b)手顶铁支撑方法错误

图6-1-14　手顶铁的选用

手顶铁一定要选择形状合适的垫铁，垫铁的工作面不符合金属板的形状，其结果必然导致凹陷的增加。手顶铁的弧度为待修复钢板曲面弧度的80%。如图6-1-14所示，手顶铁支撑方法错误，则手锤在敲击时，手顶铁支撑的边角位置会对钢板造成新的损伤。

2. 铁锤和垫铁的敲击方法

将垫铁作为铁锤的支撑物有两种敲击方法：铁锤在垫铁上敲击法和铁锤不在垫铁上敲击法。铁锤在垫铁上敲击法用于拉伸金属，而铁锤不在垫铁上敲击法则用来平整金属。

3. 铁锤在垫铁上的敲击法

铁锤在垫铁上的敲击法适用于修理较小、较浅的凹陷和折损，也可以用这种方法来延伸金属，使其恢复原来的形状。为了整平一个折损，可以将垫铁放在金属板的反面折损处的下方，并用铁锤从正面敲击，如图6-1-15所示。该方法一定要选择形状合适的垫铁，垫铁的工作面不符合金属板的形状，其结果必然导致凹陷的增加。垫铁的形状与所接触的平板的平面应该一致，如图6-1-16所示。

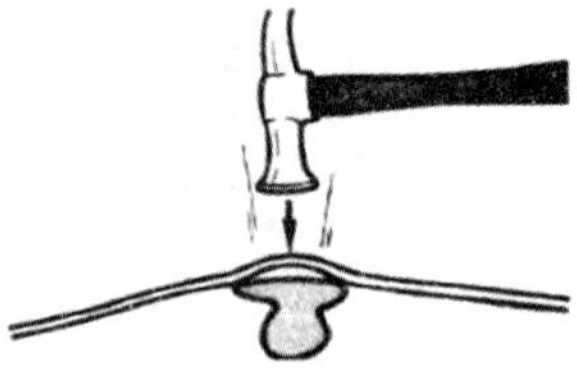

图6-1-15　在垫铁上敲击法(一)

图6-1-16　在垫铁上敲击法(二)

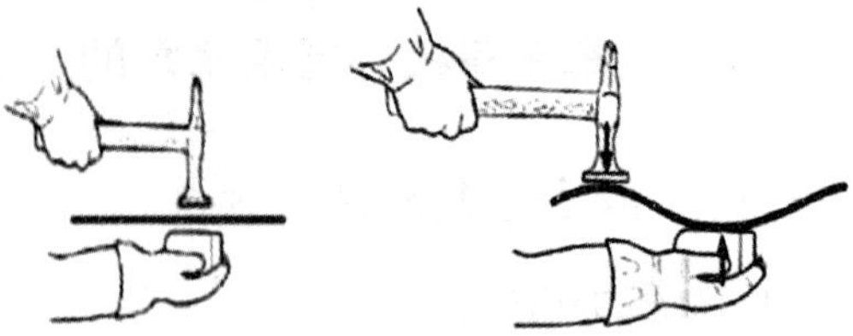

图6-1-17　不在垫铁上敲击法

3. 铁锤不在垫铁上的敲击法

如图6-1-17所示，采用此法来修整金属板时，将垫铁放在金属板最低处的下面，用铁锤敲击附近的高处，实际上铁锤并没有敲击垫铁。垫铁和铁锤一样，也是用来校正损坏部位的，它相当于一个冲击工具，只能敲击拉伸区。

（二）用铁锤和垫铁修整板件凹陷变形的方法

碰撞点是最先撞击的地方，随着金属被推进，在碰撞点的两边逐渐形成一个凹陷。这个凹陷（中间的凹陷变形类型是凹陷卷曲折损）的中间部位是除碰撞点以外变形最大的地方。离碰撞点越远的地方凹陷，变形越浅，在凹陷处的边缘周围形成了箭头型的隆起（单纯的卷曲折损），如图6-1-18所示。

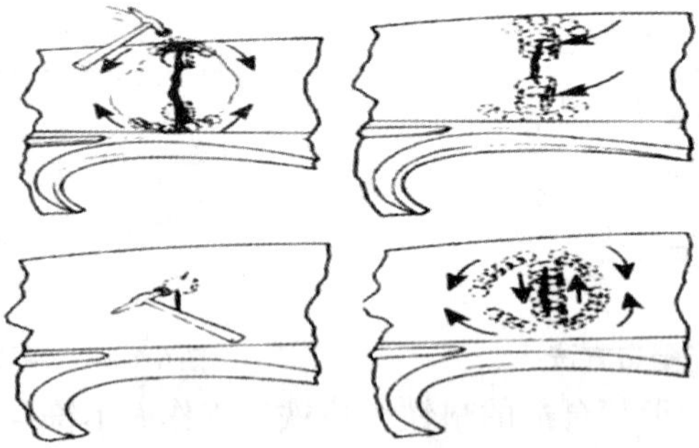

图6-1-18　修整板件凹陷变形

1. 用修平刀修整板件凹陷变形的方法

该方法可以将修平刀垫在金属板上，再用铁锤或敲击修平刀敲打，可以增加敲击的效果。在大致修整阶段或校正很深的凹陷时，也可使用修平刀，如图6-1-19所示。

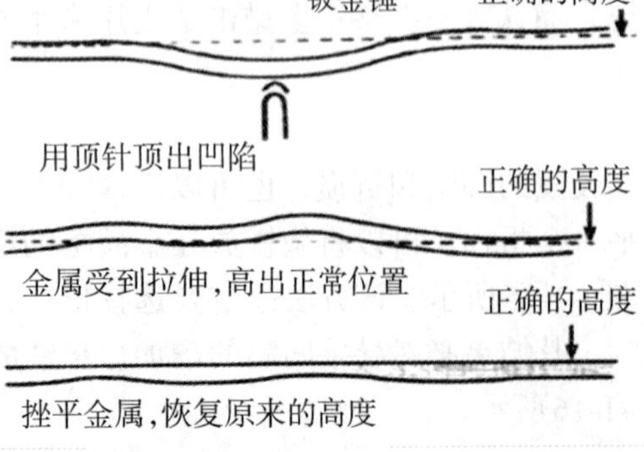

图6-1-19　修平刀的使用方法

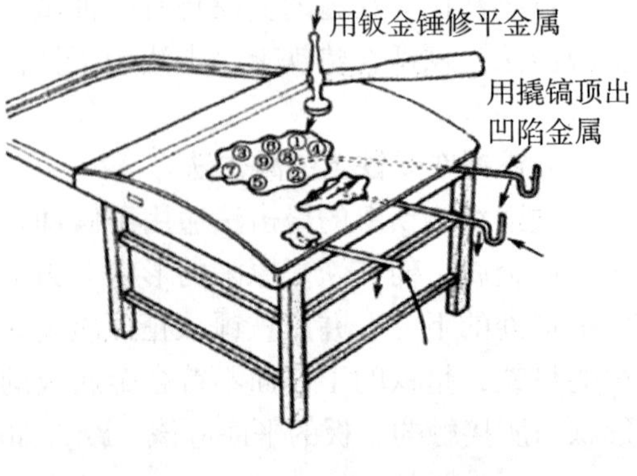

图6-1-20　修平刀的使用位置

2. 用撬镐等工具修整板件凹陷变形的方法

金属上的凹陷损伤的修复，可以使用撬镐等（如尖锤、加长的尖锐工具、垫铁的边缘、划针等工具）撬起、修复凹陷变形，操作时最好是轻撬几次，效果比重撬一两次要好。对于车门上的凹陷变形，可把撬镐插入一个排水孔或背后的孔内。这样在修理凹陷处时，既不需要折除门内部的装饰物，也不需要在的外部面板上钻孔。如图6-1-20所示。

七、汽车车身板件修复隆起的基本方法

直接损坏部位的隆起和折损处的金属容易受到压缩，受到压缩的表面形状高于原来金属板的表面形状，如图6-1-21所示。在修理时，需要对这些变形进行收缩处理，让超出原来高度的板件恢复到原来的形状。金属收缩的方法有两种：对于轻微的隆起变形，可使用敲击进行收缩；对于严重的隆起变形，可使用加热进行收缩。

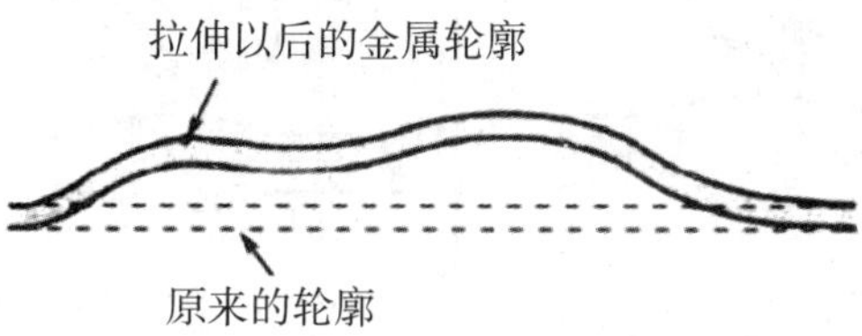

图6-1-21　受到压缩的示意图

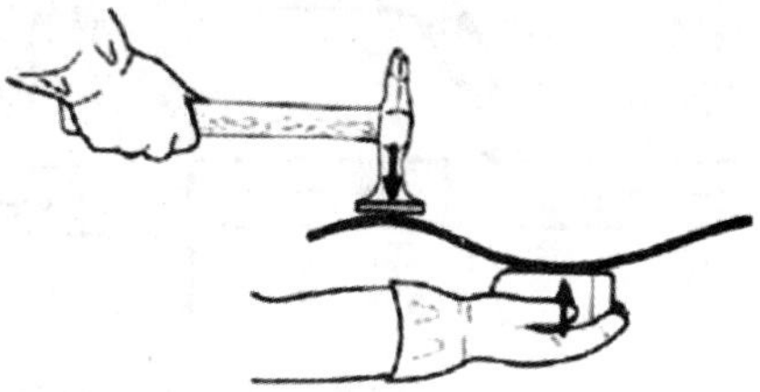

图6-1-22　虚敲的示意图

（一）铁锤垫铁敲击法

用铁锤和垫铁敲击，应该使用铁锤不在垫铁上的敲击法。敲击时，铁锤要快速轻敲，沿着隆起表面的最低位置开始敲击，逐步朝着隆起的最高位置进行，要保证每次敲击的都是隆起的最低位置。如图6-1-22所示。

（二）修平刀敲击法

用修平刀敲击，紧压在高隆起处或折缝处，然后用一个圆头锤或敲击锤来敲击修平刀。冲击力被修平刀分散在隆起或折缝处一个很大的范围内，这样就减少了金属可能会产生的延伸。操作过程中，始终要压紧修平刀，不能让修平刀弹起（因为修平刀的压力也是校正力的一部分），按照从隆起处的最低点（铰折折损处）到最高点的顺序进行校正。如图6-1-23所示。

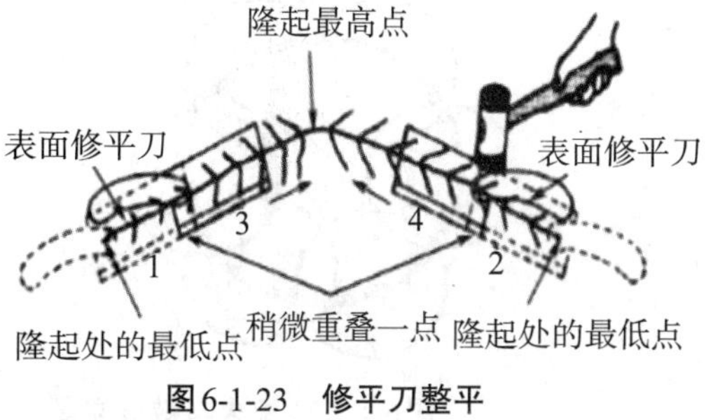

图6-1-23　修平刀整平

图6-1-24　尖锤整平

（三）打褶收缩法

用铁锤和垫铁在延伸区产生一些“褶”，然后采用铁锤不在垫铁上的敲击法，用尖锤在延伸部位轻敲，如图6-1-24所示。给金属打褶将会使金属表面稍有降低。对于打褶后降低的部位，要用塑料填充剂填平，然后锉平并磨光。

（四）加热收缩法

一根两端都处于自由状态的金属棒，受热时它会膨胀，冷却时会回到原来的长度。金属棒的两端都固定住，对它先加热，由于两端不能伸长，在受热部位直径就会增大。如果受热后直径增大的金属棒骤然冷却，增大部分的金属表面被剧冷，增大的变形就被保留下来了。金属内部降温较缓，便产生收缩力使金属收缩变形，结果金属棒尺寸缩短。如图6-1-25所示。

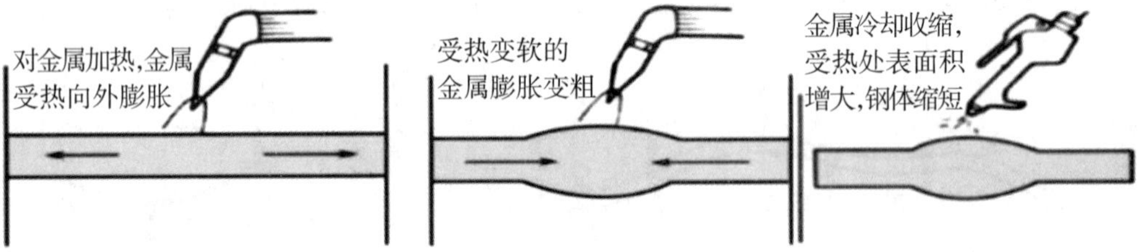

图6-1-25　钢板的缩火

根据金属热胀冷缩的特点，可以用加热来收缩金属板。操作方法为：用焊炬或收缩触头收缩某一部位时，可以对压缩区（即隆起处）的一小块地方加热，使它变成鲜红色。先让延伸区的最高点收缩，然后让下一个最高点收缩，以此类推，直到整个部位都缩回到原来的位置。如图6-1-26所示。

（1）采用氧乙炔加热收缩钢板的过程如下。

①把火焰调至中性焰，并使用小号的喷嘴。

②焰心到金属的距离为3mm，直到金属开始发红。

③焊炬缓慢地沿着圆周运动方向向外移动，直到整个受热部位都变成鲜红色。随着温度的增加，受热的金属变得比较柔软。这些柔软的金属堆积起来，并在受热处形成隆起，用钣金锤在加热区周围轻敲几下，使金属晶粒之间相互靠拢。如图6-1-27所示。

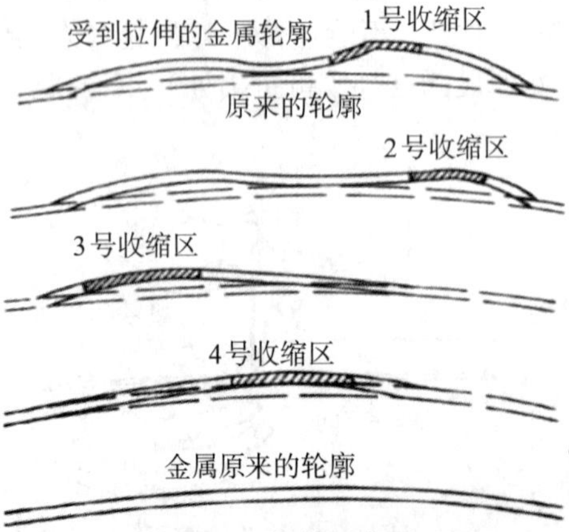

图6-1-26　收缩示意图

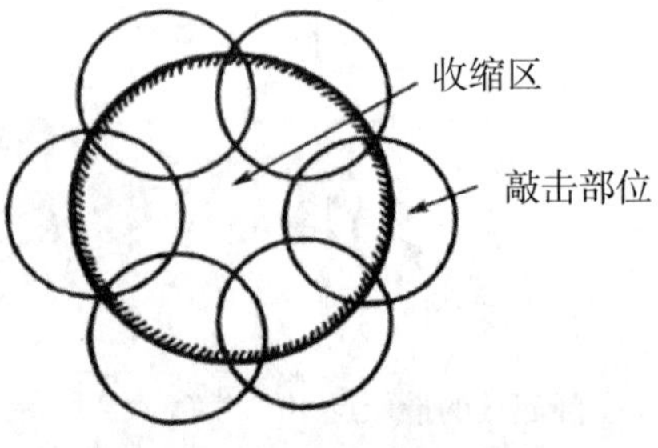

图6-1-27　缩火与敲击位置

④敲打时，一般不用垫铁支撑金属，除非金属发生塌陷。

⑤红色消失并经过整平以后，用一块潮湿的布或海绵使金属的收缩部位冷却。

⑥校正过量收缩的方法是用重铁锤在垫铁上的敲击法拉伸最后一次的收缩。

（2）用外形修复机进行热收缩的过程如下。

①热收缩的部位用砂轮清除油漆层。

②更换热收缩电极触头，搭铁连接到要修复的板件上。

③调整外形修复机的电流、时间等参数。电极触头接触到隆起的部位，电极通电后在接触部位由于电阻热而使板件变红，如图6-1-28所示。待红色消失后，用湿抹布使收缩部位冷却。

④对要收缩部位进行反复收缩操作，直到隆起部位与周围板件高度一致。

⑤电极触头收缩时同样会破坏板件背面的防腐层，随后要进行防腐处理。可以使用修复机配备的碳棒对高出区域进行收缩，用碳棒收缩时不用湿抹布冷却，因为碳棒与金属接触部位的温度不高。

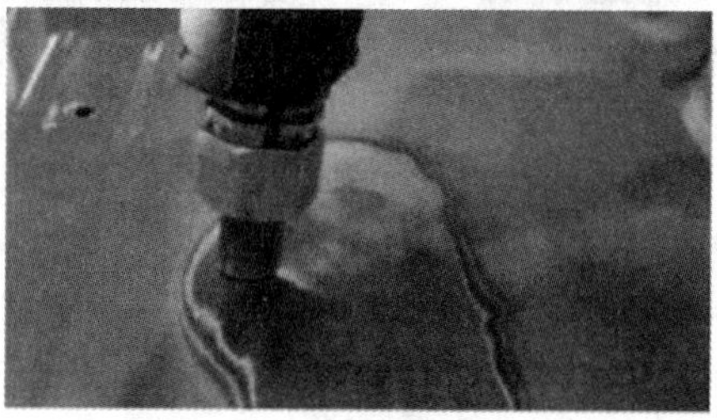

图6-1-28　钢板的缩火

任务实施

一、任务内容

对汽车门外板大面积凹陷损伤进行修复。

二、实施准备

（1）设备器材：工作台架、门板支架、车门板、外形修复机、圆盘式研磨机、手锤、手顶铁、吹尘枪、除尘布、劳保用品、颜料笔。

（2）实训场地：符合安全标准的一体化实训室。

三、操作步骤

（一）板件凹陷变形区的修复

（1）板件凹陷变形区的确定，如图6-1-29所示。

①损伤情况：车身线损伤12cm，其中以上8cm，以下4cm，损伤经过车身线。损伤宽度4cm，损伤深度11mm。

②确定工艺：使用手锤与垫铁配合敲击，用惯性锤拉拔，热收缩处理。

提示：确定修理工艺根据板件具体的损伤情况来决定，严格把握外形修理的准入条件。

（2）板件凹陷修理施工前准备，如图6-1-30所示。

①准备好施工的安全防护用品、耗材和受损板件。

②目测损伤情况，确定修理的范围，制订修复顺序。

提示：安全防护选用口罩、护目镜、帽子、耳罩、手套、安全鞋。

图6-1-29　板件凹陷变形区的确定

图6-1-30　板件凹陷修理施工前准备

（3）板件凹陷修理专用测量尺检查，如图6-1-31所示。

①使用测量尺检查板件车身线及上、下损伤板面的损伤情况。

②检查间接损伤区的范围。

提示：检查要仔细，特别是由直接损伤引起的间接损伤，分清板件变形的类型。

（4）制作标记，如图6-1-32所示。

①使用记号笔将直接损伤区域和间接损伤区城用线或点做出标记，有利于下一阶段的修理。

②通过手感，判断损伤区域。

提示：此时手感可以快速地判断损伤区的高低点，并拢手指，手心朝板件，由右至左、由上至下判断凹陷区。

图6-1-31　板件凹陷修理专用测量尺检查

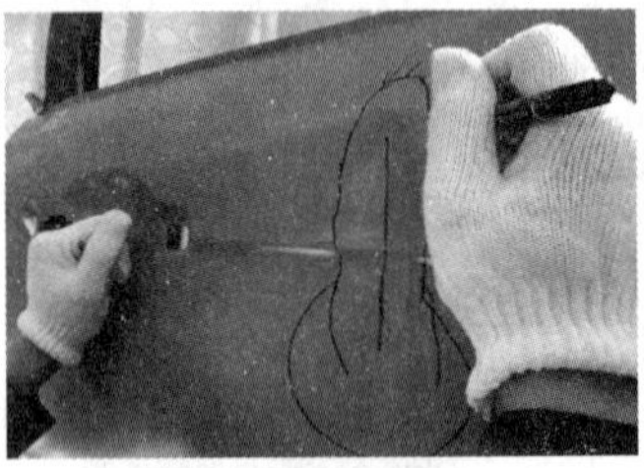

图6-1-32　制作标记

（5）板件凹陷区粗修，如图6-1-33所示。

①使用手锤与垫铁配合粗修凹陷区，垫低敲高为原则。修理车身线以下面板，先将压痕的两侧高点应力集中区的应力消除一部分，垫铁垫在直接损伤处，敲击两侧高点。

②当两侧高点随着手锤的敲击慢慢恢复时，直接损伤就会被顶出。

提示：正确使用手锤，手锤在垫铁上敲击时，应轻而慢。手锤不在垫铁上敲击时，作用是将低点顶出来，高点敲下去。所以，拿垫铁的手要向被垫区域施加推力。

（6）确定修理范围，如图6-1-34所示。

①使用记号笔和直尺以长轴240mm、短轴160mm、四个角要求圆滑过渡划线。

②选用P60砂纸，使用盘式打磨机把修理区域的油漆打磨干净。

③打磨后，将板件吹、擦干净。

提示：①盘式打磨机的转速高，一手拿着磨头，一手抓住尾部，安全操作。②磨、吹、擦是一个连贯的过程，不可缺少。

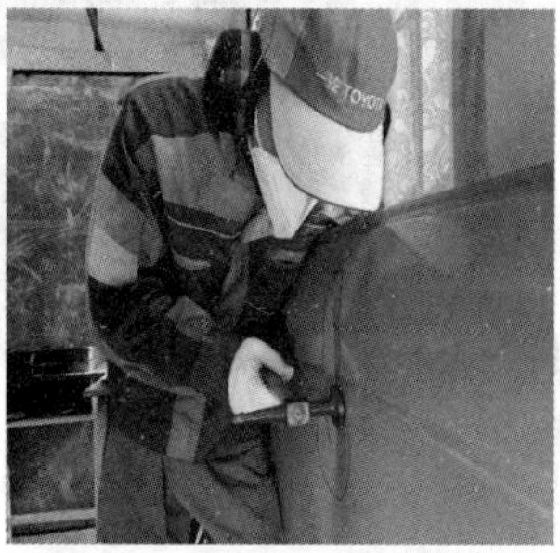

图6-1-33　板件凹陷区粗修

图6-1-34　确定修理范围

（7）检查车身线。用车身筋线专用曲率尺检查车身线的高低，测量尺两端贴合车身线，两手抚平测量尺，通过目测观察车身线高低。如图6-1-35所示。

提示：曲率尺的两端贴合车身线的同时，上侧限位板也要靠紧板件。

（8）调试外形修复机，如图6-1-36所示。

①打开电源；

②搭铁形成电流回路；

③安装介子专用焊接头；

④点击选择模式焊接、转动调节焊接电流与时间，试焊调整。

提示：焊接电流：30～60A；焊接时间：1～6min。

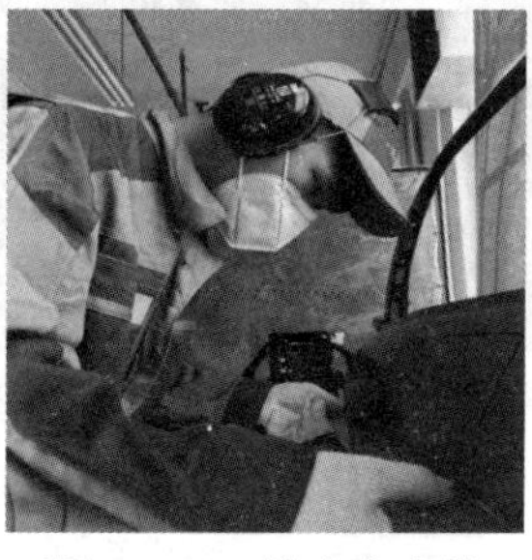

图6-1-35　检查车身线

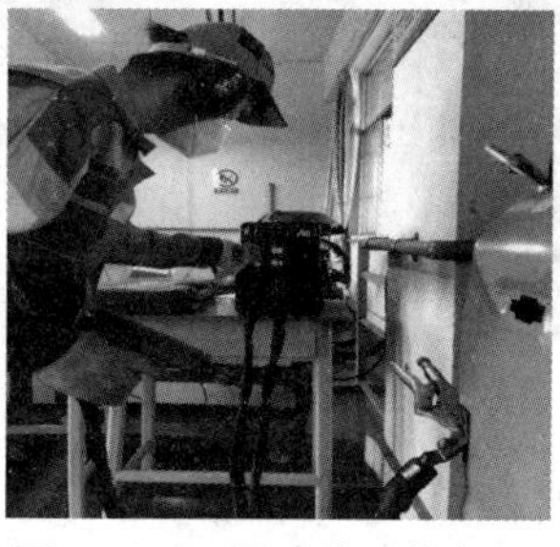

图6-1-36　调试外形修复机

（9）种植介子拉片。一手按动焊接开关，一手拿好介子拉片，将拉片焊接在板件的车身线上。如图6-1-37所示。

提示：焊接金属表面油漆要打磨干净，焊接时介子拉片要贴紧金属，焊接时拉片要垂直板件。

（10）使用组合工具拉伸车身线，如图6-1-38所示。

①将拉棒穿入介子拉片。

②组合工具通过支架支撑在板件的边缘，进行拉拔作业。

③拉拔保持的同时，用手锤敲击板件以消除应力。

提示：拉伸力要循序渐进，不宜一次性拉伸到位。拉伸保持时，手锤敲击力要轻，边敲边观察拉片焊接部位的颜色，颜色发白时要放松拉伸。

图6-1-37　种植介子拉片

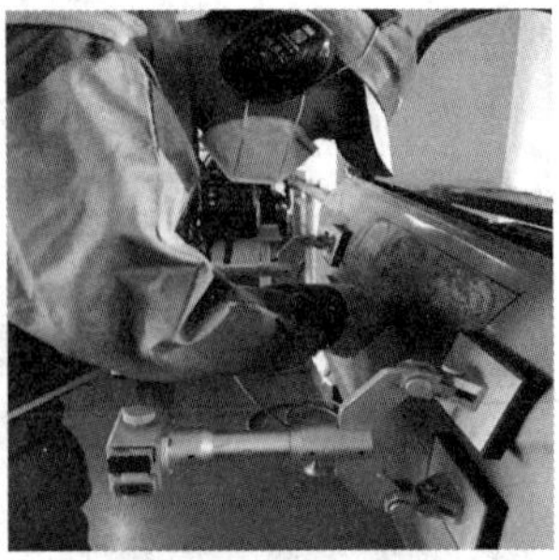

图6-1-38　使用组合工具拉伸车身线

（11）检查车身线。用车身筋线专用曲率尺检查车身线的高低，测量尺两端贴合车身线，两手抚平测量尺，通过目测观察车身线高低。如图6-1-39所示。

提示：曲率尺的两端贴合车身线，同时上侧限位板也要靠紧板件。

（12）板件凹陷区的精修，如图6-1-40所示。

①换惯性锤拉拔凹陷区，将三角拉片焊接在小区域的凹陷区通过惯性锤拉拔精修。

②拉拔过程中，通过“拉低敲高”，将小凹陷区拉拔出来。

③释放应力，可根据损伤情况进行板件应力释放。

（13）打磨处理。使用条式打磨机打磨焊点，一手按下启动开关，一手辅助支撑条式打磨带打磨焊点。如图6-1-41所示。

提示：条式打磨机转速高，打磨同一焊点时间不宜过长，同时打磨时，下压的力不宜过大，打磨裸金属不能变色。

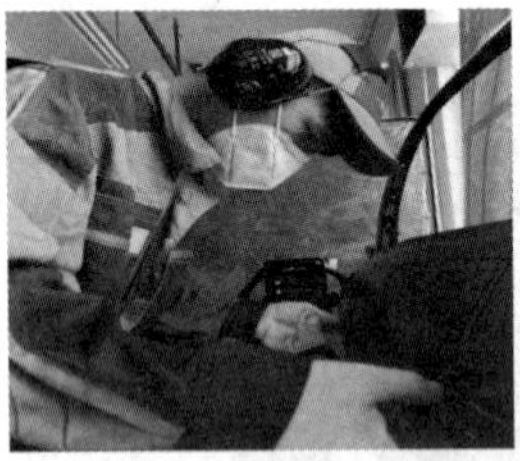

图6-1-39　检查车身线

图6-1-40　板件凹陷区的精修

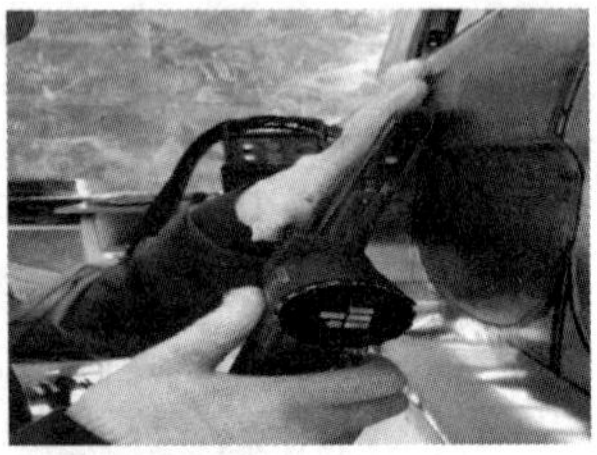

图6-1-41　打磨处理

（二）板件隆起部位热收缩

（1）制作标记，如图6-1-42所示。

①使用记号笔将目测的高、低点、弹变区用线或点做出标记，有利于下一阶段的修理。

②通过手感检查高、低点并做标记。

提示：此时手感检查时要细致判断损伤区的高低点，并拢手指，手心朝板件，由右至左、由上至下判断凹陷区。

（2）垫低敲高，如图6-1-43所示。

①垫铁配合手锤，错位敲击，整平金属。压缩两侧受拉伸的金属，并释放应力。

②敲击过程中，要伴随手感的判断。

注意：根据标记线敲击，根据手感的判断敲击，不得盲目敲击；敲击时，轻敲多敲。

（3）调试外形修复机，如图6-1-44所示。

①安装碳棒。

②点击选择模式收火、转动调节收火电流，试收调整。

提示：收火电流在20～40A。

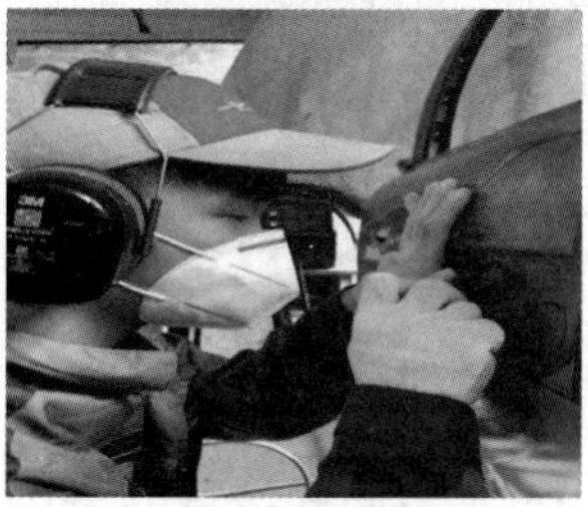

图6-1-42　制作标记

图6-1-43　垫低敲高

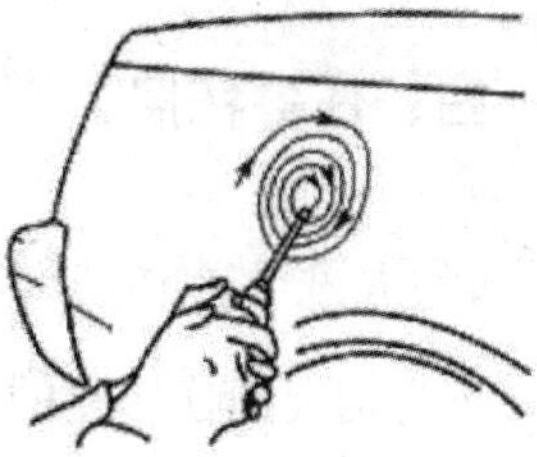

图6-1-44　调试外形修复机

（4）热收缩，如图6-1-45所示。

①调试好收火电流后，按动收火开关，消除高的部位。

②用上、下曲率尺测量高点，再次收火。

③收火中伴随手锤与垫铁配合，整平金属。

提示：收缩时交叉收缩，不宜在同一点上多次收火；手感检查不出来，应使用专用曲率尺细致测量，同时注意不要收出低点。

（5）检查高低点。收工前做最后检查，如图6-1-46所示。

提示：有小高点可以使用手锤尖部敲击平整。

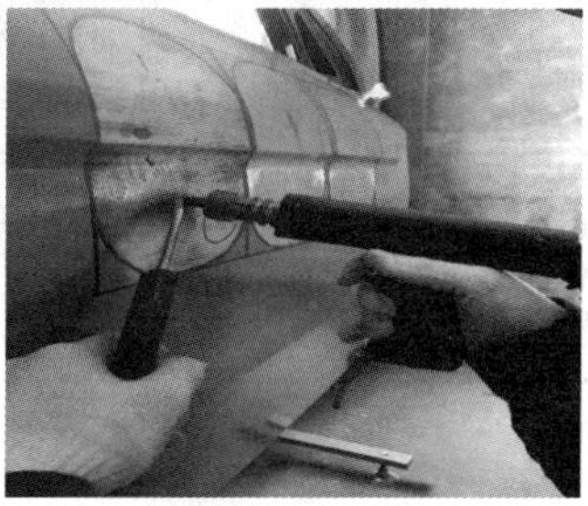

图6-1-45　热收缩

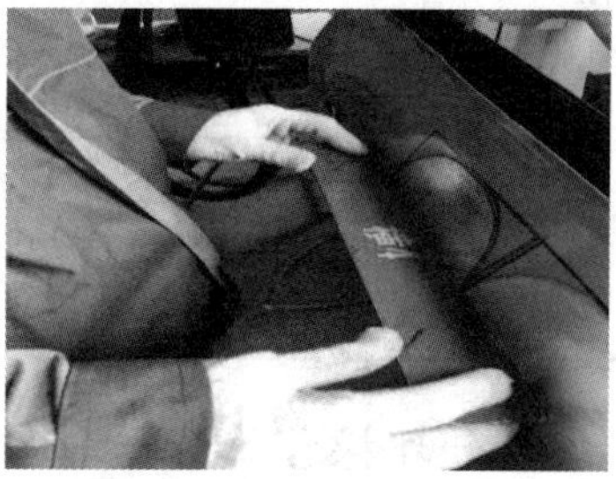

图6-1-46　检查高低点

（6）检查应力是否消除。用手指按压修复区，修复区应没有回弹现象。如图6-1-47所示。

提示：检查焊点及碳伤。

（7）打磨处理，如图6-1-48所示。

①选用P80砂纸，使用盘式打磨机把修理区域的焊点、碳伤及氧化点打磨干净。

②打磨后，将板件吹、擦干净。

提示：清洁板件表面。

图6-1-47 检查应力是否消除

图6-1-48 打磨处理

四、任务拓展

(一)车身钢板损伤修复方法分析

车身钢板损伤修复的方法主要有三种：一是使用手锤、手顶铁修复，这种方法适合于能够从背面触及的零件，如汽车前翼子板等；二是使用外形修复机修复，这种方法适合于封闭的车身表面，因为无法触及钢板的内侧，或者要触及钢板内侧需要拆除很多的附件，对修复工作造成不便，所以使用在外板拉伸的方式修复损伤；三是直接施涂原子灰，施涂原子灰法通常用在钢板损伤修复后进一步平整钢板的小凹陷，但如果钢板本身发生的凹陷较小，同时当地的维修工时费用较高，则可以直接对损伤位置施涂原子灰修复。各种修复方法的具体选用，见表6-1-1。

表6-1-1 钢板损伤修复方法的选用

修复方法	手锤、手顶铁作业	外形修复机作业	缩火作业
适用损伤区域	内部可以触及的部位	内侧不可以触及部位	刚性减弱的部位、高于原始面的部位
范例	前翼子板、后翼子板后段、车顶钢板中段、发动机盖和行李箱盖部分位置	后翼子板轮眉部位、前后车门、车门槛板、前中后柱	钢板延展部位、高点部位

(二)缩火处理操作细节

如果钢板硬化得比较厉害，建议使用铜电极进行点缩火，点缩火的时候一定要从最高点到次高点，以此类推操作。

如果钢板表面过高，可以使用铜电极对需要缩火部位加热，再使用手锤、手顶铁进行虚敲，从而敲钢板高点。这样做的原因是钢板在加热的时候会软化，软化时手锤敲击容易降高点。一定不要在凹陷位置进行缩火处理，很多时候，钢板的凹陷处也是高低点并存。但相对于原始表面的高度来说，这些都是低点，凹陷位置的金属内部晶粒处于绷紧状态，在此位置缩火，使钢板越来越硬化，同时丧失金属具有的韧性。过多的凹陷位置缩火会造成钢板损伤下不可修复，因为缩火会造成钢板表面产生氧化物。因此，如果钢板需要多次缩火，建议在下一次缩火之前消除这些氧化物提高缩火的效率。

（三）防锈产品简介

车身修复的防锈处理工作非常重要，因为腐蚀是车身钢板的天敌，目前常用的防锈产品有以下几种。

（1）防锈蜡。这是一种蜡质聚合物，黏结能力较强，但抗氧化性能较差，可以用于封闭表面钢板的背面，在钢板损伤修复以后进行防锈处理。

（2）防锈底漆。目前主要采用环氧树脂类防锈底漆，这是一种附着力和防锈能力均比较优越的底漆，主要用于钢板的正面防锈，在施涂原子灰之前进行涂布。

（3）锌粉底漆。这是一种含有金属锌粉的底漆，车身很多封闭零件是由外板和内板叠面组合而成的。在板件重叠位置，为了防止雨水或其他腐蚀介质的侵蚀，可以使用锌粉底漆对接合面的背面进行防锈处理。这种防锈产品最大的特点是既能防锈，又可以导电，在钢板更换工作中的焊接之前进行涂布。

（4）密封胶。密封胶主要用于钢板更换作业中相邻钢板的接缝处，为了防止雨水渗人，使用密封胶对接缝处做密封处理，达到防锈目的。

（四）缩火作业需要满足的条件

（1）没有比未受损表面低的部位。

（2）表面平滑。

（3）车身线和端面已恢复。

五、实施评价

考核项目	考核内容	评分细则	分值	得分
车身门板修复	劳保用品佩戴	工作时，未穿戴耳罩、手套、防护眼镜、安全鞋，每项扣2分，扣完为止；打磨时，未戴防尘口罩，一次扣4分，扣完为止	8分	
	损伤评估	损伤评估时，不用目测、手摸、指压、卡尺测量的，每项扣2分，扣完为止	8分	
	车身门板修复质量检验	修复后门板修复区域用20N的力指压，有弹性变形的扣20分	20分	
		修复后门板平面有高点的，以卡尺测量为标准，每个高点扣10分，扣完为止	20分	

续表

考核项目	考核内容	评分细则	分值	得分
车身门板修复	车身门板修复质量检验	修复后，以20 mm×20 mm面积为单位，用1 mm塞尺检验出门板平面有低凹的，每处扣5分，扣完为止	20分	
		修复后，门板上有电极和炭棒缩火作业时的氧化黑点的，每点扣1分，扣完为止	5分	
		门板修复时有电极、碳棒缩火作业和介质焊接时造成门板穿孔的，每个孔扣5分，扣完为止	10分	
	规范操作	工作过程中工具、材料不落地。落地一次扣1分，扣完为止	4分	
		做好5S工作（完成任务后工位清洁、工具设备归位等），每项做不到扣1分，扣完为止	5分	
合计			100分	

任务二　汽车车身结构件切割与更换

任务目标

知识目标	1. 能说出更换车身结构板件的焊接步骤； 2. 掌握板件更换过程中的安全防护要求、规范操作标准； 3. 知道车身结构板件更换过程中防腐的具体要求
技能目标	1. 知道如何将新件焊接到原车上的步骤及技术要点； 2. 掌握板件更换过程中的安全防护要求、规范操作标准； 3. 知道板件更换过程中防腐的具体要求

任务描述

车辆在发生严重碰撞时，受损的不仅局限在直接碰撞区域的外观覆盖件，过大的碰撞力还可能导致车身结构部件受损。对事故车维修而言，车身结构部件因其材质的强度、硬度较高，韧性较低而导致可修复性下降。对于受损严重的车身结构件，普遍采用更换新件的方式维修。本任务通过更换仿车身结构板件，学会车身结构板件更换的标准流程和方法，并具备一定的技术基础。

知识储备

一、汽车车身结构板件更换的概述

车身结构板件更换工作主要包括切割、测量及焊接新车身板件。在处理后侧围板、车架纵梁及其他车身总成时，需要找到原车的所有焊缝。为了拆卸损伤板件，必须使用动力工具将这些焊缝钻开或磨开。

二、汽车车身结构板件焊接位置的准备

把损坏的板件拆卸完毕后，对安装的板件要做好准备工作，如图6-2-1所示。

（1）从点焊区域抹掉焊接痕迹。用钢丝刷清除连接表面的油污、锈迹、油漆、保护层及镀锌层等。

（2）配合凸缘上的凹坑和凸起要用手锤和手顶铁修平。

（3）在除去连接表面上的油漆和锈斑使基体金属暴露出来之后，应涂上焊接底漆。连接表面或在后续工序中不能涂漆的区域应涂抹防锈底漆。

（4）MIG焊在焊接前要试焊。

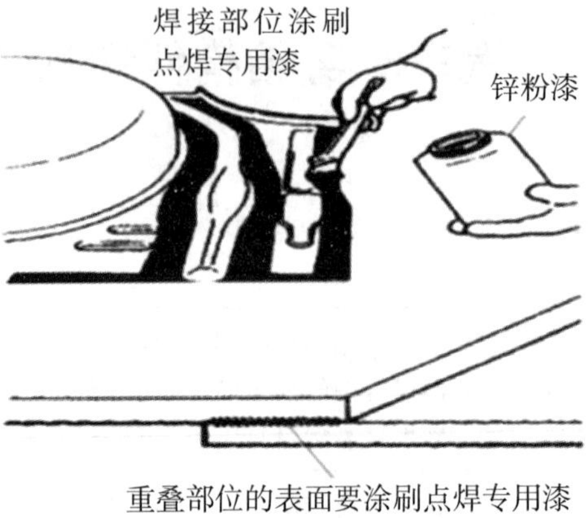

图6-2-1　涂抹点焊专用漆

三、汽车车身结构板件更换的操作

（一）焊接方法的选用

更换车身结构件，涉及的焊接方法包括电阻点焊、对接焊、搭接焊、填孔焊等，各种方法均有其优劣性。可依据不同的焊接位置、更换板件的材质及其厚度、板件的连接形式等选择适宜的焊接方法。车身结构件更换选择焊接方法的原则是：在保证车身整体连接强度的前提下，优先选择热变形小的焊接方法，对车身结构支撑、影响车身整体强度和安全的结构部件更换，则应使用填孔焊、对接或者搭接焊结合的形式，用以保障板件更换工作的强度。

（二）焊接顺序的选择

车身结构件更换时，若需要对整体结构施焊，建议选择的焊接顺序是：先焊接结构两侧较短的焊缝，再焊接中间较长的焊缝，这样操作有利于整个结构在焊接过程中散热，防止结构件更换后产生扭曲变形。如图6-2-2所示。

同时，为有效减少焊接热变形对板件尺寸精度产生的影响，在实施对接焊、搭接焊时，若某一段焊缝的长度较长，为防止连续焊接产生热量聚集进而导致板件变形，可实施分段错位的焊接方法。如图6-2-3所示。

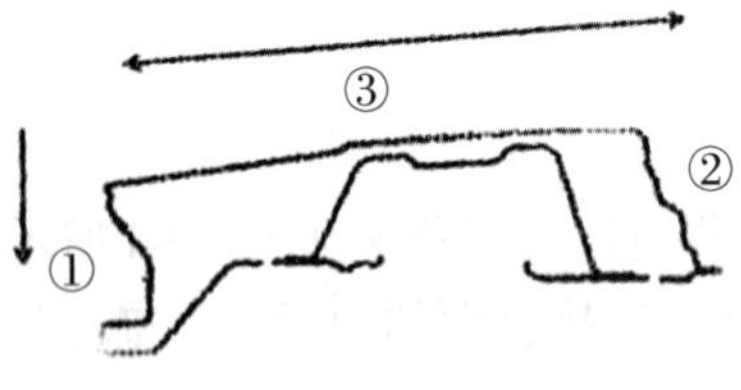

图6-2-2　焊接方向

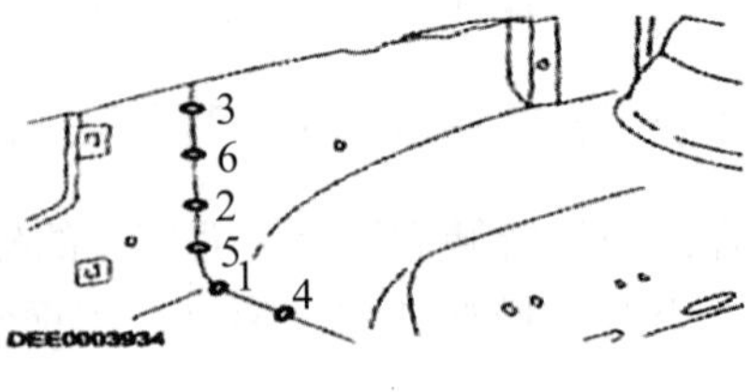

图6-2-3　焊接位置

四、汽车车身修理中腐蚀形成的原因及防腐蚀的方法

（一）腐蚀的形成

腐蚀或锈蚀是金属的氧化和化学变化。钢材上的铁锈蚀是一种复杂的化学反应，会造成严重的代价和后果。化学腐蚀形成的三要素是裸露的金属、氧气、电解质

（湿气）。

车身修复中防腐的注意事项如下。

（1）尽量减小去除油漆的面积和尺寸，如在焊接点部位。

（2）不要刮伤与修复无关的零件。如果意外刮伤，要及时补救。

（3）车身修复中固定时，要尽量避免夹具刮伤板件，否则必须进行防锈处理。

（4）在磨削、切割或焊接板件时，要用防护罩盖住相邻的漆面及周围区域，以防火星或铁屑损伤其他板件保护涂层。

（5）用胶带把车门的门槛及类似敞开部位盖好，以免在磨削、切割及焊接时进入铁屑。

（6）进入车身内部的铁屑要彻底清除干净，注意不要使用压缩空气枪清理。

（7）防止裸露的板件与水或湿气接触，以免加快腐蚀。裸露的板件最好能够及时进行防锈处理，如果必须置放，一定要在通风较好、空气干燥的环境下静置。

（8）工业污染、沿海地区含盐分的空气、高浓度的道路化冰盐水、酸雨都会加快腐蚀油漆层。

（二）防腐材料的应用

车身修复的防腐工作包含：清洁金属板，并且使其呈化学中性；密封油漆层下面的材料；特殊情况下，用蜡基或石油基防腐化合物将金属表面与空气和湿气隔离。图6-2-4为车身零件应用的防腐材料（车身镀层）。

（1）原先的防锈层称为底涂层。底涂层是沥青产品，可以把大的表面密封，以免受到绣蚀和腐蚀的破坏。

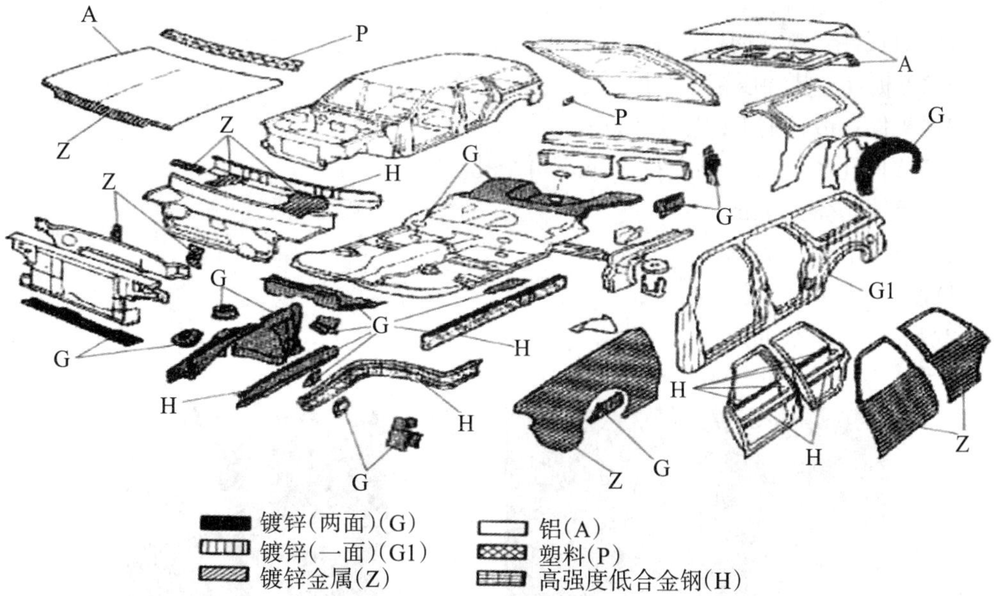

图6-2-4　防腐材料的应用示意图

（2）密封胶和密封剂。这些防腐材料可以防止水或泥浆进入板件的连接处，并且预防相邻表面之间发生腐蚀。

（3）可焊底漆。这种材料用于对焊接区域提供防腐保护，底漆必须涂抹在清洁的表面上。大多数可焊底漆的黏附性都比较差。涂抹量不能太多，一定要仔细遵循使用说明操作。

（4）双组分环氧底漆。这种材料对裸金属具有良好的黏附性，能够提供强固的底漆涂层。大多数汽车制造商推荐使用双组分环氧底漆代替标准底漆作为车身修复裸露金属区域的防腐。

任务实施

一、任务内容

对仿车身结构件焊接（电阻点焊）成形的流程进行训练。

二、实施准备

（1）设备器材：电阻点焊机、大力钳组件、带式研磨机、焊接围裙、焊接护腿、焊接头盔、护目镜、透明面罩、焊接工作台、手动剪板机、焊接钢板。

（2）实训场地：符合安全标准的一体化实训室。

三、操作步骤

（1）准备组合件，如图6-2-5所示。

①A/D板件：镀锌钢板，厚度0.7mm。

②B/E板件：热冲压钢板，厚度1.2mm。

③C板件：镀锌钢板，厚度1mm。

④D板件孔径：9mm×4个孔，6mm×4个孔 。

⑤E板件孔径：8mm。

（2）清洁板件，如图6-2-6所示。

①清洁板件灰尘、油污。

②清洁试焊片表面灰尘、油污。

提示：各板件及试焊片都要擦拭干净。

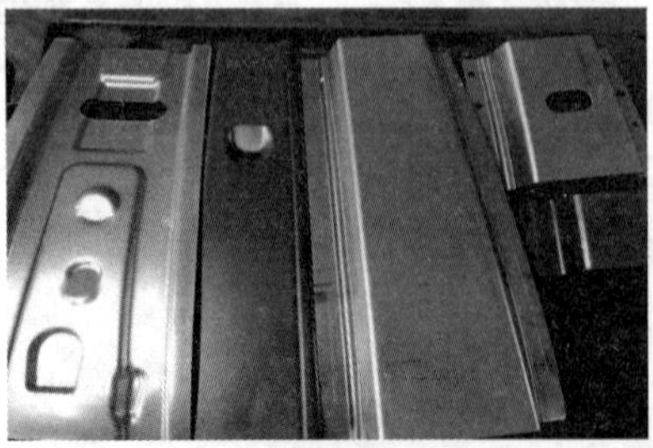

图6-2-5　准备组合件

图6-2-6　清洁板件

（3）划线确定焊点外置。焊点基准线距板件长边缘10mm，小头第一点距边缘20mm，第二点距第一点40mm，以此类推。如图6-2-7所示。

提示：划线工具正确使用。

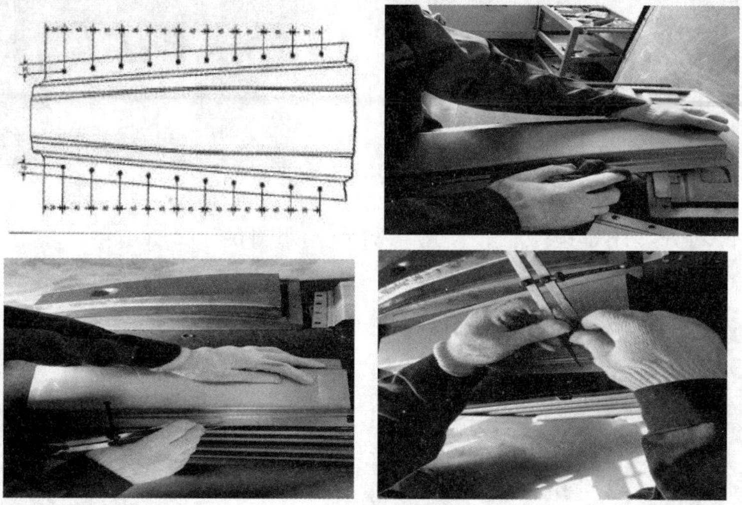

图6-2-7　划线确定焊点外置

（4）确定A板切割位置。把D板放置在A板件上，用划针沿D板大头边缘划线。如图6-2-8所示。

提示：两板小头对齐重合。

（5）确定B板切割位置。把E板放置在B板件上，用划针沿E板大头边缘划线。如图6-2-9所示。

提示：两板小头对齐重合。

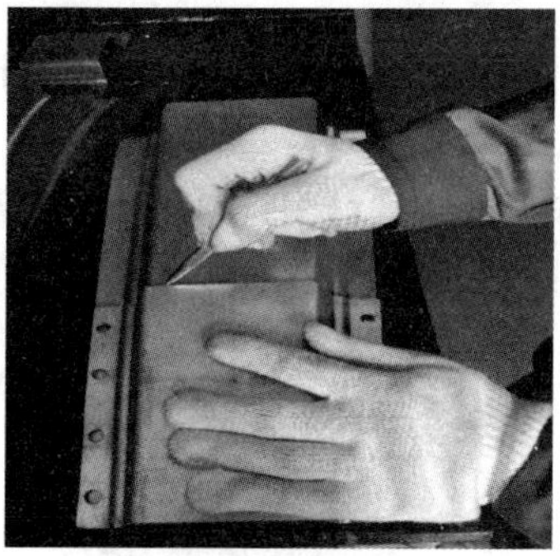

图6-2-8　确定A板切割位置

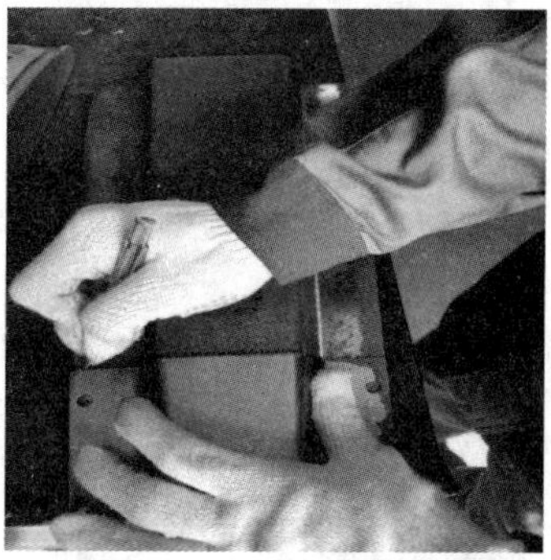

图6-2-9　确定B板切割位置

（6）确定叠放顺序。A、B、C叠放顺序从上到下，如图6-2-10所示。

提示：注意B、C板容易放反。

（7）夹板。使用焊接大力钳将三层板夹在一起，如图6-2-11所示。

提示：夹在第3和第8个焊接位置上。

图6-2-10 确定叠放顺序

图6-2-11 夹板

（8）板件对齐。用手锤敲平，使边缘对齐。如图6-2-12所示。

提示：敲击力度不宜过大。

图6-2-12 板件对齐

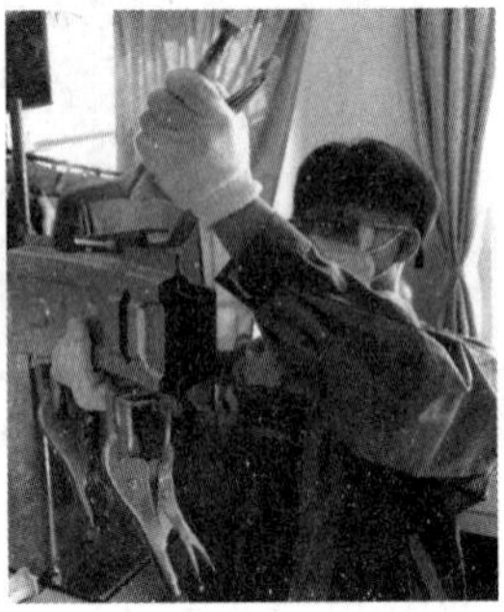

图6-2-13 固定板件

（9）固定板件。调节横梁高度，用C形钳夹持板件到横梁上。如图6-2-13所示。

提示：夹在横梁上以后板件不能晃动为准。

（10）焊机参数调整。打开电阻点焊机电源，焊机参数调整。 如图6-2-14所示。

提示：破坏性试验焊点合格为准。

（11）电阻点焊焊接。电阻点焊焊接在正确位置，相邻焊点不可在同方向连续焊。如图6-2-15所示。

提示：跳焊时，开关不可一下按到底，先按开关行程的1/2，待位置调整后触发焊接开关通电。

图6-2-14 焊机参数调整

图6-2-15 电阻点焊焊接

（12）焊接另一条边。同样的方法，焊接另一侧的边。 如图6-2-16所示。

（13）垂直焊接。焊接时，电极头垂直板件。如图6-2-17所示。

提示：板件有一定的曲率，注意调整位置。

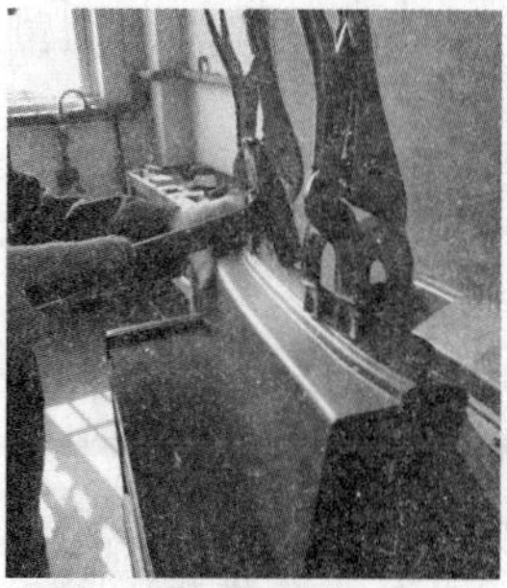
图6-2-16　焊接另一条边

图6-2-17　垂直焊接

（14）定位中心。使用中心冲定位中心，有利于钻头的对正。如图6-2-18所示。

提示：敲击力度不宜太大，定位在焊点的中心。

（15）钻除焊点。用台虎钳固定板件，用焊点转除钻分离A板件一侧焊点。如图6-2-19所示。

提示：钻头中心要顶在定位中心上，钻头垂直板件，钻除前4个焊点，钻除不得钻上、下层板件，安全使用。

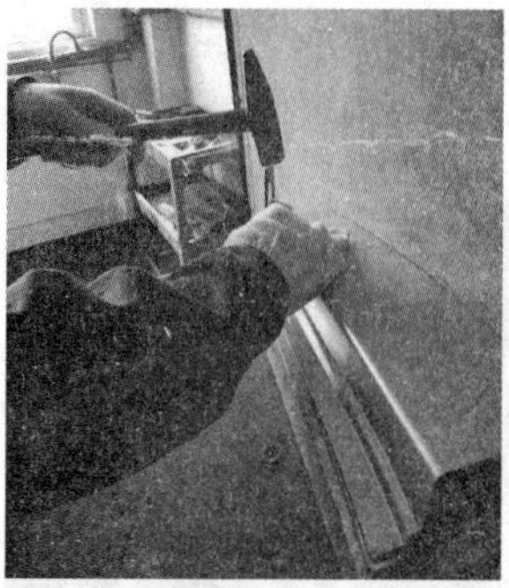
图6-2-18　定位中心

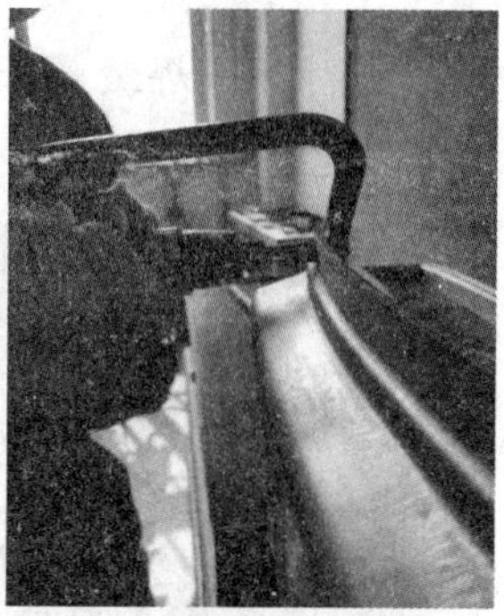
图6-2-19　钻除焊点

（16）插入垫板。从端部插入垫板，敲入时，如孔内有残留，可将垫板垫在后面，将分离孔内的残留再次转除。如图6-2-20所示。

提示：切割防止伤损下一层板件。

（17）切割分离。调试切割锯，沿着分离线，切割分离A板件平面，切割分离边角。如图6-2-21所示。

提示：切割防止伤损下一层板件。

图6-2-20　插入垫板

图6-2-21　切割分离（一）

（18）切割分离。取下垫板，钻除另一侧焊点，插入垫片，切割另一侧。如图6-2-22所示。

（19）钻切分离B板件。用焊点转除钻、切割锯分离B板件。如图6-2-23所示。

提示：方法与切除A板件相同。

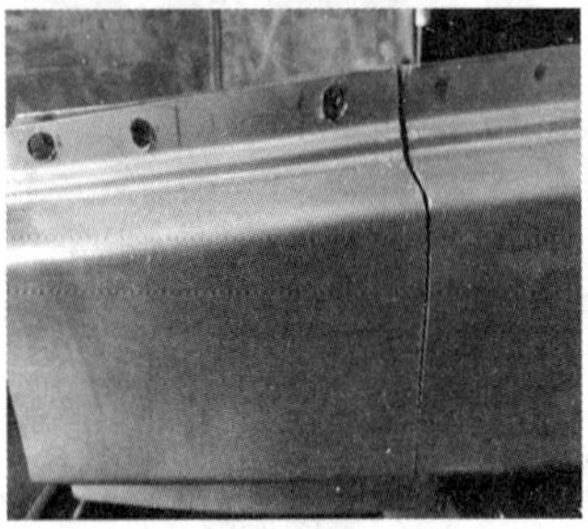

图6-2-22　切割分离（二）

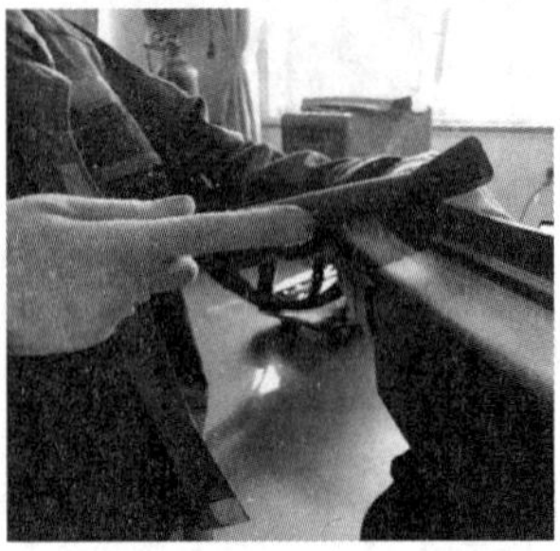

图6-2-23　钻切分离B板件

（20）新件更换。E板件对缝匹配、修整，D板件对缝匹配、修整。如图6-2-24所示。

提示：边角是否对齐，焊缝是否符合要求；连续对接焊焊缝间隙：0.5～1.2mm；连续点焊焊缝间隙：0.2～1mm。

图6-2-24　新件更换

（21）焊接夹板。夹持E板，如图6-2-25所示。

提示：边缘对齐，焊缝间隙符合要求。

（22）焊接前准备。穿焊接工作服，穿戴护脚，戴焊接面罩，换焊接手套。如图6-2-26所示。

提示：安全防护符合要求。

（23）焊机参数调整，如图6-2-27所示。

①板件夹在横梁上。

②选用与板件相同的是焊片，调整电流及送丝速度等　。

提示：根据现象、声音、金属背面熔深，判断焊机参数是否合适。

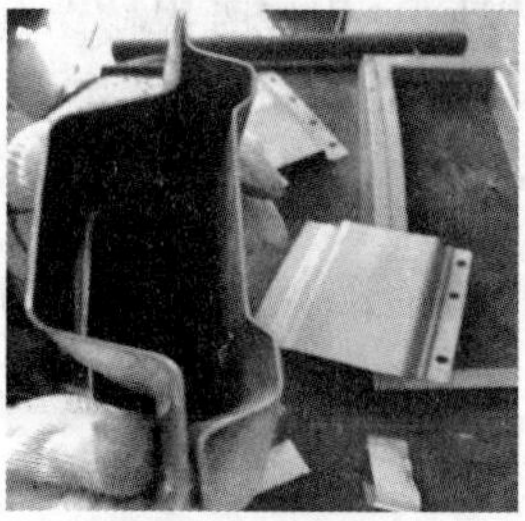

图6-2-25　焊接夹板

图6-2-26　焊接前准备

图6-2-27　焊机参数调整

（24）E板件定位焊。确定参数后，定位焊；用条式打磨机磨平剩余金属物。如图6-2-28所示。

提示：打磨机转速不宜过快，下压力不宜过大。

（25）E板件连续焊分段焊。采用熟练的运枪手法进行连续焊焊接，分三段焊接。如图6-2-29所示。

提示：焊缝宽度：5～8mm；焊缝高度：≤2mm；背面焊疤宽度：4～7mm；背面焊疤高度：≤2mm。

图6-2-28　E板件定位焊

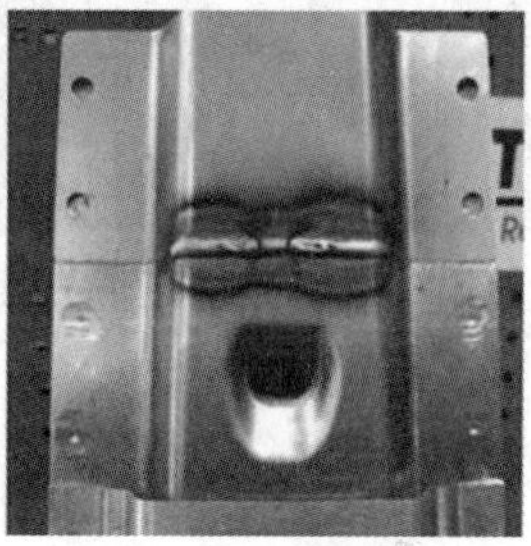

图6-2-29　E板件连续焊分段焊

（26）焊接夹板。夹持D板，如图6-2-30所示。

提示：①边缘对齐；②焊缝间隙符合要求。

（27）塞焊焊接。采用熟练的运枪手法进行连续焊焊接，不连续塞焊。如图6-2-31所示。

提示：①塞孔焊（9mm）：焊点直径：10～13mm；焊点高度：≤2mm；背面焊疤直径：≥9mm背面焊疤高度：≤2mm。②塞孔焊（6mm）：焊点直径：7～9mm；焊点高度：≤2mm。

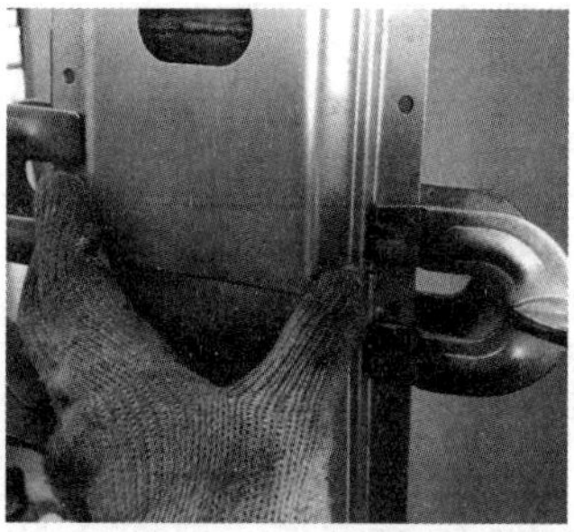

图6-2-30　焊接夹板

图6-2-31　塞焊焊接

(29) 连续点焊分段焊。采用熟练的运枪手法进行连续焊焊接，分五段焊接。如图6-2-32所示。

提示：焊缝宽度：3～6mm；焊缝高度：≤2mm

(30) 清理成品板件。清理飞溅物，敲平各板组合间隙；清洁工具及设备。如图6-2-33所示。

提示：得直接在焊点上敲击。

图6-2-32 连续点焊分段焊

图6-2-33 清理成品板件

四、实施评价

序号	考核项目	评分细则	分值	自评	组评	师评
专业知识理解和应用部分			20分			
1	能正确描述板件切割基本流程	每错一处扣1分，扣完为止	5分			
2	能准确说出切割工具使用方法和养护流程	每错一处扣1分，扣完为止	5分			
3	能准确说出对接焊在车身修复中的应用	每错一处扣1分，扣完为止	5分			
4	可以分析出影响切割质量的原因	每错一处扣1分，扣完为止	5分			
操作内容和要求			72分			
1	气动锯锯削直线度	锯割偏离一处扣1分，扣完为止	10分			
2	切割尺寸	每处尺寸超差1mm扣1分，扣完为止	5分			
3	焊点切割质量(开孔钻伤及底板情况)	每处伤及底板扣5分，扣完为止	4分			

续表

序号	考核项目	评分细则	分值	自评	组评	师评
4	电阻点焊	每个焊点出现偏离中心、飞溅、失圆、焊点发黑缺陷，一处扣5分，扣完为止	20分			
5	连续焊接参数	没有分3段扣2分，超宽、飞溅、气孔、超高一处扣1分，扣完为止	9分			
6	连续电焊	没有分5段焊接扣3分，超宽、飞溅、气孔、超高一处扣1分，扣完为止	12分			
7	塞焊焊接	失圆、超宽、飞溅、气孔、超高一处扣1分，扣完为止	12分			
安全文明生产			8分			
1	操作过程中戴护目镜	未按要求戴护目镜不得分	2分			
2	操作过程中戴耳罩	未按要求戴耳罩不得分	2分			
3	操作过程中戴手套	未按要求戴手套不得分	4分			

任务三　汽车车身测量与校正

任务目标

知识目标	1.了解车身损伤测量的意义； 2.了解车身测量的基准面
技能目标	1.掌握车身测量方法； 2.掌握车身测量步骤

任务描述

对车身维修测量的意义在于它可以对车身整体变形的程度进行认定，做出正确的技术诊断，为制订合理的维修方案提供依据。测得的数据也可以为车身维修的具体操作进行指导，使修复后的车身保持完好的技术状况、工作能力、使用寿命。同时，对车身进行维修的测量还可以为检验维修后的车身是否符合技术标准或达到预定的修复目标提供各种有效的技术依据，并作为检验标准。

知识储备

一、汽车车身测量的重要性与基准

（一）车身测量的重要性

在汽车维修中，车身测量是车身修复中必不可少的工作，测量数据对进行损伤判断极为重要，同时也是为修理提供数据的必要手段。

在修理过程中，不论是非承载式车身（车架式车身）还是整体式车身，对车身受损部位主要控制点的测量工作必须依照维修手册上的标准数据进行维修检查，只有这样才能把损伤变形彻底暴露出来。在对车身进行测量时，要认真做到以下几点。

（1）测量前要准确地找出测量基准，基准正确与否将直接影响测量结果。

（2）对损伤部位要找出合适的测量点进行测量，如果损伤部位的测量点发生变形或断裂，应寻找标准的测量点进行测量。

（3）重要的控制点要进行多次测量。对安装机械零部件的支架或孔要经过多次测量，直到符合装配要求。

（4）重要数据的测量结构要反复核实。车身的测量工作非常重要，为了保证车身修理工作的高质量和高效率，必须认真做好维修前的测量。

（二）车身测量的基准

1. 车身测量的基本要素

车身维修的测量主要表现为尺寸数值上的变化，以实际测得的状况参数为依据，进行数值分析、比较，从中找出相对位置的变化规律，进而对变形状况做出进一步的诊断。因此在测量过程中，测量基准在几何公差中是十分重要的。正确地对车身检测与测量是车身维修的基础，而要更高质量地完成对车身的测量必须掌握测量中的点、线、面三个基本要素。

2. 车身测量的原则

（1）控制点原则。

车身测量的控制点可用于检测车身损伤及变形的程度。车身设计与制造中设有多个控制点，检测时可测量车身上各个控制点之间的尺寸。如果测量值超出规定的极限尺寸，就应对其进行校正，使之达到技术标准规定的范围。

轿车车身的控制点，如图6-3-1所示。第一个控制点*a*通常在前保险杠或前车身散热器支撑部位；第二个控制点*b*在发动机室的中部，相当于前横梁或前悬架支承点；第三个控制点*c*在车身中部，相当于后车门框部位；第四个控制点*d*在车身后横梁或后悬架支承点。

对车身进行整体校正时，可根据上述控制点的分布，将车身分为前、中、后三部分，如图6-3-2所示。

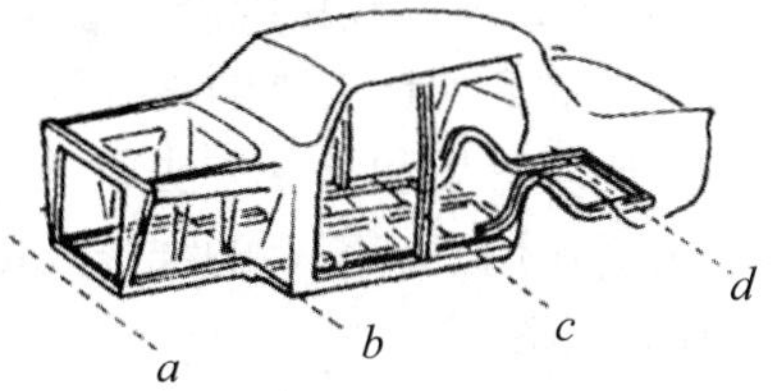

图6-3-1　车身控制点

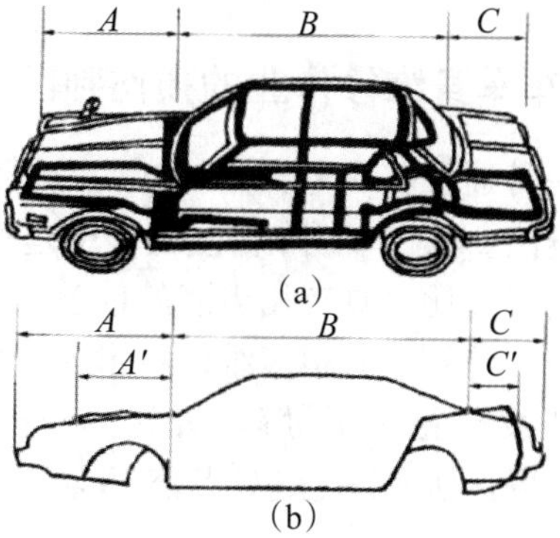

图6-3-2　车身支承点

实际上，对控制点的测量就是对车身关键参数的检查与控制，并且这些参数又是有据可查的。一些车身测量设备就是根据控制点原则制成的，是目前车身修理中比较实用和流行的测量原则。

（2）基准面原则。

车身设计时，通常是先选定一水平基准面，如图6-3-3所示，车身上各对称平行点所形成的线或面与之平行。车身图纸上沿高度方向上所标注的尺寸，都是车身各部位与水平基准面间的距离，即基准面是所有高度尺寸的基准。在车身测量与修理中，同样可以利用基准面作为车身高度尺寸的测量基准。

（3）基准中心线和中心面原则。

利用一个假想的具有空间概念的直线和平面，能够将车身沿宽度方向截为对称的两半，则这一直线和平面即为基准中心线和中心面，如图6-3-4所示。车身上各点通常是沿中心面对称分布的，因此所有宽度方向上的尺寸参数及测量都是以该中心线或中心面为基准的。

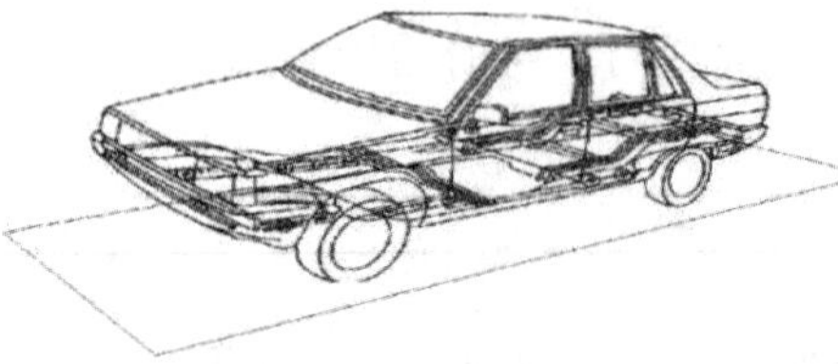

图6-3-3　基准面

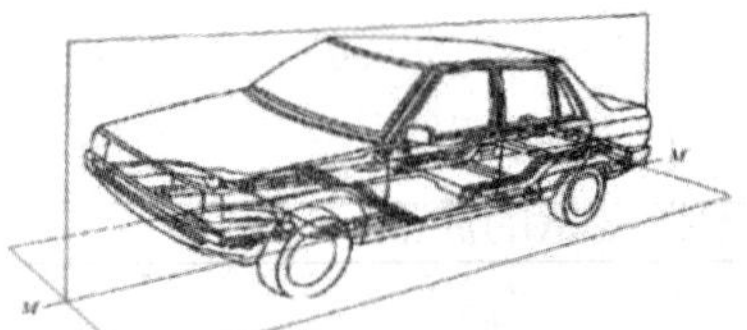

图6-3-4　中心面

（4）零平面原则。

轿车车身是一个整体刚性框架，属于应力壳体或结构，整个车身都参与承载。对于一定载荷，车身会将其分散开来，分别作用于车身各个构件上。根据车身应力壳体式结构的变形特点和损伤规律，测量时可将车身前、中、后三部分和左、右对称部分的界面称为零平面，如图6-3-5所示。

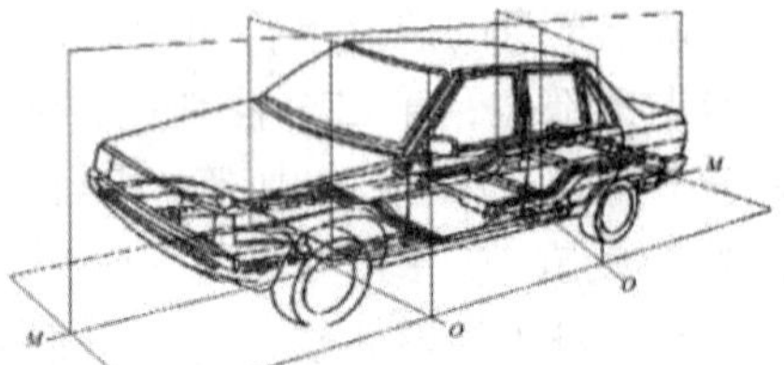

图6-3-5　零平面

二、汽车车身维修作业的损伤判断（测量）

测量是一种通过获取车身控制点、工艺孔的数据，并与原始数据标准值进行比较的一种检查方法。它在事故车修复工作中是极重要的环节，最终确保维修质量。

测量法的尺寸比对具有相当高的精度，但有时也会受到测量工具的精确程度、性能方面的影响。特别是有很多维修技术人员修复理念比较落后和维修方法单一，对测量设备的功能没有全面的了解与认识，不能合理地灵活运用，甚至有的维修人员在测量时还存在误区。所有以上这些状态都会导致维修质量下降。

（一）维修作业前的损伤诊断

使用车身测量工具对波及损伤范围内进行比较关键的尺寸重点式测量，如发动机室的对角线及底盘的定位点测量。测量长度、宽度、对角线及高度方向，将测量值与标准值做比较，以三维空间尺寸来掌握损伤状态，便可判断损伤程度。

（二）卷尺

图6-3-6　卷尺

车身维修中常用的基本测量工具是卷尺，如图6-3-6所示。卷尺一般运用在车身上半部尺寸测量，测量孔洞与孔洞之间的直线距离，并经由测量数据左、右交叉的比对来判断损伤变形状况。

卷尺的好处在于取得方便、价格便宜；缺点是精准度会受测量点之间未拆除的部件所干扰及容易受人为因素影响。

（三）凸面卷尺

使用凸面卷尺测量孔端间尺寸的场合，端部的钩挂部位如果能像图6-3-7那样加工后 再进行测量，就容易挂入孔的内部，这样测量可以减少测定误差。

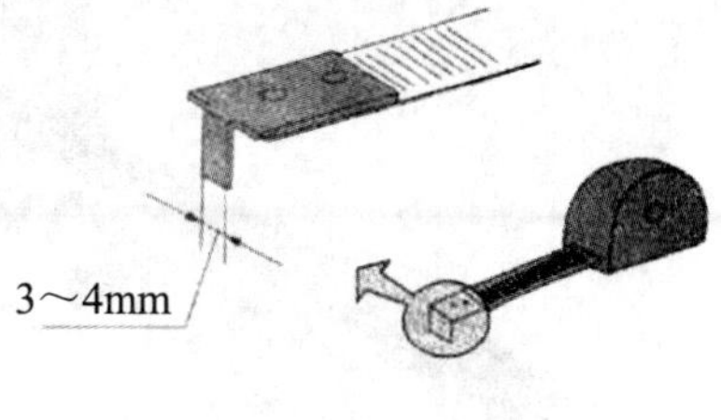

图6-3-7　凸面卷尺

凸面卷尺的测量方法有同孔径的场合和不同孔径的场合。

（1）同孔径的场合，如图6-3-8（a）所示。

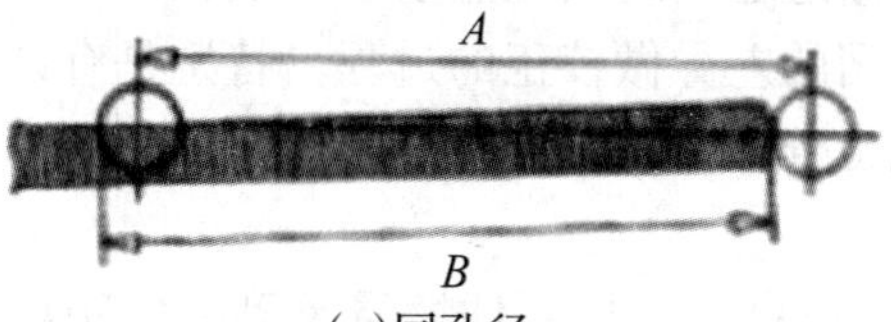

$A \neq B$
备注:最近距离的测量时卷尺倾斜导致误差变大,所以极力避免这种事。

（2）不同孔径的场合，如图6-3-8（b）所示，

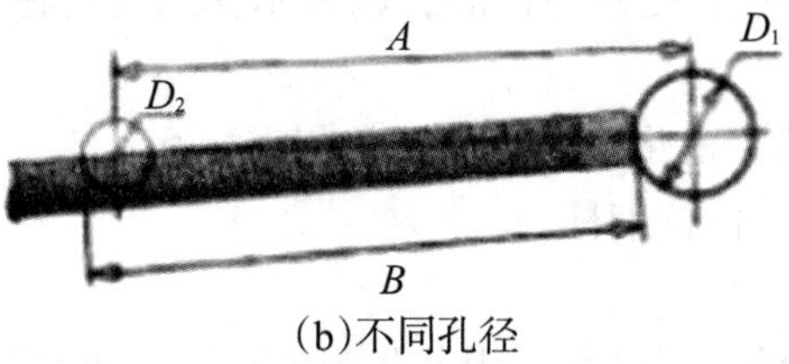

$A \neq B \pm (D_1/2 - D_2/2)$
备注:0点是小径D_2测的时候,是相等。
L:比例尺的读取方法
D_1、D_2:孔径

图6-3-8　测量方法

凸面卷尺测量时的注意点。

①不能产生扭弯、弯曲等。

②确保压住测定点。必要时二人作业，防止前端钩挂部位的偏差，掉落。要考虑卷尺前端钩挂部位的形状引起的误差。如图6-3-9所示。

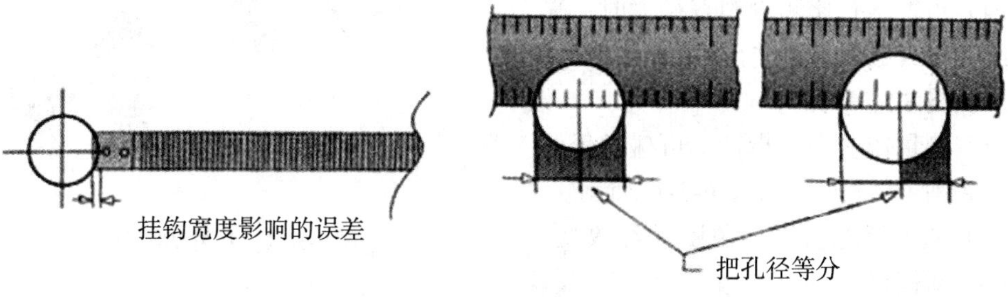

图6-3-9　测量时的注意点

（四）车身伸缩量尺

车身伸缩量尺有两种规格，如图6-3-10所示。

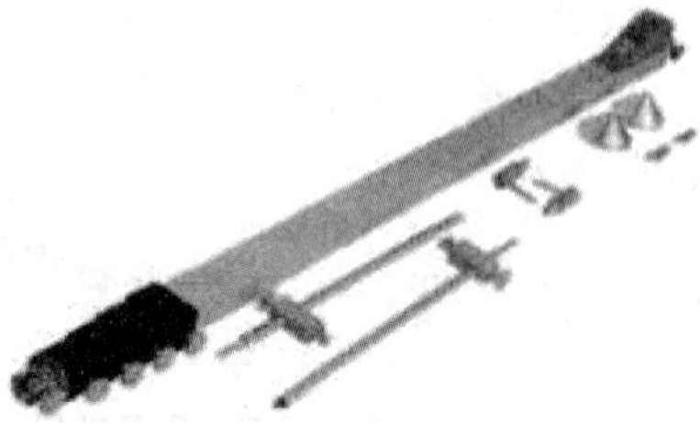

长：950～3200mm

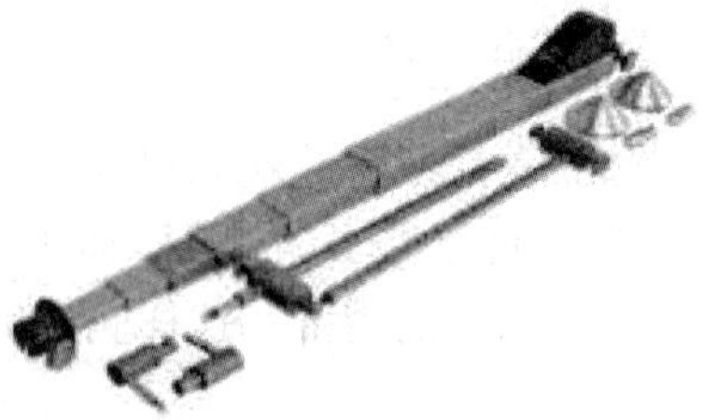

短：415～925mm

图6-3-10　车身伸缩量尺

1. 车身伸缩量尺的操作方法

为确保测量的精确性，测量工具必须做过适当的校正。校正即是归零，就是将测量工具上的指示值与归零尺上的指示值之间的差异做校正的过程。特别是有许多可滑动部位的测量工具，即伸缩量尺使用前先检查外观是否有变形及缺件，每次测量前需进行量尺归零作业，具体如下。

（1）准备一钢直尺（1000mm）放置工作桌上，拉开伸缩量尺到一定距离后放置在钢直尺上，判读伸缩量尺与钢直尺上的数据。

（2）判读数据如钢直尺为750mm，伸缩量尺为751mm，则表示伸缩量尺在车身测量后的数据必须减去1mm，反之则需增加。

（3）做完短尺（415～925mm）归零后，可将其作为长尺的归零标准。

（4）车身伸缩量尺使用时，先拉粗杆，再拉细杆。

2. 测量方法

车身构造中大多数的控制点为孔洞，尺寸测量就是测量孔洞与孔洞之间的距离。

（1）当控制孔的直径相同时：采用中心点测量。

（2）当控制孔的直径不同时：采用外缘测量或先测孔内缘间距再测外缘间距，将两次测量结果相加除以2。

（3）当控制孔比测量销直径小时：采用中心点测量。

（4）当控制孔比测量销直径大时：采用外缘测量或更换套座进行中心点测量。

图6-3-11　尺寸的校正

3. 测量注意事项

（1）测量作业中，指针不可碰触任何物品，否则重新校正。如图6-3-11所示。

（2）如果指标长度或角度已经改变，则务必重新校正。

（3）如果指针与其他物体接触，则务必重新校正。

（4）如果在卷尺锚定侧的指标打滑，则务必重新校正。

（五）电子测量系统测量

使用电子测量系统能够很精确地测量车身数据，并与原厂车身数据进行对比，以确定车身结物是否焚形和变形的具体数值，免去了人工查阅数据手册或测量值的工作。

三、汽车车身校正的基本原则

受损车身进行修复时的基本原则就是按与碰撞力相反的方向进行拉伸或者顶压，对受损车身进行校正，如图6-3-12所示。在碰撞区施加拉力进行校正在碰撞力很小、损伤比较简单时，比较有效。但当发生剧烈碰撞出现皱折损伤的，车身板件变成了复杂的形状，同时其强度也变了。

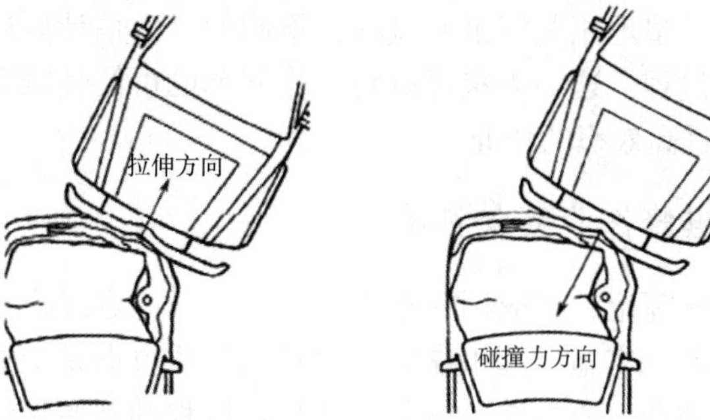

图6-3-12　车身受到的碰撞力

由于车身结构的原因，特别是车身结构常采用薄壁封闭结构，给受撞击后的损伤增加了复杂性。同时车身损伤产生的原因也是多种多样的，按照简单的拉伸操作方法往往不能使车身完全恢复到原厂设计要求，这就需要采取车身校正技术。

四、汽车车身维修制订工作计划

虽然因事故而损伤的车辆看起来都很相似，但是在每件事故中车辆撞击的部位都不同，且车身结构相当复杂，所以没有一辆损伤车是完全相同的。复杂损伤的修理不能仅凭经验或第六感，而是要依据基本步骤来制订明确的工作计划。而制订工作计划的重要步骤是估计损伤程度和估计修理作业。

（一）估计损伤程度

整理目视判断、车身损伤检查和尺寸测量所获得的资料，以正确判断车身三维空间的损伤程度（纵向、横向、垂直）。因为直接以目视判断车身损伤是非常困难的，所以先分析二维空间尺寸（上视图、俯视图和侧视图），然后将结果综合计算以后再进行三维空间的分析。

如图6-3-13所示，为简化目视的过程，一个尺寸图可以画出一个草图以作二维空间尺寸的分析，并且此结果能当作车身的假设立体图形。

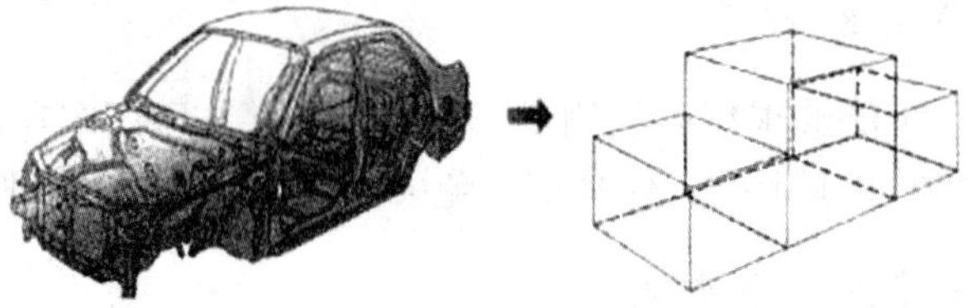

图6-3-13　车身立体图形

（二）估计修理作业

估计修理作业是估计工作程序、工具、设备、修理项目、预估结果以及后续作业的一种过程。

与估计损伤程度（整理相关资讯的过程）不同的是，估计修理作业是将修理作业内容组合起来的一种过程。这种方法可以将工作间断的可能性减至最小，如此维修技术人员便可执行精确且高效率的作业。

五、汽车车身维修作业反向测量

向量的合成与分解理论，若应用在车身校正工作（固定或拉拔车身）上，就可实施最佳效率的修理作业。实施修理工作时，理想的拉拔方向是依据现在车辆的位置和参考点的合适位置所结合而成的线。然而，从校正过程的开始至结束，理想的拉拔方向并非是保持不变的。如图6-3-14所示。

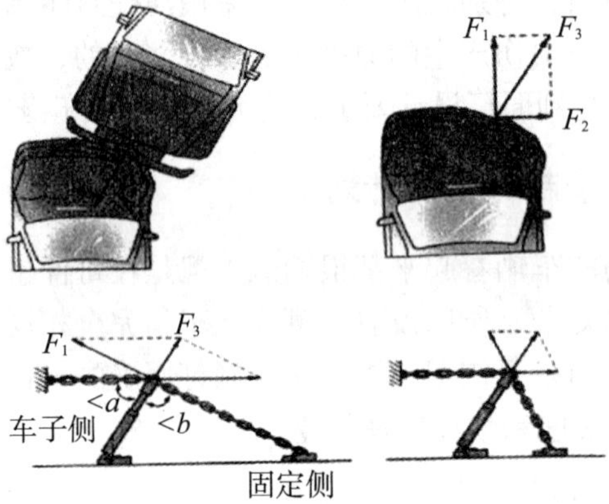

图6-3-14　拉拔方向

六、汽车车身拉拔作业基础

车架的损伤并不只在撞击方向而已，还包含纵向和侧向的损伤。因此，只施加一个相反于撞击方向的力量进行简易拉拔无法将拉拔力量有效地传送至所有受损部位。所以，为了将拉拔力量传送至所有受损部位，必须在车身施加多方向的拉拔力量。

（一）单杆变形修正

（1）当拉拔点和接头中心点有偏离时，若在杆的两端施加向外拉拔的力量，则在接头上会产生一个力矩。力矩作用在接头和两端点将使接头被拉直，如图6-3-15所示。

（2）当杆往复原方向移动后偏离率会减少，而使力矩随之变小（偏离率较小，力矩也较小）。此时杆也恢复至原来的形状，如图6-3-16所示。

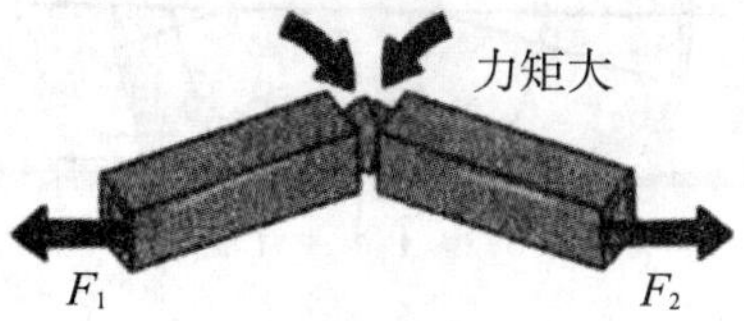

图6-3-15　拉拔作用力（一）

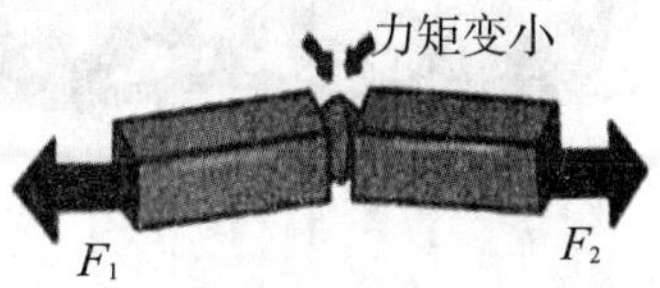

图6-3-16　拉拔作用力（二）

（二）多杆变形修正

由于车身构造的复杂性，车身板件的损伤，往往还包含有纵向、横向和垂直方向的损伤，仅施加一个相反于撞击方向的力无法修复所有受损部位。所以，为了将拉拔力量传送至所有受损部位，钣金技术员必须在车身施加多个方向的拉拔力量才能进行高效的修复（图6-3-17），框架受碰撞后两个杆产生了溃缩变形。仅施加一个反向的力难以全修正复原。

（1）平面由三连杆所组成，其中两杆已受损，而另外一杆则未受损。这种情况比单杆受损复杂多了，且较难决定有效的拉拔方向。

（2）将平面分解成三连杆以辨识各杆所需的拉拔方向，如图6-3-18（a）所示。

（3）将所分解之三连杆再组合成平面，如图6-3-18（b）所示。向右和向下的拉力可由墙面的固定点来替代。

（4）夹具（F_2）上会产生大的力矩。

（5）为了使拉拔更有效率，则必须随时调整拉拔和敲击位置。

图6-3-17　车身多杆变形

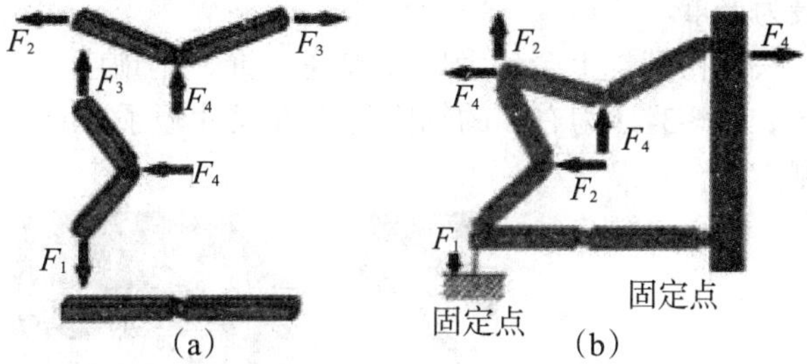

图6-3-18　车身多杆变形拉伸方向

七、汽车维修范例

（一）侧面小损伤

因为受到左侧撞击而使左侧轴距稍微缩短，但右侧轴距则未受影响。此处适用的校正方法如图6-3-19所示：将变形部位向外拉拔，同时从车内施加两个向外的推力；此外在车辆纵向施加拉力，以构成3向多点拉拔。

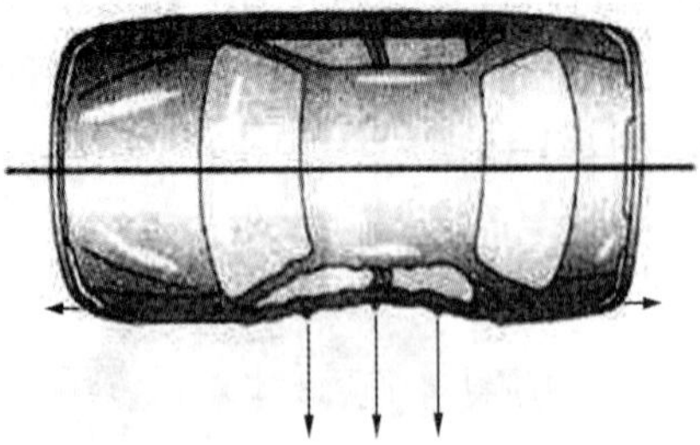

图6-3-19　车身侧面小损伤

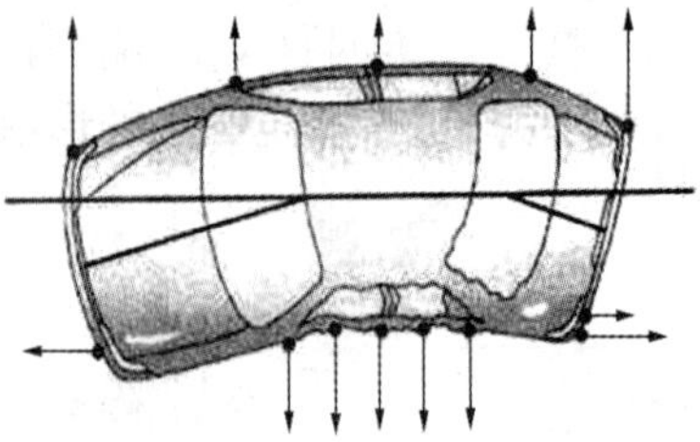

图6-3-20　车身侧面大损伤

（二）侧面大损伤

如果车辆侧面受到相当大的力量撞击时，车底板将会损坏而使整个车身变形似S形。撞击效应将会出现在车辆的另一侧，而影响车门的安装间隙甚至轴距也会受损。此种损伤形式即是所谓的香蕉形损伤，如图6-3-20所示。

车辆受到此种损伤时，通常是全损。此种损伤常会造成车身校正台的底盘夹具无法安装。因此在实施拉拔作业时，必须使用暂时夹具或底盘模具等工具暂时支撑受撞击侧的重量。一旦车身恢复至可安装底盘夹具时，即必须使用底盘夹具来固定车身。在作业中，必须先在车辆变形的中心点施加一个推力，再逐渐将受损部位向外拉拔，使车身恢复至原来尺寸。

八、汽车车身侧面损伤维修作业

（一）目视检查（整个车身）

车辆右侧遭受严重损伤。撞击中心点位于中柱和车门槛板的结合部位，此部位损伤最为严重。

一般在直觉上会认为中柱被往内推，车顶应会被顶高，但实际上车顶并无明显的变形。图6-3-21为右侧的轴距比标准尺寸短了2mm，因此可以假定后翼子板已被拉向内侧。

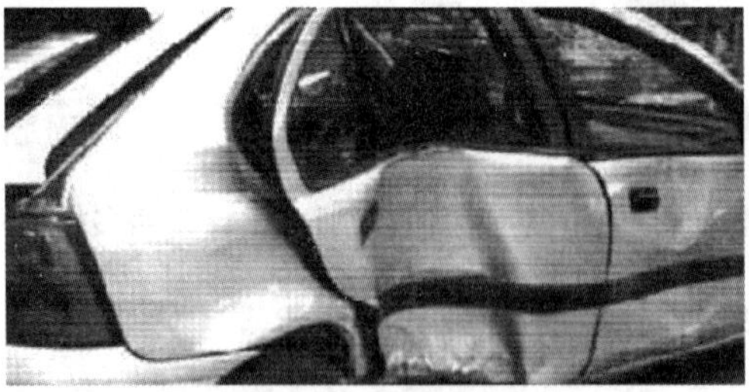

图6-3-21　目视车身

（二）目视检查（细部零件）

举升车辆检查细部零件的损坏情形。主车底板侧梁内侧下端被推损的程度比上端少，且并未见到车底板有大的损伤。在中柱上端和车顶的结合处可见到漆面龟裂和塑性变形，因此可判定有扭曲发生。如图6-3-22所示。

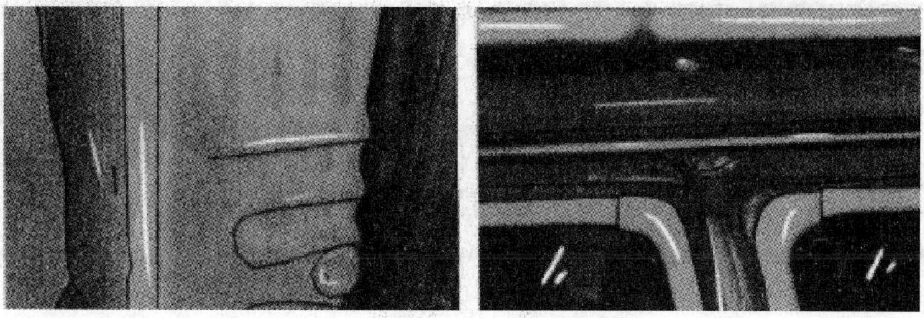

图6-3-22　检查零件的损坏情形

（三）测量尺寸

拆下座椅、地毯和内饰板，然后测量车门开口部位和车厢左、右方向的尺寸，与标准尺寸做比较。后悬架支座上端尺寸正常，因此判定损伤并未撞击左、右支座上端标准孔。接着使用车身尺寸量规以左、右标准孔为中心，并以相同的半径在车底板上做一交叉记号，此记号即为车子的中心点。当车身尺寸图上未记载相关的尺寸时，可用这个中心点来测量左、右两边的尺寸差。如图6-3-23所示。

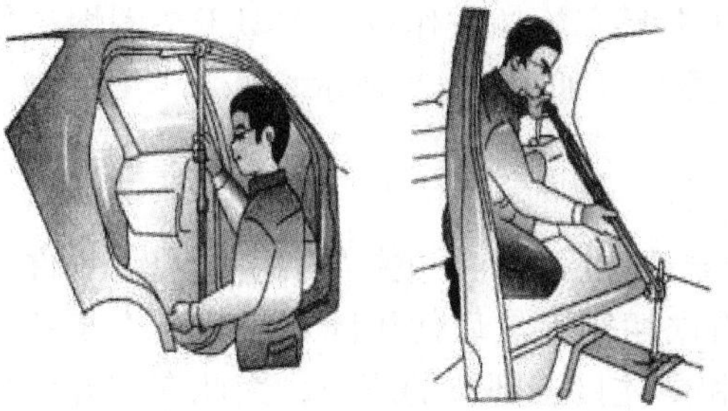

图6-3-23　测量尺寸

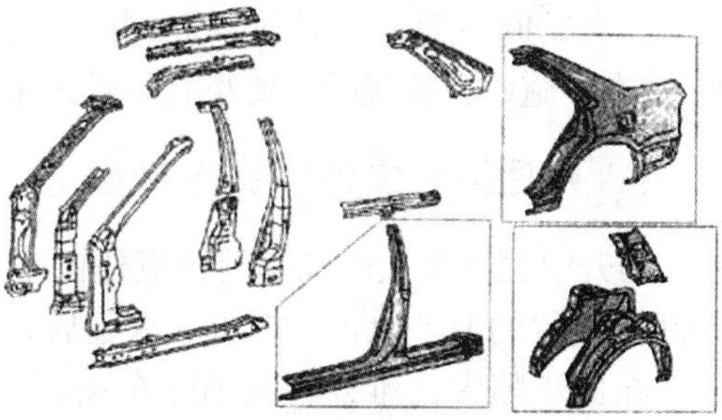

图6-3-24　钢板的组合和更换零件示意图

（四）侧面钢板的组合和更换零件

依据技术手册及零件资料，如图6-3-24所示。

（五）拉拔校正作业

1. 主车底板侧梁内侧的初步校正

侧面受损车辆的基本校正方法，会因损伤程度的不同而有所差异。但是必须同时实施受损部位的前、后方向和侧面方向等三方向的拉拔：先修正车门槛板是校正作业的标准程序。在初步校正的拉拔作业中，应考虑先将钢性最强的主车底板侧梁内侧校正回正常位置，再校正中柱的上端和下端。

将夹具安装至主车底板侧梁内侧上方的数个部位，这是为了一次可拉出范围较宽广的钢板。同时，可使用扣钩式夹具从车内实施推出

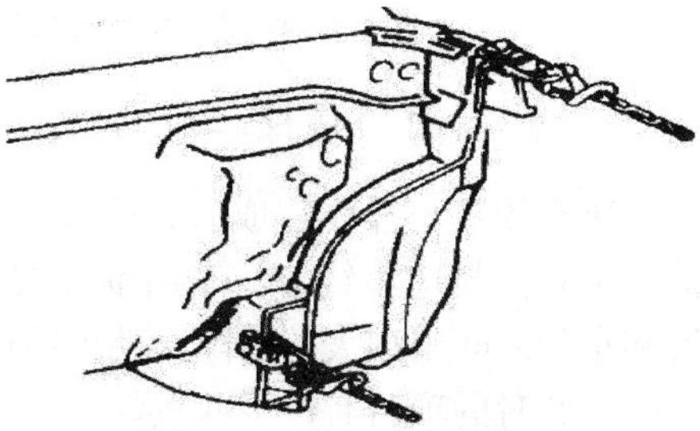

图6-3-25　拉拔校正的位置

作业，然后使用液压缸推开前、后的底盘夹具，以辅助拉出作业。如图6-3-25所示。

2. 车门槛板和中柱的初步校正

修正向内侧位移的中柱外板和加强板，也要安装两个夹具，所以要在中柱安装两个夹具，然后同时对这些夹具实施拉拔作业。中柱底部（车门槛板处）拉拔时，必须同时确认中柱和其周边部位的拉出状况，拉拔量可由液压缸和链条相对位置来确认。

安装特殊外形夹具或修改过的夹具（安装于车门铰链安装孔）来实施拉拔作业时，必须同时拉拔中柱外板和加强板。如果仅拉出焊接在外板上的钢板片，则无法有效地修理加强板。如图6-3-26所示。

图6-3-26　安装特殊外形夹具

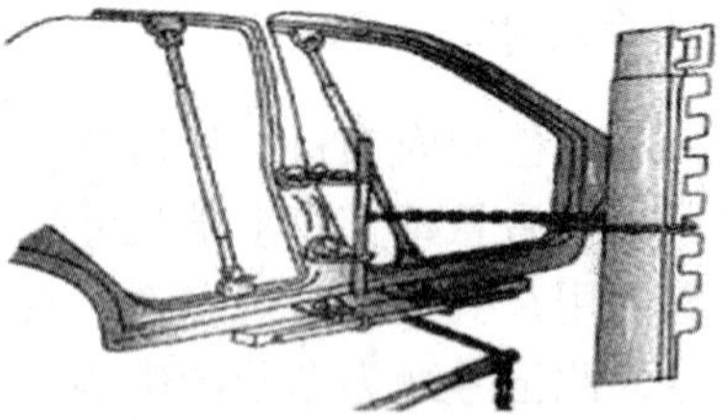

图6-3-27　实施拉拔作业

在夹具间放置一支铁棒，以同时对这些夹具实施拉拔作业（类似于垫圈熔植作业）。在实施中柱拉拔时，要小心不可让车顶变形，如图6-3-27所示。

（六）更换新零件和最终测量

切开中柱外板上端和车门槛板外板的结合部位后，拆下更换零件，再将新零件和车辆侧预留的10～20mm的部位重叠后，再次切割，然后使用固定钳暂时安装新零件。在此步骤中，难以完全消除车顶钢板和中柱接合部位的应力，因此在切开中柱后，车顶会有向内倾斜的趋势。为了使新零件能正确安装，所以必须实施中柱上端的校正。如图6-3-28所示。

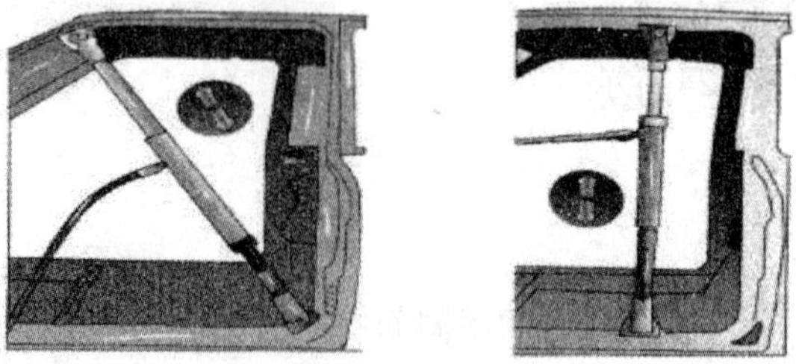

图6-3-28　安装方式示意图

图6-3-29　调整车门

（七）侧面损伤校正后的检查

所有的校正操作完成后，应及时对车辆进行修复后的检查。在对车身进行检查之前，检查人员应该绕着汽车周围仔细观察，看看是否有明显的校正错误。如果在车顶线和车门之间出现大的缝隙，就说明还有少量的损伤存在。

检查时的项目有以下几点。

(1) 检查车门与门槛之间的间隙，应该是一条宽窄一致的、又直又窄的缝隙，如

图6-3-29所示。

（2）检查整个车身上部所有部位的平整度，应没有任何一点的高低不平。

（3）开、关门检查，同时掀、关发动机舱盖和行李箱盖，开开关时是否感觉过紧。

最终检查完毕之后，可在校正平台上将修理前被拆下的部件按照要求重新装配到车上，然后将车辆从校正平台上移下来。

（八）超声波测量系统

超声波测量系统是目前车身测量应用较多的一种设备，具有操作简单、方便的特点。

1. 超波测量系统的安装

超声波测量系统的安装非常简单，测量可以在校正平台上进行，也可以在设备配套的支架上进行。安装时，要把铝梁（接收器）连接到计算机上，把测量横梁平放在校正平台或者支架上，测量铝梁要与车底有一定的距离。超声波测量系统的安装，如图6-3-30所示。

图6-3-30　超声波测量系统的安装

在支架上进行测量时，需要把汽车举升到合适高度。超声波测量系统的测量头、加长杆、发射器等在测量基准点时要按照系统提示的配件型号进行选择连接。

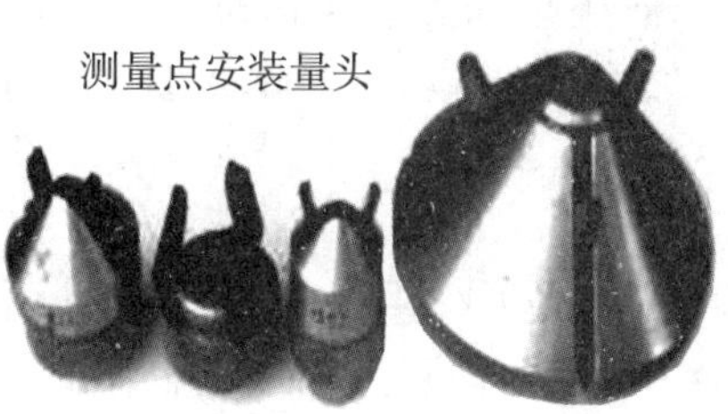

（a）扩张式测量头

（b）旋入式测量头

图6-3-31　测量头

2. 测量头

测量头的每一种形式又有各种不同的规格，如图6-3-31所示。

3. 适配器

适配器（图6-3-32）是使安装的螺栓测量头能可靠地连接在车身测量点上的各种安装适配螺母。

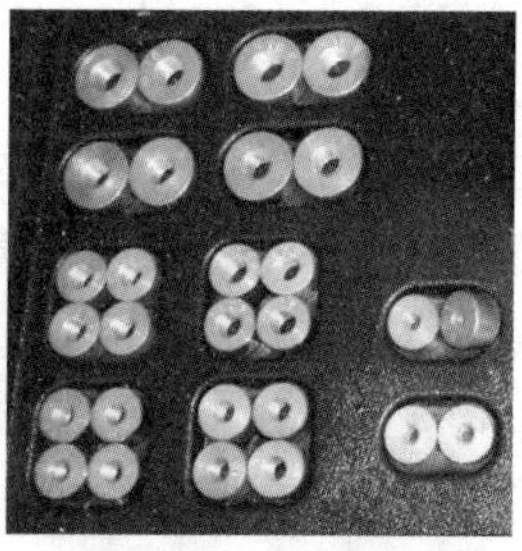

图6-3-32　适配螺母

4. 测量转换接头

当测量点在车身的侧面和上部时，测量头需要转换接头。各种测量转换头，如图6-3-33所示。

图6-3-33　测量转换接头

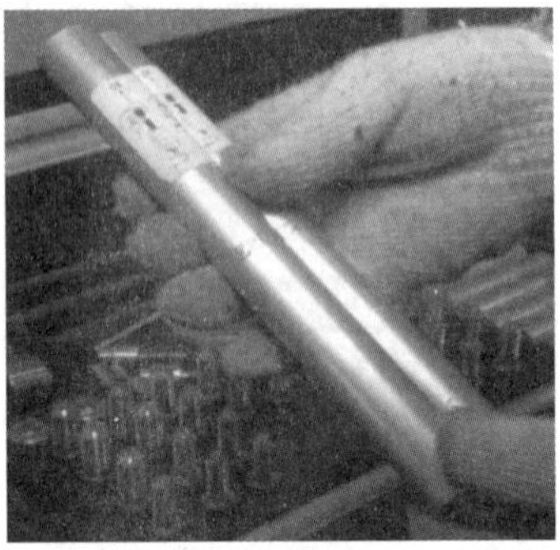

图6-3-34　加长杆

5. 加长杆

为了能测量不同高度的基准点，超声波测量系统配有长短不一的加长杆，加长杆有25～400mm的各种规格，如图6-3-34所示。

图6-3-35　发射器

图6-3-36　接收器

6. 超声波发射器与接收器

超声波发射器是主要的测量元件，在它上面张贴标志的旁边有两个超声波发射孔，安装时要使它们朝向横梁超声波接收器，如图6-3-35示。接收器接收发射器发出的声波，通过传输线传送给计算机，如图6-3-36所示。

7. 超声波测量使用的注意事项

超声波测量系统的安装和操作都非常简单，操作中不用人工调节基准面和中心线，只需在计算机中确定长度的基准，也不会因为超声波发射器和接收器的位置移动而影响测量的数据准确性，但要注意环境噪声对测量准确度的影响，在有噪声的环境中要进行多次测量。

（九）激光测量系统

激光测量系统的安装非常简单，测量可以在校正平台上进行，也可以在设备配套的支架上进行。安装时，要把激光扫描仪连接到计算机上，把激光扫描仪平放在校正平台或者支架上，激光扫

图6-3-37　激光测量系统的安装

描仪要与车底有一定的距离。激光测量系统的安装，如图6-3-37所示。

在支架上进行测量时，需要把汽车举升到合适高度。激光测量系统的激光扫描仪、标靶等在测量基准点时，要按照系统提示的配件型号进行选择连接，如图6-3-38所示。

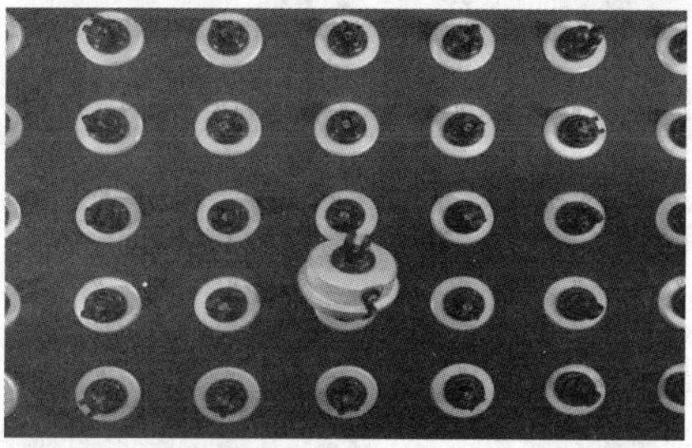

图6-3-38　标靶底座

1. 激光扫描仪与接收器

激光扫描仪是主要的测量元件，安装时要使它们朝向激光扫描仪，如图6-3-39所示。激光扫描仪发出的激光，通过传输线传送给计算机，如图6-3-40所示。

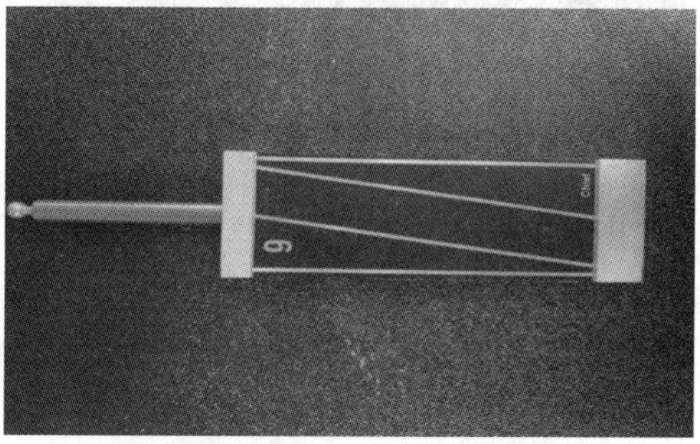

图6-3-39　9号标靶

图6-3-40　激光扫描仪

2. 激光测量系统使用的注意事项

激光测量系统的安装和操作都非常简单，操作中不用人工调节基准面和中心线，只需在计算机中确定长度的基准，也不会因激光扫描仪和标靶的位置移动而影响测量的数据准确性。

任务实施

一、任务内容

参照以上学习内容了解如何使用超声波测量系统测量车身变形与激光测量系统测量车身变形。

二、实施准备

（1）设备器材：车身（已拆除发动机）、车身校正平台、车身电子测量系统、个人安全防护用品（棉纱手套、安全头盔、安全鞋）。

（2）实训场地：符合安全标准的一体化实训室。

三、操作步骤

（一）用超声波测量系统测量车身变形

（1）填写客户信息，如图6-3-41所示。

①双击系统进入，按F1进入客户信息界面。

②输基本信息，点击确定。

（2）选择品牌。按F1进入品牌选择雪佛兰品牌，如图6-3-42所示。

提示：根据待修汽车品牌选择。

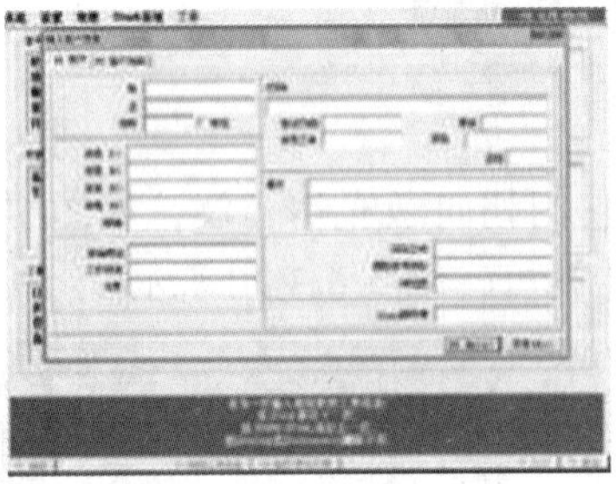

图6-3-41　填写客户信息

图6-3-42　选择品牌

（3）选择车型。找出车型：新赛欧（Suil）；型号：三厢（Shree Compariment）；年代：2013年。如图6-3-43所示。

（4）信息确定，如图6-3-44所示。

①填写客户信息；

②确定车辆信息；

③填写工单信息提示；

④确定无误后按F1，有问题点击F8返回上一步。

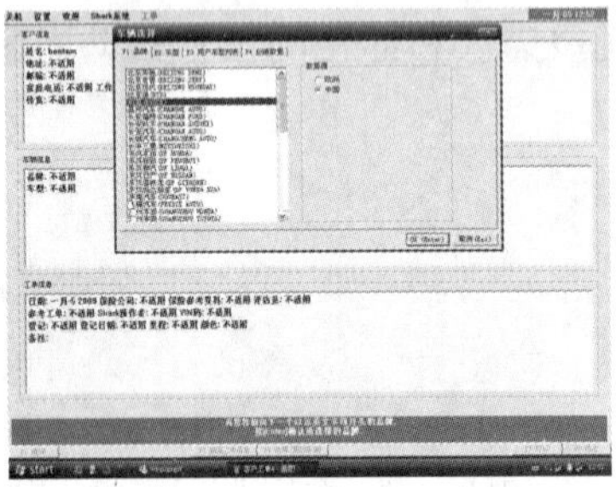

图6-3-43　选择车型

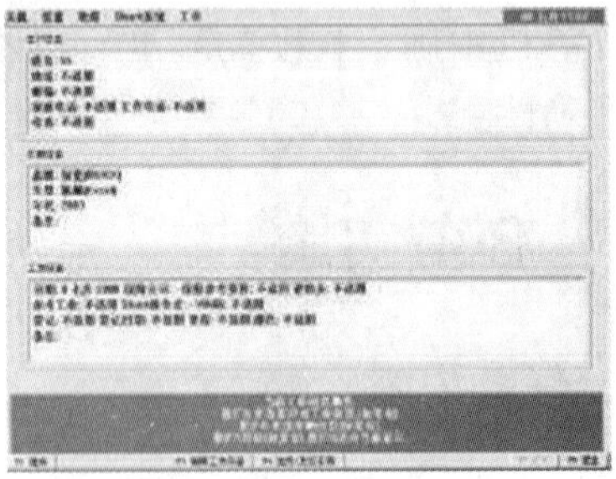

图6-3-44　信息确定

（5）进入车辆底盘测量点界面：①选去除悬架（PgDn）；②选铝梁与车头方向一致（F4健）。如图6-3-45所示。

（6）选择基准点*a*点，如图6-3-46所示。

①根据提示选用25/M14F测量头。

②安装左、右测量头到车身上。

提示：①按照系统提示位置（可观看照片辅助），准确无误找到该测量点并安装到位。②测量点对称。

图6-3-45　进入车辆底盘测

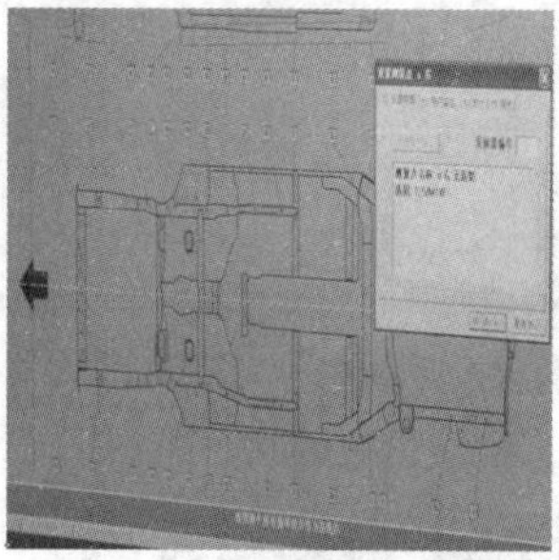
图6-3-46　选择基准点*a*点

（7）安装发射器：①安装发射器到测量头上；②将发射器连接到接收器（铝梁）。

提示：①发射器连接段带有磁性。②发射器插接线按到位。

（8）确定基准点。输入发射器连接编号，点击确定。如图6-3-47所示。

提示：在汽车中部前面自动标识黄色基准线。

（9）选择参照点*b*点：①根据提示选用C30测量头；②安装左、右测量头到车身上。如图6-3-48所示。

提示：①按照系统提示位置（可观看照片辅助），准确无误找到该测量点，并安装到位。②测量点对称。

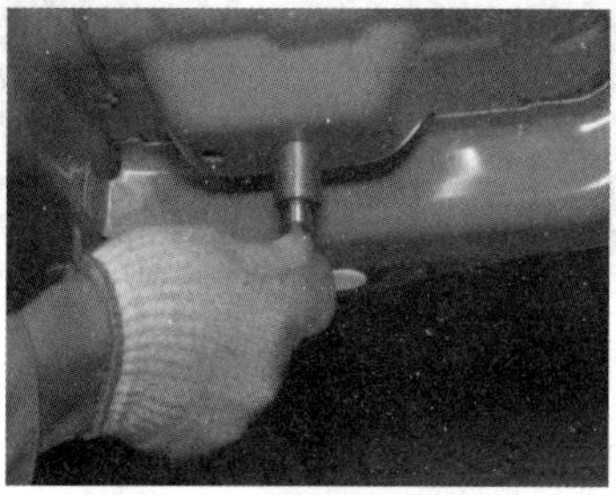
图6-3-47　确定基准点

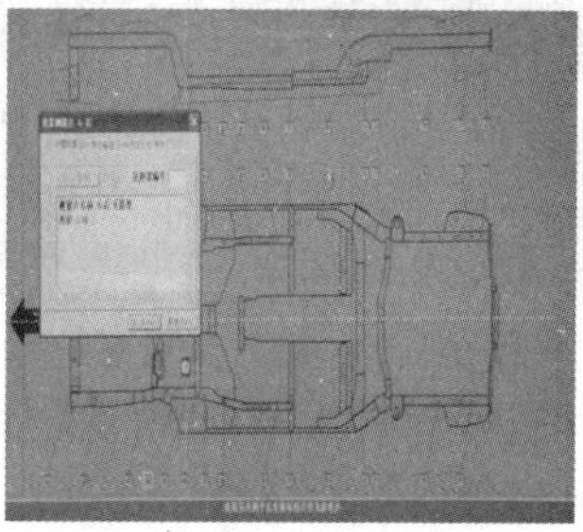
图6-3-48　选择参照点*b*点

（10）安装发射器，如图6-3-49所示。

①安装发射器到测量头上。

②发射器连接接收器（铝梁）。

③输入发射器编号，确认参照点。

提示：① 发射器连接段带有磁性；②发射器插接线安装到位；③测量点对称。

（11）测量车身前部测量点（*y*点）。如图6-3-50所示。

①因发射器只有6只，*a*、*b*两点固定不变，在测量中只能使用2只发射器测量，换测前应将发射器编号删除。

②根据提示选用测量头C20/E200，找到实际位置并安装。

③将*e*点发射器移动到点上，连接铝梁，输入新的发射器编号，点击确定。

④拆下*e*点测量头归位。

⑤按F1测量，记录*y*点数据。

提示：测量头正确安装，发射器应拿在中间位置，以免损坏发射点。

（12）数据分析。测量系统会根据实际测量值与数据库中的标准值比较，分析差值数据，得出y（左）侧宽度值向右变形，变形超出±3mm，需校正修理。如图6-3-51所示。

图6-3-49　安装发射器

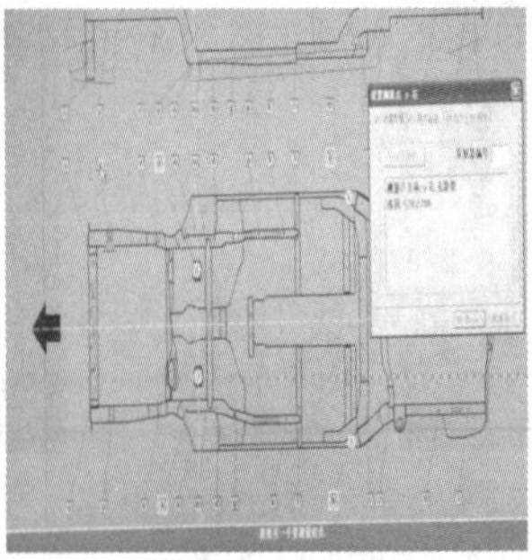

图6-3-50　测量车身前部测量点（y点）

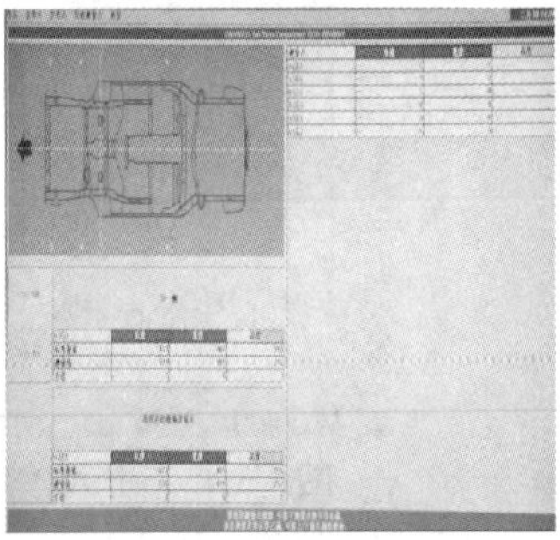

图6-3-51　数据分析

（二）用激光测量系统测量车身变形

（1）进入测量系统，如图6-3-52所示。

（2）选择品牌。按F1进入品牌选择品牌，如图6-3-53所示。

提示：根据待修汽车品牌选择。

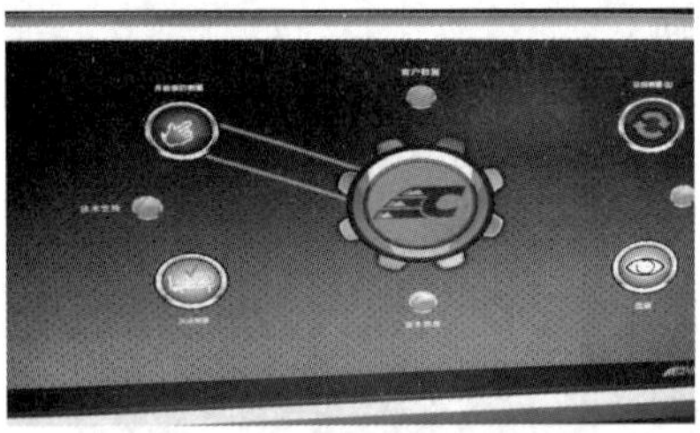

图6-3-52　进入测量系统

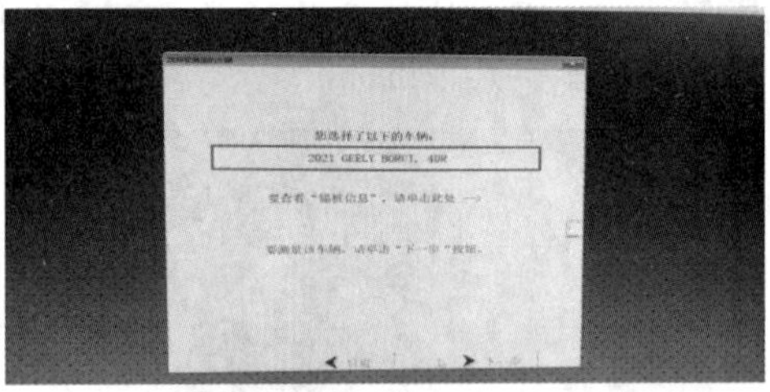

图6-3-53　选择品牌

（3）选择零件关闭。关闭前后悬架，如图6-3-54所示。

（4）选择基准点a点。安装左、右相应的标靶到车身上，如图6-3-55所示。

提示：①按照系统提示位置（可观看照片辅助），准确无误找到该测量点并安装到位。②测量点对称。

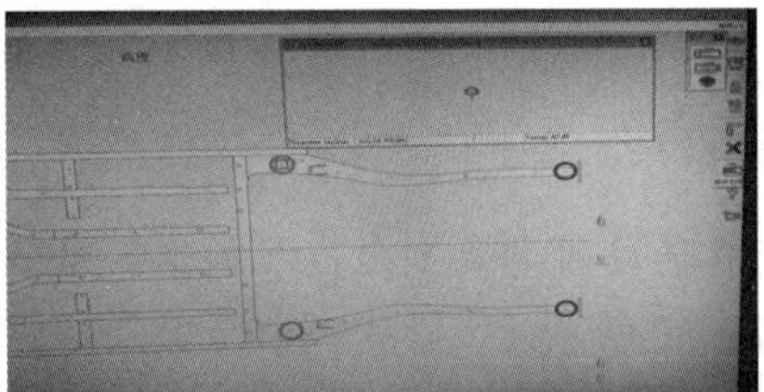

图6-3-54　选择零件关闭

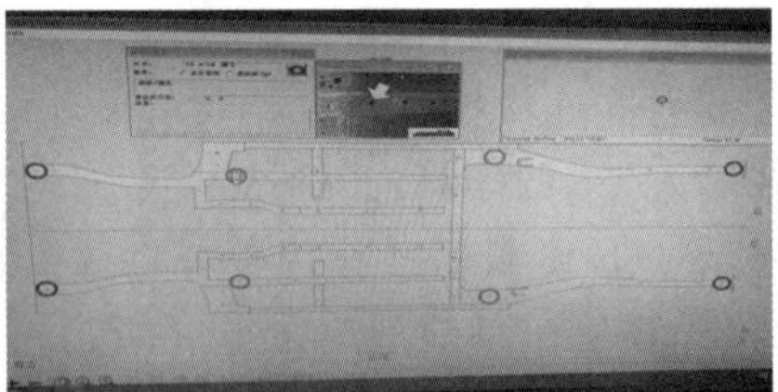

图6-3-55　选择基准点a点

（5）确定基准点。标靶连接编号，点击确定。如图6-3-56所示。

提示：在计算机前，手动标识黄色基准。

（6）选择基准点b点。安装左、右相应的标靶到车身上，如图6-3-57所示。

提示：①按照系统提示位置（可观看照片辅助），准确无误找到该测量点并安装到位。②测量点对称。

图6-3-56　确定基准点

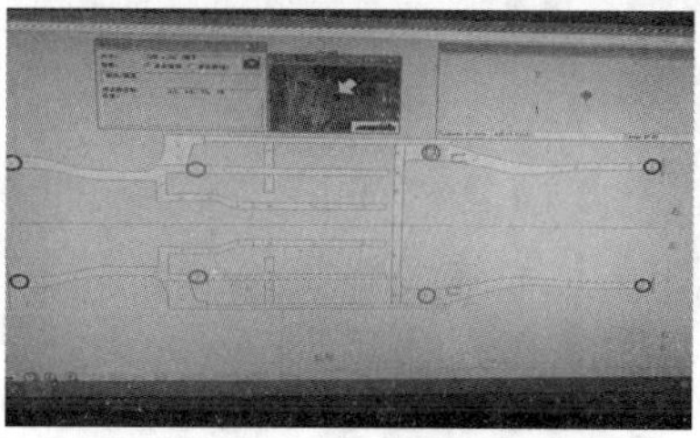

图6-3-57　选择基准点b点

（7）确定基准点。标靶连接编号，点击确定。如图6-3-58所示。

提示：在计算机前，手动标识黄色基准。

（8）测量车身前部测量点（y点）。根据提示选用标靶，找到实际位置并安装。将e点发射器移动到点上，连接铝梁，输入新的发射器编号点击确定。如图6-3-59所示。

图6-3-58　确定基准点

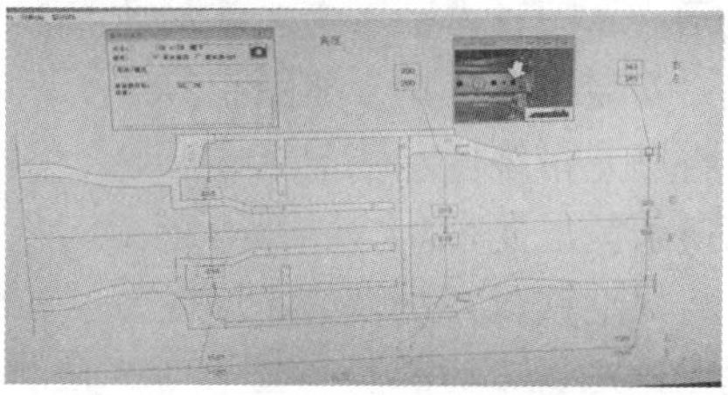

图6-3-59　测量车身前部测量点（y点）

（9）确定测量点。标靶连接编号，点击确定。如图6-3-60所示。

提示：在计算机前，手动标识黄色基准。

（10）数据分析。测量系统会根据实际测量值与数据库中的标准值比较，分析差值数据，得出y（左）侧宽度值向右变形，变形超出±3mm，需校正修理。如图6-3-61所示。

图6-3-60　确定测量点

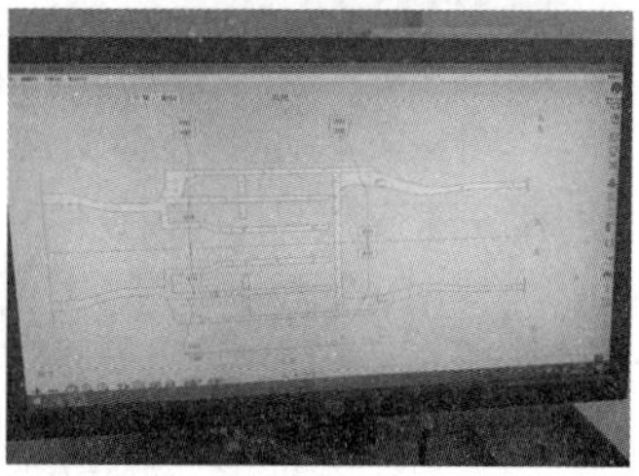

图6-3-61　数据分析

（三）车身变形的拉伸校正

（1）车身变形测量，如图6-3-62所示。

①选择基准点与参照点。

②测量汽车前部、后部车身测量点。

提示：基准点一般选择在中部车身。

（2）分析数据。由数据判定汽车前部车身左侧测量点向右变形为8mm。如图6-3-63所示。

提示：拉伸方向应向左侧。

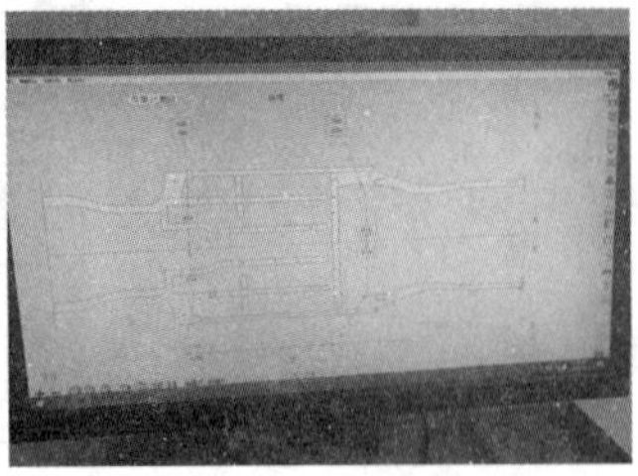

图6-3-62　车身变形测量

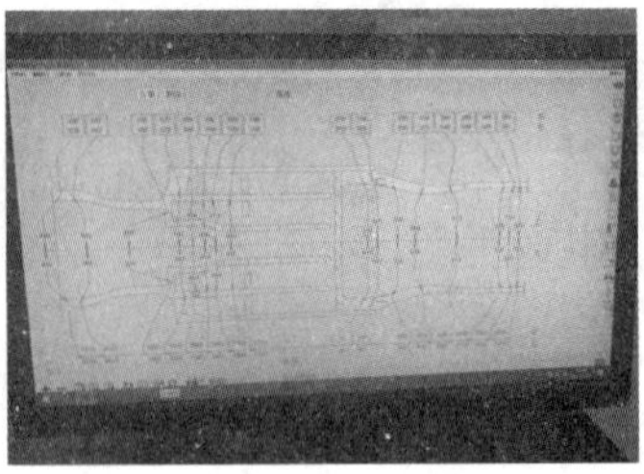

图6-3-63　分析数据

（3）选用拉伸工具，如图6-3-64所示。

①选取尼龙带。

②选取保险铁丝。

③选取快速连接钩。

提示：翼子板内衬上有大量的沙粒和污物，防止掉入眼睛。

（4）安装拉伸工具，如图6-3-65所示。

①将尼龙带绕过左侧前纵梁。

②链条紧尼龙带。

③将保险铁丝穿过纵梁、尼龙带、拉伸链条做安全防护。

提示：尼龙带的长度不能大于保险铁丝的长度，拉伸力主要依靠尼龙带，而不是保险铁丝。

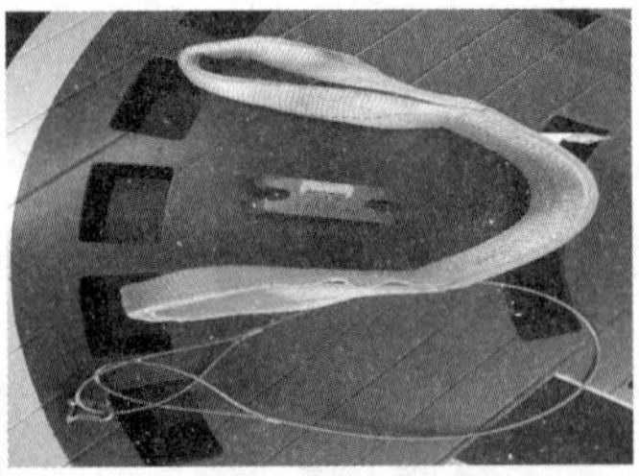

图6-3-64　选用拉伸工具

图6-3-65　安装拉伸工具

（5）使用快速连接钩，如图6-3-66所示。

图6-3-66　使用快速连接钩

（6）塔柱拉伸。控制油泵将液压油打入液压塔柱内，如图6-3-67所示。

提示：注意油泵附近地面是否漏油，当心地滑。

（7）调整导向环。把导向环降到与纵梁相同高度，拧紧导向环固定螺栓、打开液压塔柱开关。如图6-3-68所示。

提示：链条不能扭曲或打结。

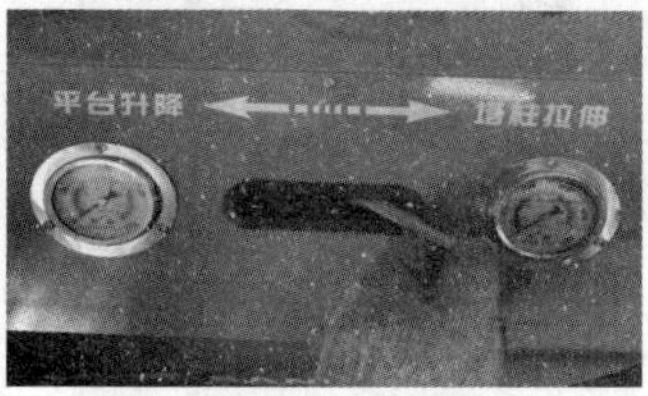

图6-3-67　塔柱拉伸

图6-3-68　调整导向环

（8）取下控制开关。使用控制开关控制塔柱上升与下降，链条通过导向环改变拉伸力的方向。如图6-3-69所示。

提示：将控制开关放置在计算机旁，以便于边观测边拉伸操作。

（9）拉伸离塔柱近的一侧梁。松开导向环螺栓，如图6-3-70所示。

提示：在链条受力接近一条直线时松开。

图6-3-69　取下控制开关

图6-3-70　拉伸离塔柱近的一侧梁

（10）监控数据，如图6-3-71所示。

①拉伸数据实时显示，塔柱拉伸时，控制开关上升按钮按1～2s松开，应保持3～5s，同时也是给系统一个测量时间，使数据测量更准确。

②记录链条收紧时的数据。

③卸去拉力，记录放松后的数据。

提示：①计算机显示“停止”字样，应停下，不做任何操作。②上升按钮按下的时间越长，液压塔柱升得越高，数据变化越大。③特别是小数据的拉伸，非常容易拉过度，其原因就是没控制到塔柱上升的高度，即没能掌握上升按钮按下的时间。④反弹余量应施加在第一个拉伸的梁上，后拉伸的梁不用。

（11）清洁与整理。清洁平台及使用工具，清扫地面，整理拉伸使用的工具和设备。如图6-3-72所示。

提示：按照4S店的要求做好扫尾工作。

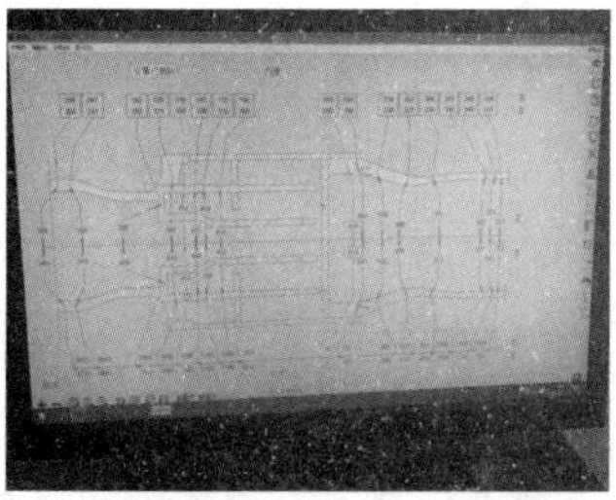

图6-3-71　监控数据

图6-3-72　清洁与整理

四、实施评价

实施评价表，见表6-3-1～见表6-3-2。

表6-3-1 电子测量数据记录表

测量点		长度方向测量值	宽度方向测量值	高度方向测量值
*a*点	左侧			
	右侧			
*b*点	左侧			
	右侧			
___点	左侧			
	右侧			
___点	左侧			
	右侧			
___点	左侧			
	右侧			
___点	左侧			
	右侧			
测量结果分析(根据测量结果,分析测量位置在长度、宽度和高度方向的变形)				

表6-3-2　使用车身电子测量系统测量车身尺寸任务评价表

序号	内容及要求	评分细则	分值	自评	组评	师评	得分
专业理论的掌握			20分				
1	能正确描述目前所应用的电子测量系统类型和工作原理	每错一处扣1分，扣完为止	5分				
2	能准确描述电子测量系统（激光电子测量系统或超声电子测量系统）的组成部件名称	每错一处扣1分，扣完为止	5分				
3	能准确描述电子测量系统（激光电子测量系统或超声电子测量系统）各组成部件的功能	描述不当酌情扣分	10分				
操作内容和要求			75分				
1	测量基准的选择	能按照要求选择测量基准，一个点错误扣5分，扣完为止	15分				
2	测量参考点的选择	能按照要求选择参考点，一个点错误扣5分，扣完为止	15分				
3	测量位置的测量	准确找到相应的测量位置，能够正确使用工具和设备进行测量，并准确读数，测量位置不正确每个点扣5分，工具设备等测量附件选择或者安装不正确每次扣5分，测量数据不正确，每个错误数据扣2分，扣完为止	30分				
4	操作安全	测量工具使用的时候放在平台上或者放在口袋里，每次扣1分；工具每掉落一次扣1分，扣完为止	5分				
5	测量结果分析	能根据测量数据报告准确 分析测量结果，分析错误一处扣2分，扣完为止	10分				
安全文明生产			5分				
1	工作过程中应按规定穿戴基本劳保用品（工作服、安全鞋）	未按规定穿戴，一次扣1分，扣完为止	3分				

续表

序号	内容及要求	评分细则	分值	自评	组评	师评	得分
2	操作过程中应戴棉纱手套	未戴棉纱手套，一次扣1分，扣完为止	2分				
指导教师总体评价： 指导教师：________　　　　____年____月____日							

表6-3-3　车身变形校正修任务评价表

序号	考核项目	评分细则	分值	得分
1	测量使用工具正确	工具使用不当酌情扣分，并指正	10分	
2	车身测量点选择正确	要求酌情扣分，并指正	15分	
3	数据分析正确	要求酌情扣分，并指正	15分	
4	拉伸尼龙带、保险丝安装正确	要求酌情扣分，并指正	10分	
5	导向环位置与纵梁高度位置正确	要求酌情扣分，并指正	15分	
6	数据记录正确	要求酌情扣分，并指正	10分	
7	拉伸数据±3mm以内	要求酌情扣分，并指正	20分	
8	整理工具，清理现场	每项扣2分，扣完为止	10分	
	相关安全操作规范	因违规操作发生人身和设备事故，终止考核，成绩按0分计；超时每分钟扣2分，超时5分钟终止考核	10分	
合计			100分	

任务四　汽车车身塑料件的焊接修理

任务目标

知识目标	1. 熟悉汽车用塑料的分类和主要特性； 2. 知道双组分黏结剂的使用方法和塑料的黏接方法； 3. 正确叙述保险杠的修复流程
技能目标	1. 能对前保险杠进行矫正和焊接； 2. 正确掌握各种修复工具的使用方法； 3. 会使用所学知识对不同车型的保险杠进行焊接修复操作

任务描述

现阶段随着汽车的发展和环保的要求，车身的质量越来越轻，安全性能越来越高，普通的钢材已经不能适应汽车发展的需要。在车身上开始应用不同种类的新材料，塑料件和铝合金材料件开始大量运用到汽车钣金件上，所以要了解它们的性能，才能有针对性地对新型车身进行高质量的修复。

知识储备

塑料在汽车上的应用发展很快，从最初的内饰件和小机件，发展到可替代金属制造各种机械配件和车身板件。用塑料替代金属，既可获得汽车轻量化的效果，又可改善汽车的某些性能，如耐磨、防腐、避振、减小噪声等。随着汽车工业的发展，塑料的应用越来越受到重视。

一、塑料的组成

塑料是以合成树脂为基体，并加入某些添加剂制成的高分子材料。它在一定温度、压力下可以塑造成各种形状的部件。

许多新的加强型塑料件几乎达到了与钢材相同的强度和硬度，一些塑料在尺寸上更稳定。塑料件还特别耐腐蚀。塑料的发动缸体和车架部件正在进行各种测试。塑料厂商正在计划更多地在地板、车窗、转向轴、弹簧、车轮、轴承以及其他机械部件上使用塑料。

塑料件使用范围的扩大使碰撞修理产生了各种新的方法。比起更换，许多塑料件维修起来更经济，特别是在部件不必拆下的情况下。擦伤、裂缝和刺穿都是可维修的。必要时，一些塑料件还可以在变形之后重新修整回它们的原来形状。因为更换的零部件并不总是有货，所以只意味着汽车可以更快地修好，而维修站可以获得更高的收益。

(一) 合成树脂

合成树脂是塑料的主要成分，它的种类、性质及加入量的多少对塑料的性能起到很大的作用，大部分塑料是以所加树脂的名称来命名的。工程上常用的合成树脂有酚醛树脂、环氧树脂、氨基树脂、有机硅树脂和聚氯乙烯、聚苯乙烯等。

(二) 添加剂

加入添加剂是为了改善塑料的性能，扩大其使用范围。它包括填料、增塑剂、稳定剂、固化剂和着色剂等。填料主要起到强化作用，同时也能改善或提高塑料的某些性能，如加入云母、石棉粉、氧化硅可以增加塑料的电绝缘性、耐热性、硬度和耐磨性。增塑剂用于提高塑料的可塑性与柔软性；稳定剂可以提高塑料在光和热作用下的稳定性，以延缓老化；固化剂可以促使塑料在加工过程中硬化；着色剂可以使塑料制品的色彩美观。

二、塑料的分类和特性

(一) 塑料的分类

塑料的种类很多，按其热性能不同，可分为热固定塑料和热塑性塑料两大类。

热固性塑料是指经过一次固化后，不再受热软化，只能塑制一次的塑料。这类塑料耐热性好，受压不易变形，但力学性能较差。常用的有环氧树脂、酚醛树脂、氨基树脂、有机硅树脂等。

热塑性塑料是指受热时软化，冷却后又变硬，可反复多次加热塑制的塑料。这类塑料加工成形方便、力学性能较好，但耐热性相对较差、容易变形。热塑性塑料数量很大，约占全部塑料的 80%，常用的有聚乙烯、聚氯乙烯、聚四氟乙烯、聚苯乙烯、聚丙烯、聚甲醛、聚苯醚、聚酞胺等。

(二) 塑料的主要特性

塑料具有许多优良的物理、化学性能，主要有以下几点。

(1) 质量轻：塑料的相对密度一般只有 1.0g～2.0g/cm^3，可以大幅度减轻汽车的质量，降低油耗。

(2) 化学稳定性好：一般的塑料对酸、碱、盐和有机溶剂都有良好的耐腐蚀性。

(3) 比强度高：比强度是指单位质量的强度。尽管塑料的强度要比金属低，但塑料密度小、质量轻，以等质量相比，其比强度要高。

(4) 电绝缘性好：大多数塑料有良好的电绝缘性，汽车电器零件广泛采用塑料作为绝缘体。

(5) 耐磨、减磨性好：大多数塑料的摩擦系数较小，耐磨性好，能在半干摩擦甚至无润滑条件下良好地工作。

(6) 吸振性和消声性好：采用塑料轴承和塑料齿轮的机械。在高速运转时，可平稳地转动，大大减小噪声，降低振动。

塑料也有不少缺点，与钢材相比：其力学性能较低；耐热性较差（一般只能在100℃以下长期工作）；导热性差；容易吸水，吸水后性能恶化。此外，塑料还有易老化、易燃烧、温度变化时尺寸稳定性差等缺点。

汽车上常用塑料件的ISO识别码、化学名称及车身上用途，见表6-4-1。

表6-4-1　汽车上常用塑料件

ISO识别码	化学名称	应用举例	属性
PUR	聚氨酯	保险杠面罩、前后车身板	热固
PVC	聚氯乙烯	内饰品、软垫板	热塑
RIM	反应注模聚氨酯	保险杠面罩	热固
RRIM	增强的RIM-聚氨基甲酸乙酯	车身外板	热固
SAN	苯乙烯-丙烯腈	内饰板	热固
TPO	热塑性聚烯烃	挡泥板	热塑
TPR	热塑橡胶	窗帘框架板、加水口盖、挡泥板	热固
TPU	热塑性聚氨酯	保险杠面罩、软质仪表板	热塑
TPUR	聚氨基甲酸乙酯	保险框盖、砾石挡板、垫板、软仪表玻璃框	热塑
UP	聚酯	挡泥板	热固
AAS	丙烯腈-丙乙烯-丙烯酸橡胶	饰板、边灯、车门、外后视镜	热塑
ABS	丙烯腈-丁二烯-苯乙烯	格栅、饰板模压件、车身护板、前照灯外罩热塑	热塑
ABS/MTA	玻璃纤维强化硬质丙烯腈-丁二烯-苯乙烯共聚物	车身护板	热固
ABS/PVC	ABS/聚氯乙烯		热塑
AES	丙烯腈-乙烯橡胶-苯乙烯	格栅	热塑
EP	环氧树脂	玻璃纤维车体板	热固
EPDM	乙烯-丙烯压铸单体	保险框防撞条、内饰板	热固
PA	聚酰胺(尼龙)	外部装饰板	热固
PC	聚碳酸酯	仪表板、护栅、透镜	热塑
PE	聚乙烯	内翼子板、内衬板、阻流板、窗帘框架	热塑
PP	聚丙烯	仪表板、内部镶条、翼子板、格栅、膨胀水箱	热塑
PPO	聚苯撑氧	镀镉塑料件如格栅、前照灯框架等	热固
PS	聚苯乙烯		热塑

不同类型塑料件在汽车上的使用部位，如图6-4-1所示。

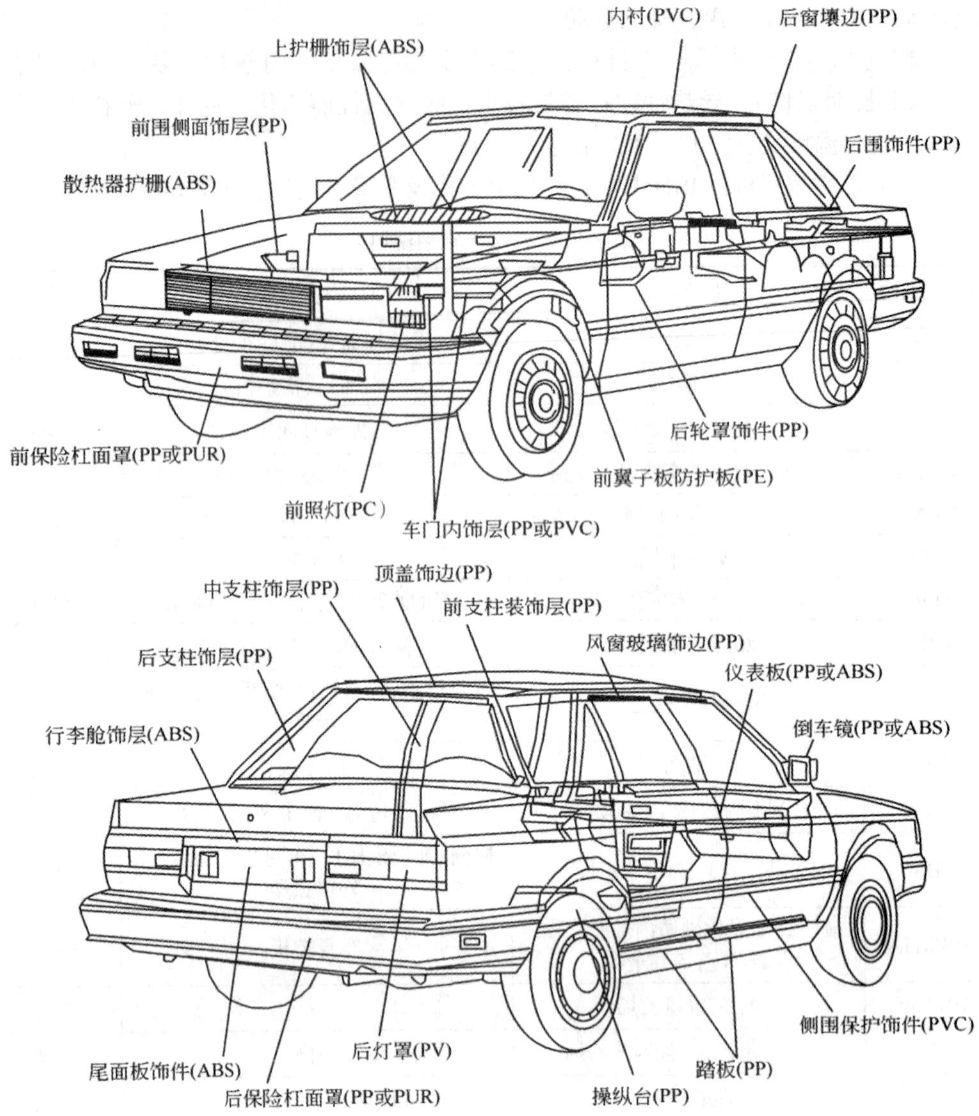

图6-4-1　塑料件在汽车上使用的示意图

三、塑料的鉴别与特性

（一）塑料的鉴别

（1）查看塑料件上的ISO识别码，并与说明书或维修手册的字符进行对照，以确定塑料的种类。ISO识别码一般模压在塑料件的背面，如图6-4-2所示。

图6-4-2　ISO识别码

（2）修理手册查询法，可查阅该车型的车身修理手册。

（3）试焊法：只适合热塑性塑料。用几种不同的塑料焊条，在零件的损坏或隐蔽处进行试焊。如果焊条能与塑料件焊合，则塑料的类型与焊条相同。

（4）燃烧法或烟测法 ：不同塑料有不同的燃烧特性，有的塑料在燃烧时还会释放出特殊的气味。这种方法不提倡，因为不安全又污染环境。许多零件有多种成份的复合塑料，燃烧测试不可靠。

（5）可参考特性：热塑性一般会产生溶滴，热固性不会，一般是黑灰。燃烧烟与气味也不同。如图6-4-3所示。

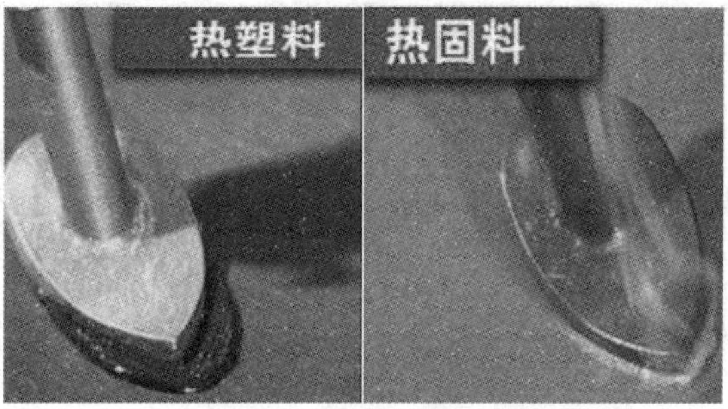

图6-4-3　热塑性与热固性的鉴别

（二）几种塑料的燃烧特性

几种塑料的燃烧特性，见表6-4-2。

表6-4-2　几种塑料的燃烧特性

塑料名称	燃烧特性
PP(聚乙烯)	燃烧时无烟产生,即使火源移开,仍继续燃烧,产生类似蜡烛燃烧时的气味,焰心呈蓝色,外焰呈黄色
PE(聚乙烯)	燃烧时有无烟的火焰,即使火源移去,仍继续燃烧,产生类似蜡烛燃烧时的气味,焰心呈蓝色,外焰呈黄色
ABS	燃烧时产生浓重的烟,即使火源移去仍继续燃烧,火焰呈橘黄色
PVC	试图点燃时,只是发黑而不燃烧,产生灰烟及酸味,火焰底部呈蓝色
TPUP(热塑料聚氨酯)	燃烧时产生啪啪声,火焰呈橘黄色,并产生黑烟
PUR(热固性聚氨酯)	不产生火焰

四、塑料件的修理方法

首先进行评估，是修理还是更换？如果要修理，主要有如下方法：

（1）使用黏结剂黏结法（可适用所有塑料）；

（2）焊接法（仅用于热塑性塑料）。

（一）黏接材料

氰基丙烯酸酯（cyanoacrylate，CA）是一种单组分快速固化黏合剂，也称为超级胶，能快速黏合塑料件。一般不推荐使用，因为其主要的缺点是经不起日晒雨淋，因而不能保证修理件耐用。

双组份粘结剂，常用的有聚酯、环氧、氨基甲酸乙酯树脂等三种，作为基体黏结材料，与硬化剂或催化剂组合起来进行黏结修复。它可以代替塑料焊接，并且比CA强度高，可以用在所有塑料件的修理上。

（二）使用粘结剂注意的问题

（1）制造厂商提供的黏结剂产品系列通常包含两种或更多的类型，适用于不同的塑料种类。

（2）产品系列通常包括黏接促进剂、填料及软涂料。

（3）有些产品系列是为特定基体材料进行配方的，使用前最后查阅相关的说明书。

（4）在产品系列中可能有适合各种塑料的软填料，也可能为不同的塑料提供两种或更多的填料。

五、塑料的焊接原理及特点

由于塑料的特性与钢铁不同，因此其焊接原理和特点也不同。

塑料焊接是利用热量把塑料基料和焊条加热或单独把焊条加热至熔融状态后使之连接（黏结）在一起。塑料的焊接特点是：因塑料的导热性极差，使其在焊接过程中很难保持热量的均匀性。加热时，塑料的表面已经软化而表层下面没有；若继续加热，可使塑料的软化幅度加大，但表层已经烧焦。因此，塑料焊接都是采用非明火加热，如热空气加热焊接、无空气加热焊接、超声波焊接等。

钢铁焊接时，金属和焊条互熔冷却后是连接在一起的。而塑料焊接只是在熔融状态下黏结在一起的，所以其焊接强度远不如钢铁焊接。

塑料焊接时，为了达到好的结合力，对塑料焊条要施加压力。操作特点是一手加热焊条，另一手给焊条施加压力。

六、热空气塑料焊接设备

（一）热空气塑料焊接的使用方法

热空气塑料焊接是利用加热元件把一定压力的空气加热到230～340℃后，通过喷嘴喷到塑料上。典型的热空气塑料焊机，如图6-4-4（a）所示；各种焊嘴，如图6-4-4（b）所示。焊接时，可根据需要选择不同的焊嘴。

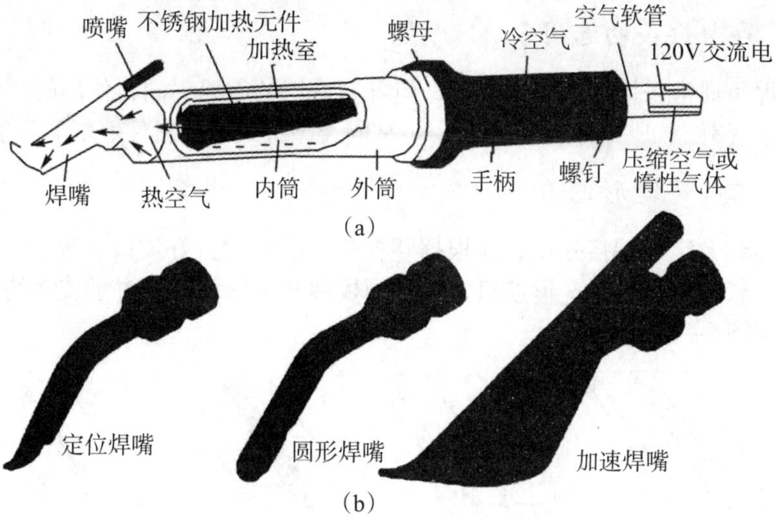

图6-4-4　热空气塑料焊接示意图

1. 定位焊嘴

定位焊嘴主要用于断裂板件或长的焊缝在真正焊接前的定位焊。进行定位焊时，必须将断口对准、固定，不使用焊条，而是将喷嘴头压紧在断口底部，使两侧板件同时熔化形成定位焊点。必要时，还可断开重新进行定位。

2. 圆形焊嘴

圆形焊嘴焊接速度较慢，比较适合小型件和复杂件上短焊缝的焊接，尤其适合焊填小的孔洞，以及尖角部位和难以靠近部位的焊接。

3. 加速焊嘴

加速焊嘴主要用于长而直的焊缝。加速焊嘴夹持着焊条，并对焊条和焊件进行预热。一旦开始焊接，焊条自动进入预热管，由焊嘴端部的尖形加压掌（导门板）向焊条施加压力，所以用一只手就可完成操作，热量和压力均衡，并且焊缝更加均匀一致，焊接速度也提高很多，平均速度可达1000mm/min。

（二）热空气塑料焊机的使用规则

（1）选择和安装焊嘴。根据需要选择好焊嘴，并将焊嘴安装到焊机上。

（2）接通气源。将气源、压力调节器及软管与焊机连接，初始压力应根据焊机的功率而定或参考制造商的说明书。

（3）通电预热。在推荐的气压下预热焊机，切记在气体流动的状态下预热焊机，否则可能烧坏焊机。

（4）示温及调整。将一个温度计放在距焊枪末端约6mm处检查焊枪的温度。热塑性塑料的焊接温度一般为204～399℃，如果温度过高，可加大空气流量（或压力），直至温度降到要求值；如果温度过低，可降低空气压力。

（5）焊接结束后，先断电源，利用流动的冷空气对焊枪进行冷却，待焊枪能用手触摸时，再行断气。如果操作顺序错误，将会损坏焊枪。

七、塑料焊接的要点

（一）塑料焊条的选用

塑料焊条通常采用颜色编码表示，但各制造厂的编码不同，使用时应参阅制造厂提供的技术资料。如果没有成品焊条，可从同类型报废的塑料件上割下一条作为焊条。

（二）选择焊缝形式

为了达到预定的焊接强度，应根据塑料板件的厚度打好坡口。焊缝形式一般为V形或X形，较薄的板件开V形坡口，较厚的板件开X形坡口。对于较深的坡口，需多次焊接。如图6-4-5所示。

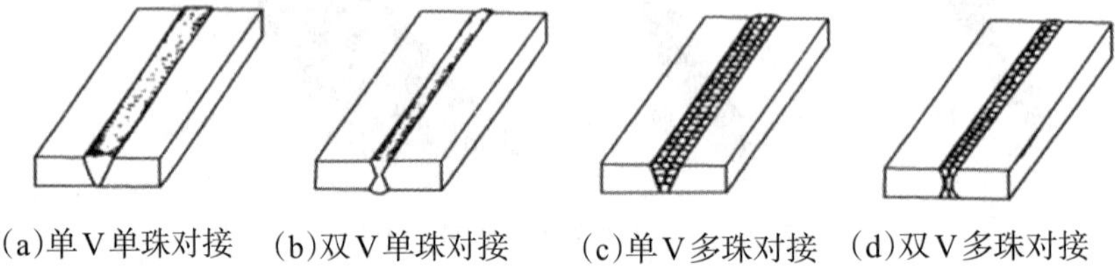

1—焊接准备；2—第一道焊缝；3—焊接完成；R—焊缝间隙

图6-4-5　焊缝的形式

（三）焊接前

（1）要清理干净焊接处的打磨残屑及灰尘等。

（2）控制好焊接温度。若焊接温度过高，会使塑料烧焦或扭曲；若焊接温度过低，则会使焊接强度降低。

（3）掌握正确的焊接速度：若焊接的速度过快，会使塑料的熔融程度不足而降低焊接强度。但焊接的速度若过慢，也会使塑料变形甚至烧焦。

（4）给焊条施加合适的压力。若压力过大，会使焊缝变宽且扭曲，或在焊条未达到熔融程度已嵌入焊缝，造成焊接不牢固。但压力过小又会使焊缝的接触面积变小，焊接强度降低。

任务实施

一、任务内容

参照以上学习内容对车身塑料件的焊接修理的流程进行训练。

二、实施准备

（1）设备器材：衣帽、眼镜、防尘口罩、防毒面具、乳胶手套、防滑手套、安全鞋等。

（2）实训场地：符合安全标准的一体化实训室。

三、操作步骤

（1）施工前的准备，如图6-4-6所示。

①在维修操作前确认损伤程度，并制订修复计划。

②穿戴好必要的劳动保护用品，包括衣帽、眼镜、防尘口罩、防滑手套等。

③准备好施工中的工具和材料。

（2）零件清洁。用专用塑料清洁剂清洁零件，注意要把零件上的灰尘和杂物清除干净。如图6-4-7所示。

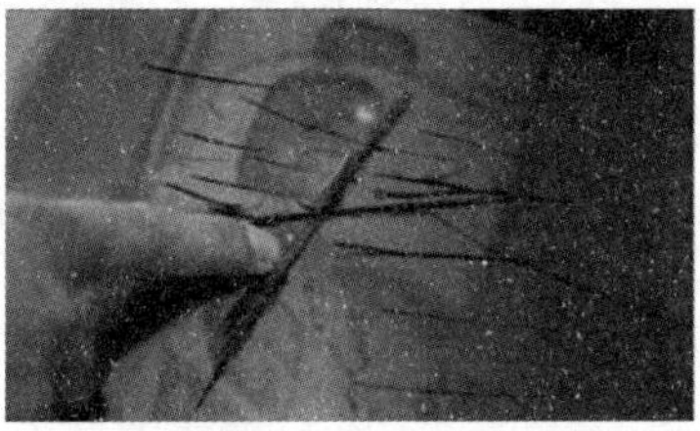

图6-4-6　施工前的准备

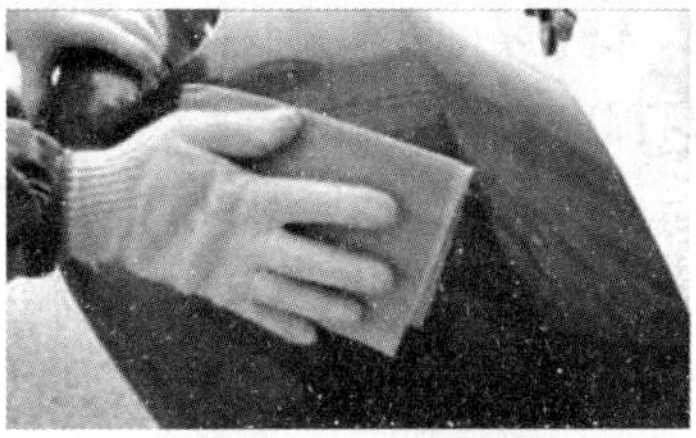

图6-4-7　零件清洁

（3）塑料件整平。塑料如有变形，可以用红外灯或电热吹风机加热变形部位及其周围，然后用手将变形部位修正回原形即可。如图6-4-8所示。

（4）开坡口。使用锋利的小刀或砂轮机在损伤部位开坡口为60°左右的V形槽，如焊件较厚则开X形槽，坡口宽度约6mm。如图6-4-9所示。

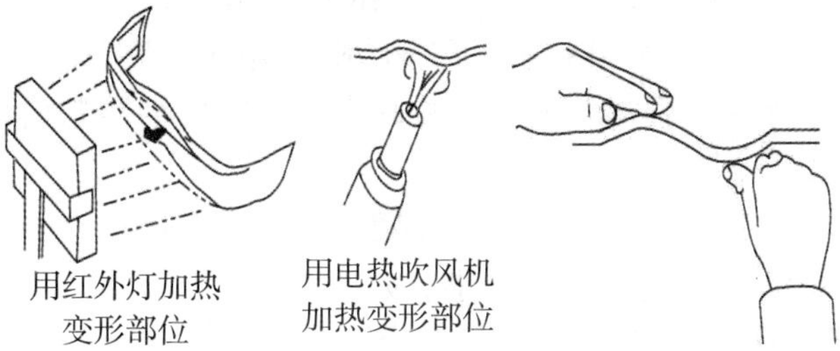

图6-4-8　塑料件整平

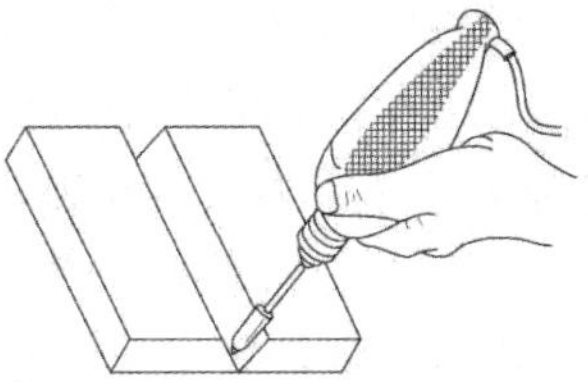

图6-4-9　开坡口

（5）清洁板件。用干净的布擦去坡口处的塑料碎屑，注意不要使用塑料清洁剂清理。如图6-4-10所示。

（6）固定裂缝，如图6-4-11所示。

①在裂纹处使用热塑枪植入塑料焊钉，在进行加固。

②去除钉尾。

③用热塑枪磨平。

注意：加热塑料焊钉时不能摸塑料焊钉。

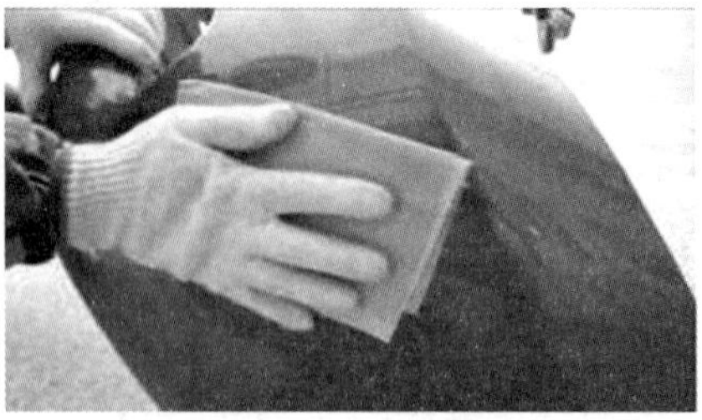

图6-4-10 清洁板件

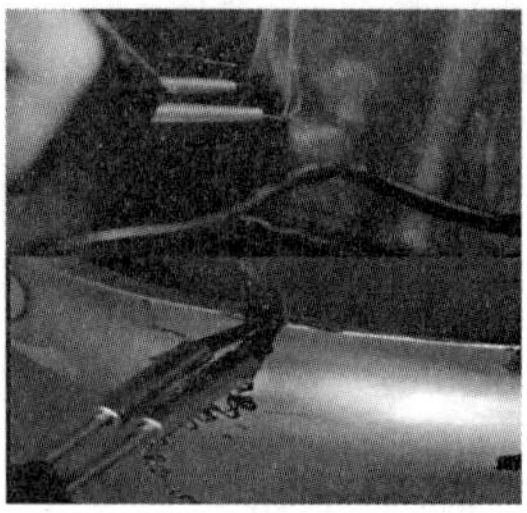

图6-4-11 固定裂缝

（7）预热塑料焊枪。插上电源插头，开始预热焊枪。然后将温度计放在距喷嘴6mm处检查热空气的温度，焊接的温度范围应在204～399℃，如温度不在此范围，应进行调节。如图6-4-12所示。

（8）起焊。一手拿焊枪，另一手持焊条，使焊条与母材成90°夹角，摆动焊枪喷嘴以便同时加热焊条与母材，直到它们发亮、发黏，充分加热，使焊条和零件熔融在一起。如图6-4-13所示。

（9）连续焊接。采用扇形轨迹移动喷嘴来对焊条和母材进行持续加热，以保证两者的加热程度一致，同时将焊条压入坡口以生成连续的焊缝。如图6-4-14所示。

提示：焊接过程中，右手使用焊枪对准焊条与焊缝处进行加热。左手将焊条匀速向前送进。

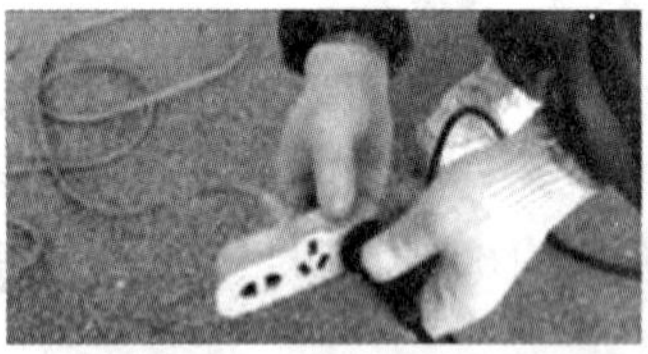

图6-4-12 预热塑料焊枪

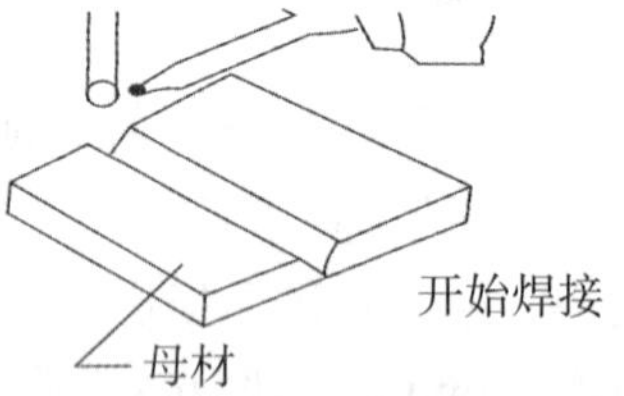

图6-4-13 起焊

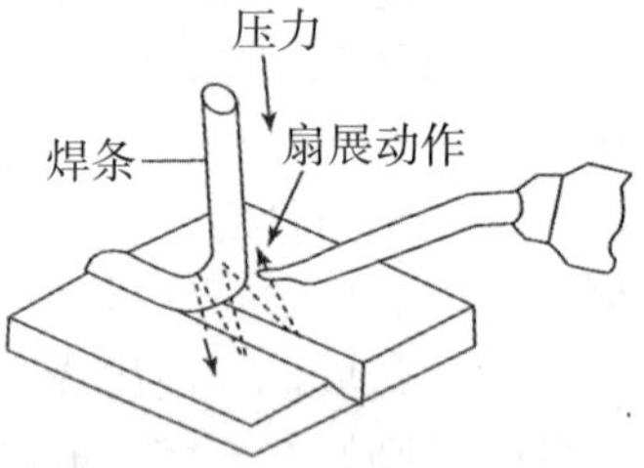

图6-4-14 连续焊接

（10）完成焊接。当达到焊接末端时，停止几秒种后移开喷嘴，并继续保持对焊条施压几秒种。断开焊枪的电源，等待一会后再关闭气源冷却焊缝。焊完后冷却硬化30min左右。如图6-4-15所示。

（11）打磨修整。先用锋利的刀具切割多余的塑料，再用砂轮机配合P80、P180、P240号砂纸依次进行打磨，直至达到后道工序的施工要求。如图6-4-16所示。

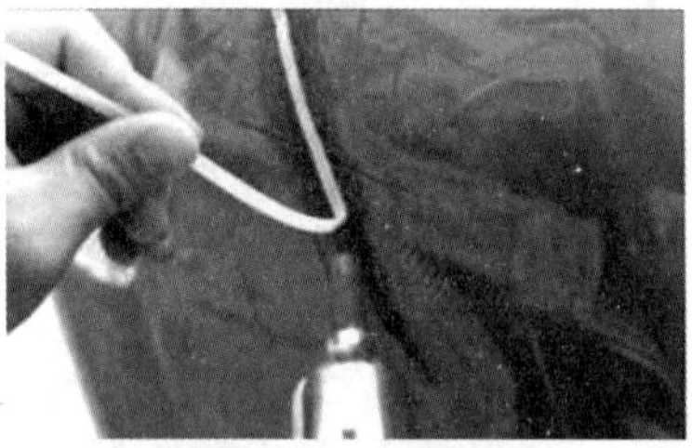

图6-4-15 完成焊接

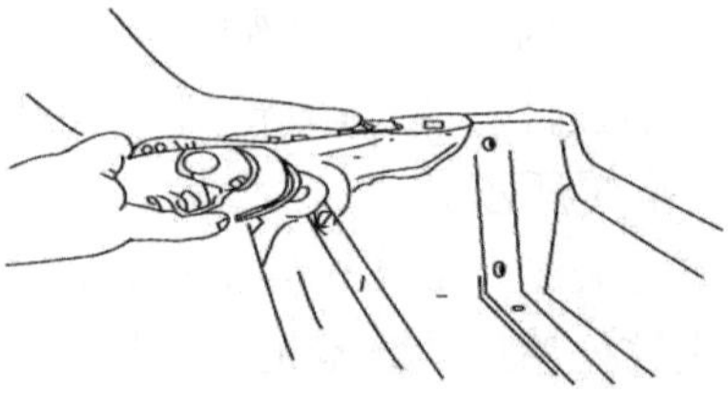

图6-4-16 打磨修整

四、实施评价

考核项目	考核内容	评分细则	分值	得分
车身塑料件修复焊接	劳保用品佩戴	(1)未穿戴工作服、安全鞋，或未视情适时佩戴护；目镜、口罩，每项扣1分，共4分，扣完为止； (2)未安装三件套、车轮挡块，每项扣1分，共4分； (3)未检查车辆驻车情况，扣2分	10分	
	焊接保险杠破损部位	(1)焊接前，未清洁受损区域，扣5分； (2)焊接前，未打磨去除受损区域毛刺及表层污物，扣2分； (3)未使用3mm钻头钻止裂孔，每个扣1分； (4)焊接前未加热整平受损区域，扣2分； (5)未按HG/T 4281—2011相关规定开坡口，扣5分； (6)未进行试焊，扣2分；试焊位置选择错误，扣1分 (7)焊接后未平整焊接区域，每面扣2分； (8)焊接后未打磨焊接区域，每面扣1.5分；正面打磨区域(裂纹两侧及端部各3～5cm)过大或过小，扣5分； (9)工具选择不当，扣5分；工具使用不当，扣5分	38分	
	焊接质量检验	(1)焊接处产生气孔、夹渣，每处扣5分，共10分，扣完为止； (2)出现漏焊，每处扣5分，共10分，扣完为止； (3)产生虚焊，每段(20mm长度为一段，最后不足20mm算一段)扣10分； (4)焊接后的正面打磨区域与相邻区域过渡不平滑，扣10分	40分	
	5S	(1)操作过程中工量具、工件掉落或落地，每件扣1分，共4分，扣完为止； (2)零部件摆放不当，或摆放存在安全隐患，每件扣0.5分，共1分，扣完为止； (3)操作完成后，设备、工量具未清洁或归位，每项扣1分。共4分，扣完为止； (4)贴护未清除，扣1分； (5)未清洁车辆、场地，每项扣2分	12分	
合计			100分	

参 考 文 献

[1] 吴军. 汽车钣金维修一体化彩色教程[M]. 北京：机械工业出版社，2016.
[2] 张启森. 汽车钣金维修[M]. 北京：中国劳动社会保障出版社，2015.
[3] 邱英杰. 汽车钣金·涂装·装潢与美容[M]. 北京：机械工业出版社，2014.
[4] 刘建华. 汽车饭金基本工艺与设备[M]. 北京：机械工业出版社，2013.
[5] 中国汽车维修行业协会. 汽车钣金常见维修项目实训教材[M]. 北京：人民交通出版社，2011.
[6] 韩星. 汽车车身修复技术[M]. 北京：人民交通出版社，2009.
[7] 中国汽车维修行业协会. 车身修复[M]. 北京：人民交通出版社，2008.
[8] 贾逵钧. 汽车碰撞估损与修复[M]. 北京：机械工业出版社，2007.
[9] 屠卫星. 汽车维修钣金工实用技术手册[M]. 南京：江苏科学技术出版社，2006.

汽车钣金技术

工作页

学校：______________

班级：______________

姓名：______________

项目一　汽车钣金常用工具及设备的使用和操作

任务一　常用手工工具的使用和操作

一、常用手工工具认识

1. 手工工具在汽车修理中运用非常广泛，主要包括________、________、________、________、________和________等。

2. 汽车车身维修常用扳手类型主要有________、________、________和________等。

3. 根据车身维修场合，不同锤子可分为________、________、________、____________、________、________和________等。

4. 钳子可分为__________、__________、__________和__________，多用于________金属丝，________或________小零件。

5. 垫铁是一种手持的铁砧，与锤子配合进行钣金修理作业，也称为______。垫铁分为_______、_______、_______、_______和______等形状。

6. 梅花扳手________性强，________力大，适用于拆装所处空间狭小的螺栓、螺母。

7.呆扳手适用于拆装所处空间______的标准规格的螺栓、螺母，特别是螺栓、螺母需用较大______拆装时，应尽量使用梅花扳手。

8. 套筒扳手由一套尺寸______的套筒和一根弓形的快速摇柄组成，对标准规格的螺栓、螺母均可使用。套筒扳手既适合一般部位螺栓、螺母的拆装，也适合处于______部位和______部位螺栓、螺母的拆装。与接杆配合，可加快拆装速度和提高拆装质量。

9.活扳手由______和______两部分组成，扳手的开度大小可以______，它一般用于不同尺寸螺栓、螺母的拆装。

10. 拆卸或者上紧一颗螺母时，我们选择工具时应先______，再______，最后________。

二、任务实施

（一）练习剪圆

1. 使用______裁剪出合适的板材，如图1所示	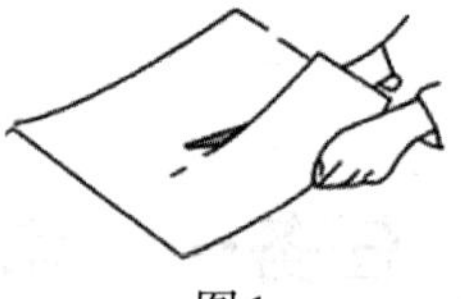 图1
2. 剪切______直线时，被剪去的那部分一般都放在剪刀的______，如图2所示	 图2
3.在板材上用______画一个直径为80毫米的圆，如图3所示	 图3
4. 剪切外圆应从____下剪，按____针方向剪切，边料会随着剪刀的移动而向 ____卷起如图4所示	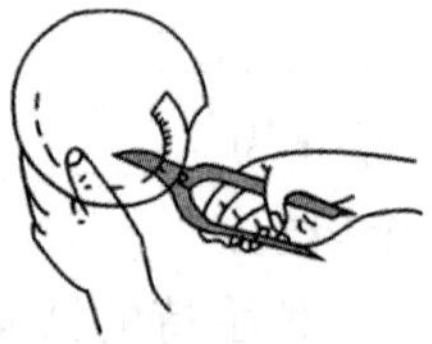 图4

（二）练习敲击直线

1. 锤子主要靠_____和_____握着，如图1所示	 图1
2. 握锤位置离手柄边缘_____为宜，如图2所示	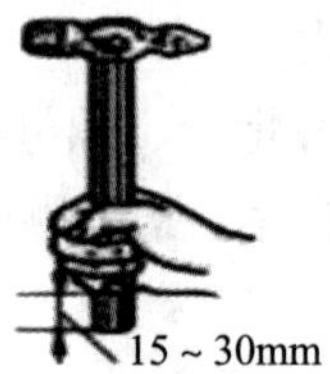 图2

续表

3. 锤子下落时手掌握紧，如图3所示	 图3
4. 锤子在敲击的过程中是呈_____运动，如图4所示	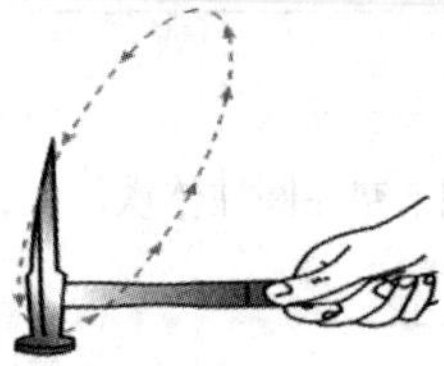 图4
5.反复学习锤子的握法，并使用____发力进行敲击，如图5所示	 图5
6.先在单独一张画有线条的纸上练习敲击，如图6所示	 图6
7. 在画有线条的白纸下铺设一张复写纸和另一张白纸，如图7所示	 图7
8. 接着用锤子在白纸上沿两个相反的方向反复练习直线敲击，如图8所示	 图8
9. 锤子_____要集中到线上，切勿落点分散、凌乱，如图9所示	 图9
10. 检查敲击痕迹与划线是否____，如图10所示	 图10

（三）敲圆

1.使用___裁剪出大小合适的纸卡，如图1所示	 图1
2. 把纸卡垫在圆柱体铁柱上，如图2所示	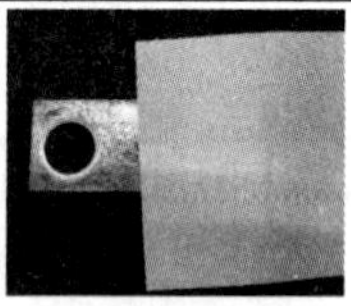 图2
3. 使用锤子敲击纸卡，在敲击过程中，确保每次的落点要在圆柱体铁柱上表面的___，如图3所示	 图3
4. 通过敲击，使纸卡形成一个圆形图案，检查圆形___是否平整，圆形___有无敲击痕迹，如果有，则需要重做本次实操内容，如图4所示	 图4

三、课后反思

收获	
待解疑惑	

任务二　常用动力工具的使用和操作

一、常用动力工具认识

1. 空气压缩机是气源装置中的主体，它是将原动机（通常是电动机）的转换成________的装置，是压缩空气的气压发生装置。

2. 空气压缩机按工作原理可分为______压缩机、______压缩机和______压缩机。

3. 现在常用的空气压缩机有______空气压缩机、______空气压缩机、_______空气压缩机以及______空气压缩机、______空气压缩机。

4.空气压缩机的特点：由______直接驱动压缩机，使曲轴产生旋转运动，带动连杆使活塞产生往复运动，引起气缸容积变化。由于气缸内______的变化，通过进气阀使空气经过空气滤清器（消声器）进入气缸，在压缩行程中，由于气缸容积的缩小，压缩空气经过排气阀的作用，经排气管和______（止回阀）进入储气罐。当排气压力达到额定压力　MPa时，由压力开关控制而自动停机。当储气罐压力降至______MPa时，压力开关自动连接启动。

5. 台钻是指主要用钻头在工件上加工孔的机床。台钻可钻______、______，更换特殊刀具，可_____、______，______或进行______等加工。

6. 台钻的特点：可安放在作业台上，主轴_____布置的小型钻床。通常钻头旋转为_____，钻头_____移动为进给运动。钻床结构简单，加工精度相对较低。

7. 手电钻只：单单地_______________的力气，使钻头在___、___等物质上做刮削形式洞穿。

8. 手电钻应用的注意事项。

（1）在进行钻孔时，要确定钻孔位置下方无___、___、___和水管线。

（2）转孔时不宜用力_____，以防止过载；当转速明显___时，应立即把稳，减少施加的___；当突然___转动时，必须立即切断电源。

（3）当安装钻头时，不允许用锤子或其他金属物品_____，应用___钥匙上紧或取下。

（4）打孔时要___手紧握电钻，尽量不要______手操作，保持正确操作姿势。

（5）较小的工件被钻孔前必须先固定，以确保作业过程中不跟转。

（6）手电钻的外壳风口必须保持_____，注意防止切屑等杂物进入壳内。

9. 砂轮机是用来刃磨各种刀具和工具的常用设备，其主要是由_______、_______、______或其他______、______、______和______等所组成，分为______砂轮机和______砂轮机。

10. 使用砂轮机时，_____（能/不能）戴手套；使用手电钻时，_____（是/否）需要查看旋向，_____（是/否）需要提前打样冲。

二、手电钻打孔

1. 操作前,戴上____和____,如图1所示	 图1
2. 检查手电钻电源线有无脱胶、____和金属线____等情况,如图2所示	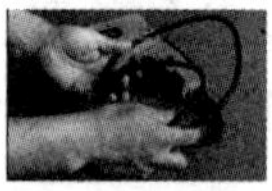 图2
3. 检查手电钻____工作是否正常,如图3所示	 图3
4. 使用前,应该使手电钻____半分钟,确保____无松脱后再进行使用,如图4所示	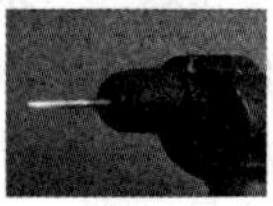 图4
5. 在金属材料上钻孔应首先用在被钻位置处冲打上____,如图5所示	 图5
6. 找 到合适的位置____板材,如图6所示	 图7
7. 在钻较大孔眼时,预先用____钻头钻穿,然后使用____钻头钻孔,如图7所示	 图7

三、课后反思

收获	
待解疑惑	

任务三　常用气动设备的使用和操作

一、常用气动工具认识

1. 气动扳手，又称________，主要利用________来完成对螺栓螺母的拧紧。

2. 气动扳手一般分为两类：一类是常规性气动扳手，也就是很普通的扳手；一类是________气动扳手。两类扳手的区别是，常规性气动扳手不能定扭矩，而脉冲气动扳手可以。

3. 气动扳手被广泛应用在许多行业，如汽车修理、重型设备维修、产品装配等。在汽车维修中，气动扳手主要用于汽车中螺栓、螺母的________。

4. 气动打磨机主要用于__________。常见的气动打磨机有________式打磨机和________式打磨机两种。

5.气动打磨机多种外形结构，适合各种角度操作，________，________，__________，噪音低，震动小，具有强力的吸尘效果，长时间使用不疲劳。

6.对汽车车身修复来说，带式打磨机主要应用于________、________、除锈、除焊点以及死角位置打磨；盘式打磨机主要用于________、除锈等。盘式打磨机通常打磨时用的砂轮片粒度为________#、________#或________#等，一般常用的是______#。

7.气动锯具有切割________、________、对构件________等许多优点，主要由锯体、________、________、________等部分组成。

二、气动打磨机的使用

1. 穿戴好防护眼罩和_____口罩，如图1所示	 图1
2. 佩戴好_____耳塞，如图2所示	 图2

续表

3. 正确连接将要使用的气动工具及其延长气管，如图3所示	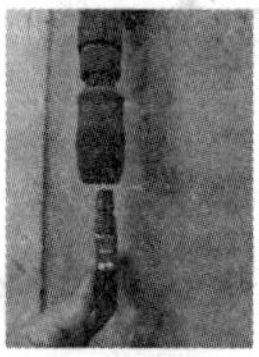 图3
4. 选择合适______的打磨砂纸，如图4所示	 图4
5. 起始打磨时，砂轮与金属表面形成____的夹角，在金属受损的_____先进行打磨。打磨时的压力以_____压住砂轮为宜，不要压力过大或过小，如图5所示	 图5
6. 受损_____的部位，盘式打磨机打磨不到的，应该使用_____打磨机进行打磨。再利用______打磨机与带式打磨机结合使用，如图6所示	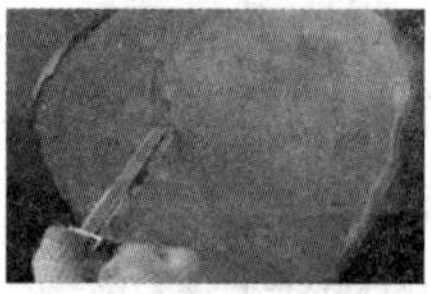 图6
7. ____部位打磨以砂轮与金属表面____接触，利用砂纸的大接触面来进行____打磨，如图7所示	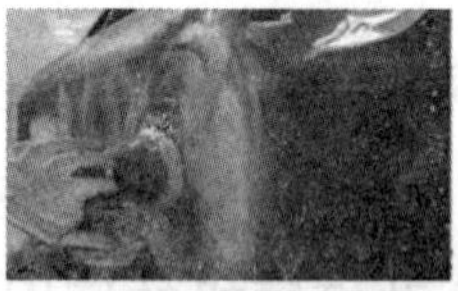 图7
8. 每次打磨后要对进行打磨好的板件进行____，用气枪对着板件进行__度斜角进行清洁，边清洁边用__进行擦拭，如图8所示	 图8

三、课后反思

收获	
待解疑惑	

项目二　汽车车身结构及材料

任务一　汽车非承载式车身结构认知

一、填空题

1. 轿车车身按照车身结构，可以分为________、__________、_________、___________、_________、_________、_________。

2. 按车身壳体的结构形式分类，可分为_______、_______、_______。

3. 按车身的受力情况分类，可分为________、________、_______。

4. 非承载式车身又称为_______，车架是一个独立部件，没有与车身外壳任何主要部件焊接在一起。

5. 车身通常用螺栓固定在车架上，为减少乘客室内的______和______，车身与车架之间放置特制______，还安装了______，将振动减至最小。

6. 根据图片填写相应的名称。

____

____

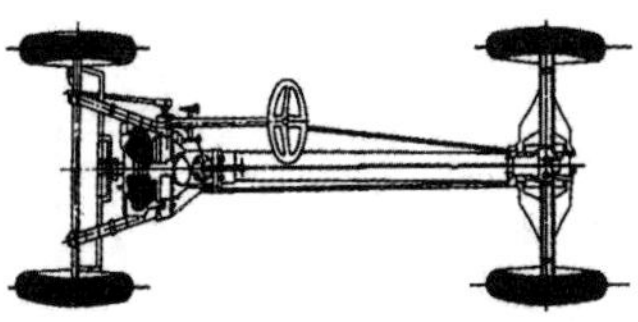

____

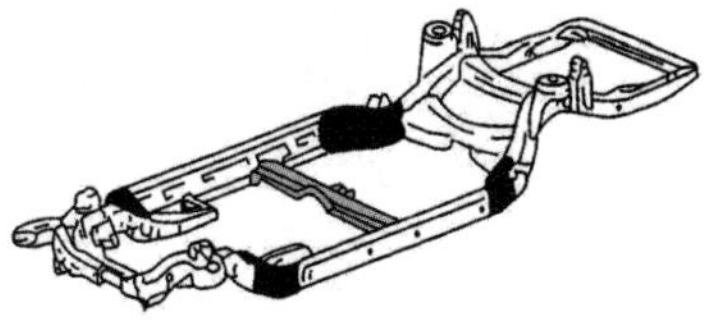

____

7. 车架必须有足够的______承受汽车运行时的各种______，甚至在发生碰撞时，仍能保持汽车其他部件的______。

8. 在发生碰撞事故时，大部分碰撞能量将由______吸收，因此可______，车身损伤相对较小一些。

9. ______的纵梁在其最大宽度处支撑着车身，在车身受到______冲击时可为乘客提供保护，受到侧向冲击______。

二、课后反思

收获	
待解疑惑	

任务二 汽车承载式车身构造

一、填空题

1. 承载式车身也称为 ________，近年生产的小型、中型（甚至有些大型）的新型轿车，大都采用整体式（无架式）车身构造。

2. 整体式车身______单独的车架，整个车身与车架合成一体。整个车身是由冲压成不同形状的薄钢板件用________连接成一个整体。

3. 承载式车身的特点有：

（1）____

（2）____

（3）____

（4）____

（5）____

（6）____

4. 现在的整体式车身结构有________、________和中置发动机后轮驱动（简称中置后驱，可用MR表示）3种基本类型。

5. 根据图片内容填空。

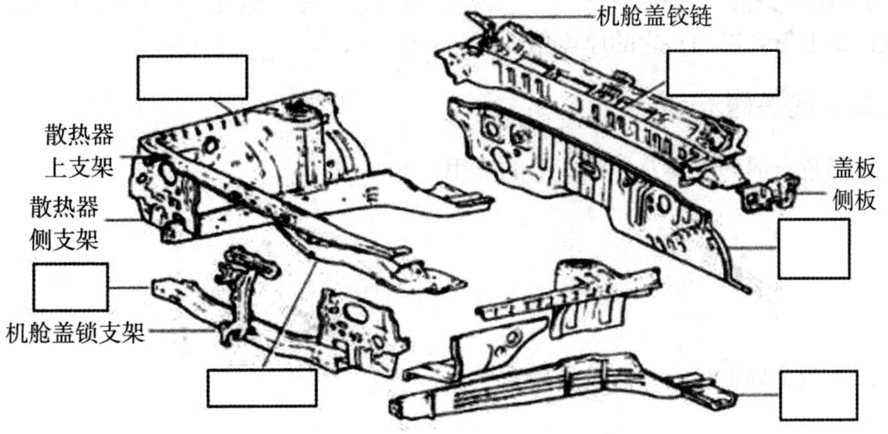

二、课后反思

收获	
待解疑惑	

任务三　汽车车身材料

一、填空题

1. 汽车车身由于外形、__________的要求不同，结构上广泛采用金属材料，这些材料具有较好的________性、________性和________性。

2. 汽车钣金常用的金属材料分为________金属和________金属两大类。

3. 黑色金属板材按其厚度不同分为________钢板和________钢板两类。

4. 黑色金属即________，按________高低的不同可分为________碳钢、________碳钢和_______碳钢三类；按材料的断面形状可分为______、_______、______和_____四类。

5. 纯铜薄板其外表颜色呈________色，又称为紫铜板。具有良好的________性、________性、________性和塑性，但________较低，适于压力加工。

6. 车身结构中有两种类型的钢板，即________和________。热轧钢板是在________以上的高温下轧制的，它的厚度一般在________mm，用于制造汽车上比较厚的零部件，如车身、横梁、车架、车身内部钢板、底盘零件、底盘大梁等。

7. 冷轧钢板是由热轧钢板经过______后冷轧变薄，并经过______处理得到的(因为滚轧的关系，内部结构变硬，要实施退火处理使它软化)。由于冷轧钢板是在较低的温度下轧制的，它的厚度精度高，一般厚度为________mm。

二、简答题

1. 黑色金属的分类及在汽车上的应用。

2. 有色金属板材的分类及应用。

3. 铝合金板的特点及在汽车上的应用。

三、看图填写相应的名称

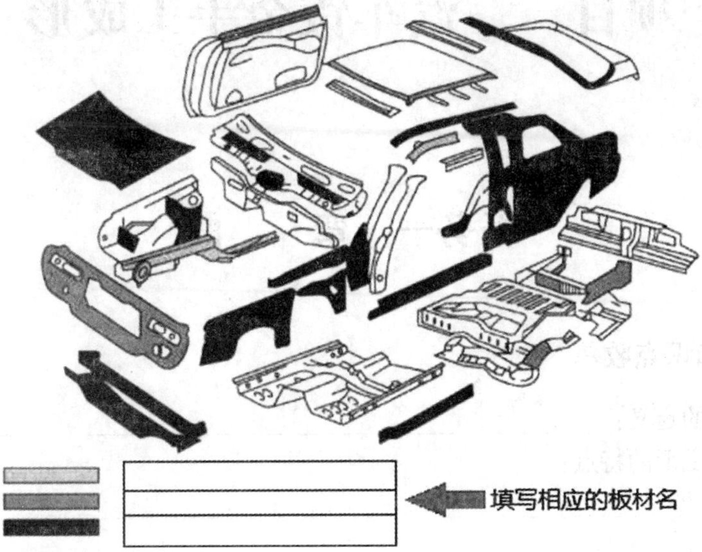

____

____

____

____

____

____

四、课后反思

收获	
待解疑惑	

项目三　汽车钣金手工成形

任务一　弯　　曲

一、知识点收集

1. 弯曲的定义：____。

2. 弯曲变形的特点：

（1）____。

（2）____。

（3）____。

3. 角形弯折。

（1）当弯折工件在钳口以上较长或板料较薄时的弯折操作。

________________　　________________

（2）当弯折工件在钳口以上较短时的弯折操作。

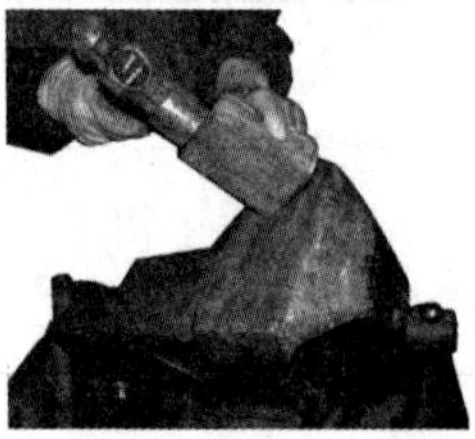

________________　　________________

二、任务实施

（一）将板件弯曲成L形

1. 根据图1的工件要求和尺寸进行划线	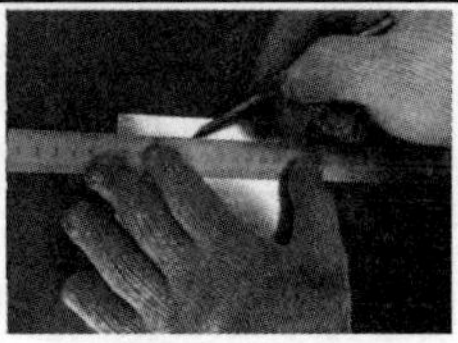 图1
2. 在平板上准备弯曲操作，如图2所示	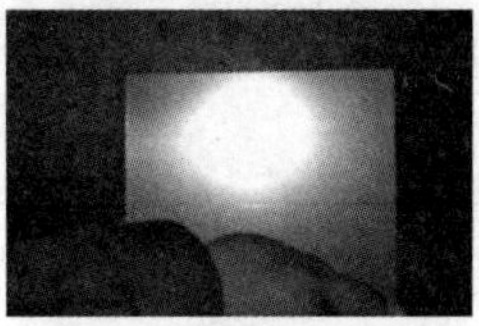 图2
3. 用________，如图3所示	 图3
4. 锤击板件中间部位，如图4所示	 图4
5.锤击板件________，如图5所示	 图5

（二）将板件弯曲成n形

1. 根据图1的工件要求和尺寸进行划线	 图1

续表

2. 将板件夹在台虎钳上，________。如图2所示	 图2
3. 借助_____将板件夹在台虎钳上，弯出β角。如图3所示	 图3
4. 借助____将板件夹在台虎钳上，弯出θ角。如图4所示	 图4
5. 借助_____将板件夹在台虎钳上，弯出θ角。如图5所示	 图5
6. _______，如图6所示	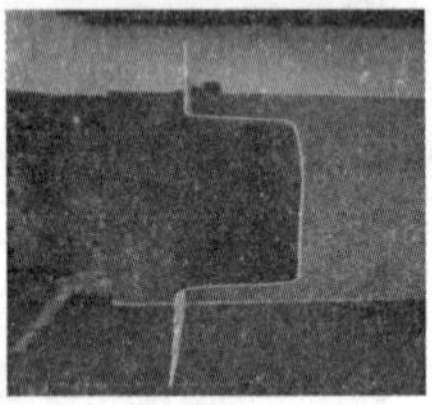 图6

三、课后反思

收获	
待解疑惑	

任务二 放边与收边

一、知识点收集

1. 放边的定义：____。

2. 打薄放边的原理：____。

3. 收边的定义：____。

4. 收边方法有：____。

二、将板材放边成轮眉形状

1.__________________________ __________________________________ ____________________。如图1所示	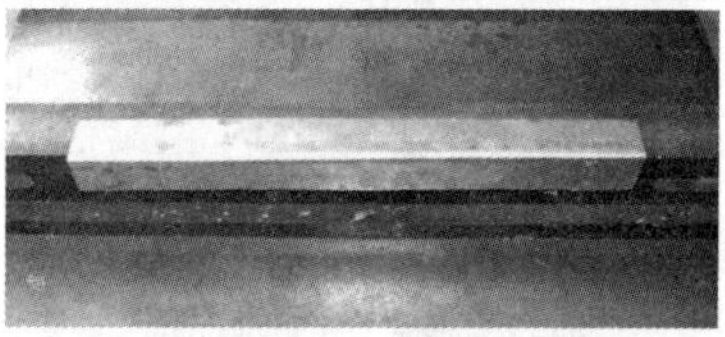 图1
2.__________________________ __________________________________ ______________。如图2所示	 图2
3.__________________________ __________________________________ ______________。如图3所示	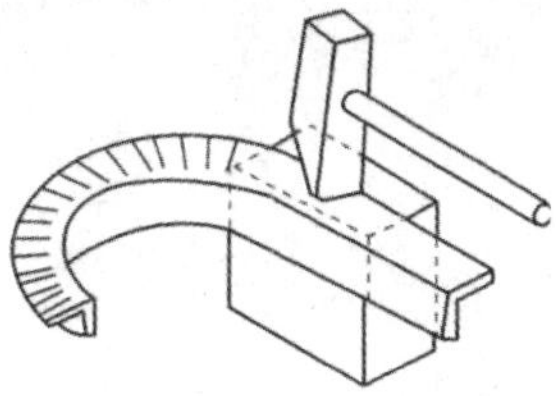 图3
4.__________________________ __________________________________ ______________。如图4所示	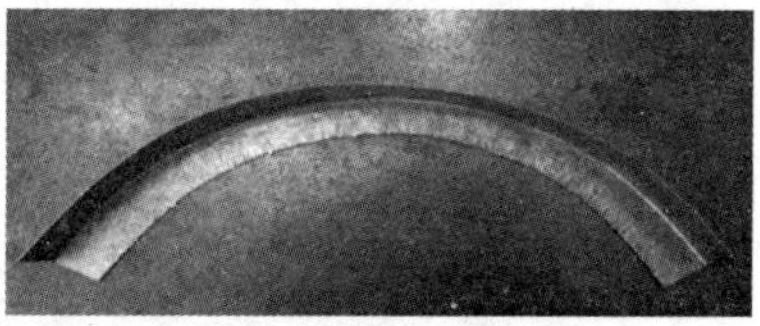 图4
5.__________________________ __________________________________ ______________。如图5所示	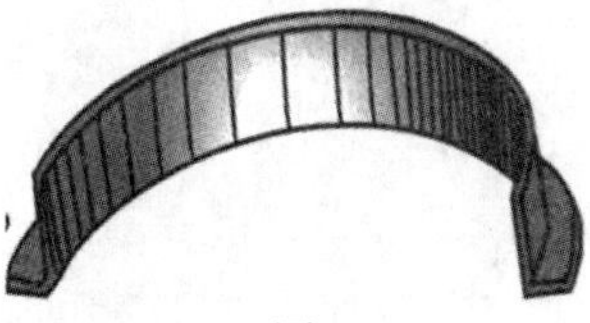 图5

三、课后反思

收获	
待解疑惑	

任务三　卷边与咬缝

一、知识点收集

1. 卷边的定义：

____。

2. 卷边的分类：________________________________。

3. 夹丝卷边的定义：____________________________。

4. 咬缝的定义：________________________________。

5. 常见咬缝的种类，就结构不同，可分为________、________、________；因形式不同，可分为________和________。

二、任务实施

（一）将板材卷边操作

1. 在板料上划出两条卷边线，如图1所示	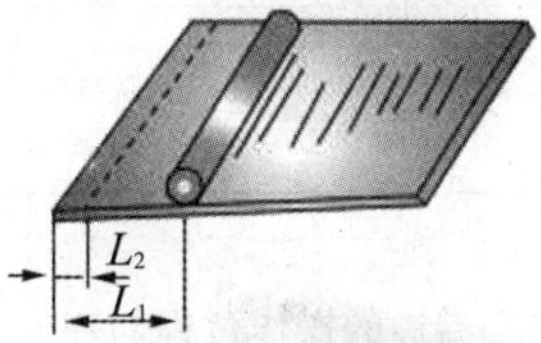 图1
2. ________________________________ ________。如图2所示	 图2
3. 左手压住板料，右手用木锤或方木敲击露出平台部分的边缘，使其向下弯曲成____。如图3所示	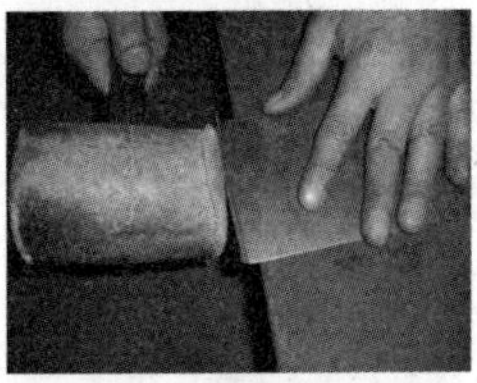 图3
4. 将板料向平台外伸弯曲，直至平台边缘对准第二次卷边线为止，即使露出平台部分等于L_1，并使第一次敲打的边缘靠上平台。如图4所示	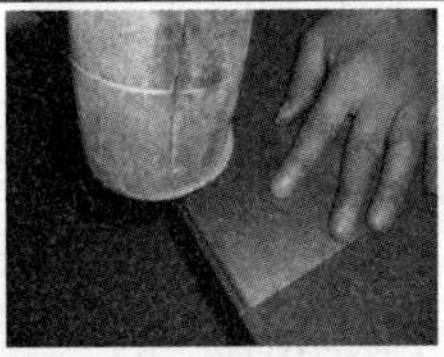 图4

续表

<table>
<tr><td>5. 将板料翻转____。如图5所示</td><td>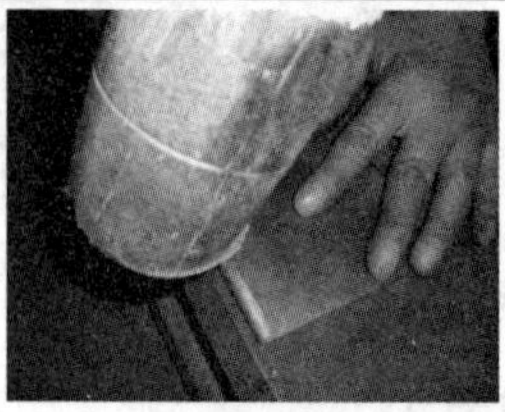
图5</td></tr>
<tr><td>6. 将____放入卷边内，放时先从一端开始，以防钢丝弹出。先将一端扣好，然后放一段扣一段，全部扣完后，轻轻敲打，使卷边紧靠钢丝。如图6所示</td><td>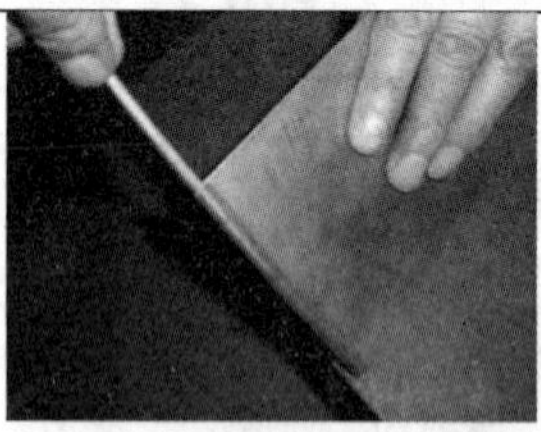
图6</td></tr>
<tr><td>7. 翻转板料，将接口靠住平台的边角，使接口咬紧。如图7所示</td><td>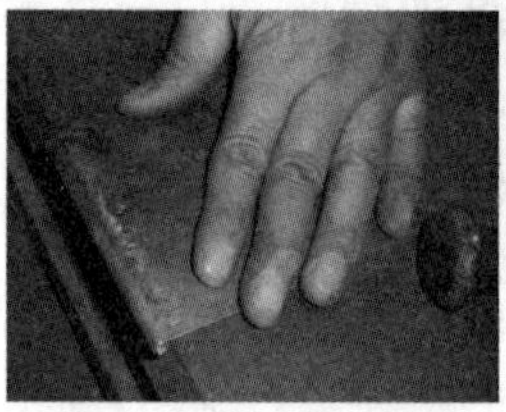
图7</td></tr>
<tr><td>8. 手工空心卷边的操作过程与夹丝的一样，只是使卷边与钢丝不要靠得太紧，以便最后把钢丝抽拉出来。如图8所示</td><td>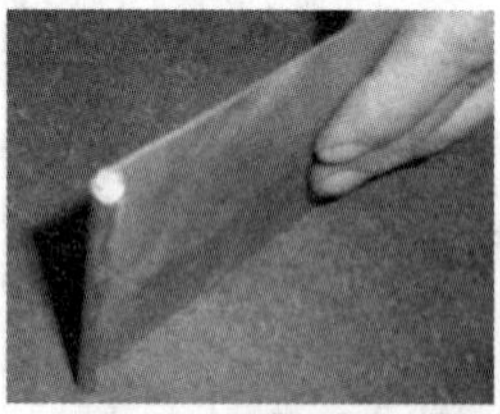
图8</td></tr>
</table>

（二）将板材咬缝操作

<table>
<tr><td>1. 将板料剪切成所需的尺寸，在板料的正面和反面分别划线。如图1所示</td><td>
图1</td></tr>
<tr><td>2. 根据咬缝的要求，用木锤____。如图2所示</td><td>
图2</td></tr>
</table>

续表

3. ______________。如图3所示	 图3
4. ______________。如图4所示	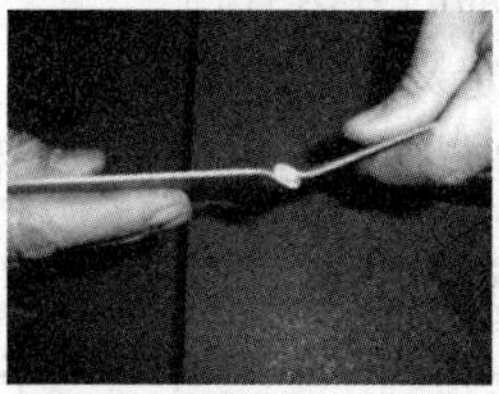 图4
5. 用木锤_________，使其咬紧。如图5所示	 图5
6. 修正两块板件成平直，如图6所示	 图7

三、课后反思

收获	
待解疑惑	

任务四　制筋与拔缘

一、知识点收集

1. 制筋是指____________________________________。
2. 手工制筋的方法有________________和________________两种。
3. 拔缘的定义：____________________________________。
4. 拔缘的方法有__________和__________ 两种。

二、将板材制作成笔筒

1. 在板材上划出__________，如图1所示	 图1
2. 将板材进行__________，如图2所示	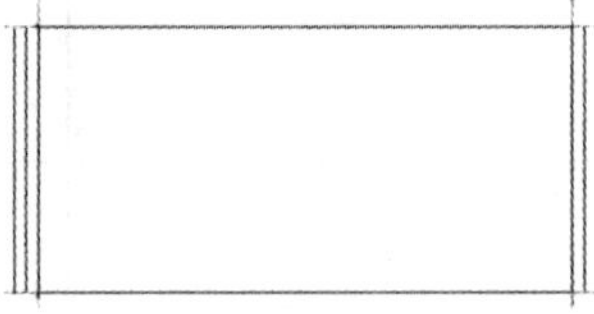 图2
3. 将板材进行__________，如图3所示	 图3
4. 借助______将板材进行弧度弯曲成圆筒，如图4所示	 图4
5. 将圆筒进行__________，如图5所示	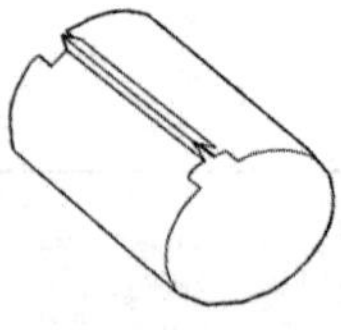 图5

续表

6.借助圆筒将咬缝__________，如图6所示	 图6
7.将__________，标记线和边棱对齐，使伸出部分与砧座的平面保持30°左右的夹角，在铁砧上用锤子将标注线处敲打成圆角。__________，以免产生裂纹。如图7所示	 图7
8.打平波纹，使弯边收缩。如图8所示	 图8
9.__________。如图9所示	 图9

三、课后反思

收获	
待解疑惑	

项目四　汽车车身典型钣金件拆装

任务一　汽车保险杠的拆装

一、叙述汽车保险杠的作用

____

____

____

二、叙述汽车保险杠的类型

____

____

三、填写保险杠的结构名称

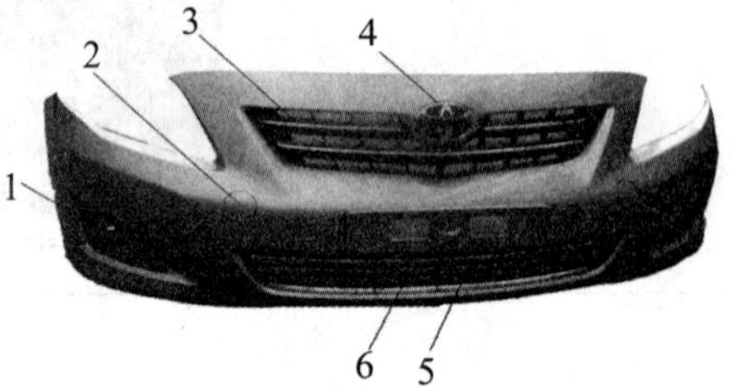

1. ____________；2. ____________；3. ____________；
4. ____________；5. ____________；6. ____________。

四、前保险杠拆装步骤

1.______________________________	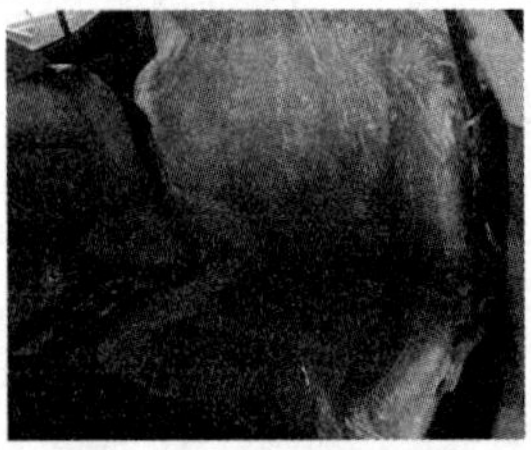 图1

续表

2.______________________________ ______________________________ ______________________________ ______________________________	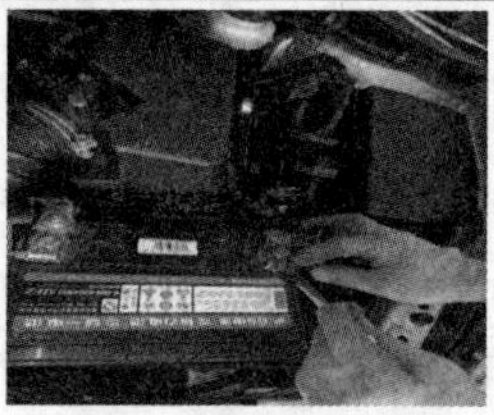 图2
3.______________________________ ______________________________ ______________________________ ______________________________	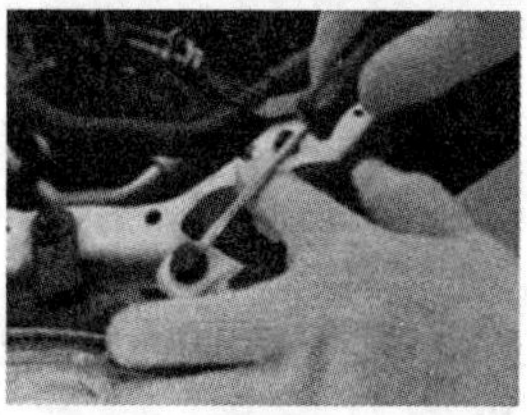 图3
4.______________________________ ______________________________ ______________________________ ______________________________	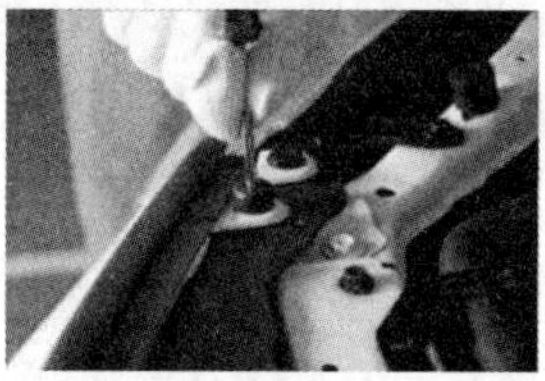 图4
5.______________________________ ______________________________ ______________________________ ______________________________	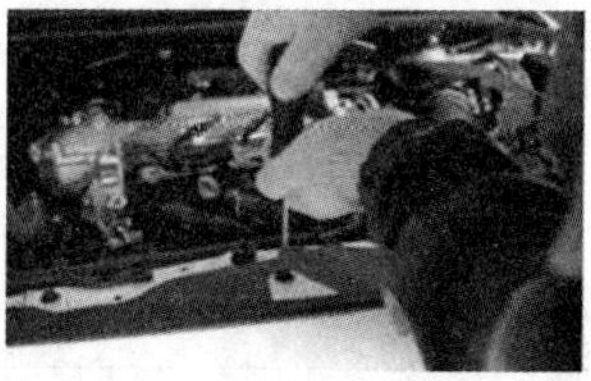 图5
6.______________________________ ______________________________ ______________________________ ______________________________	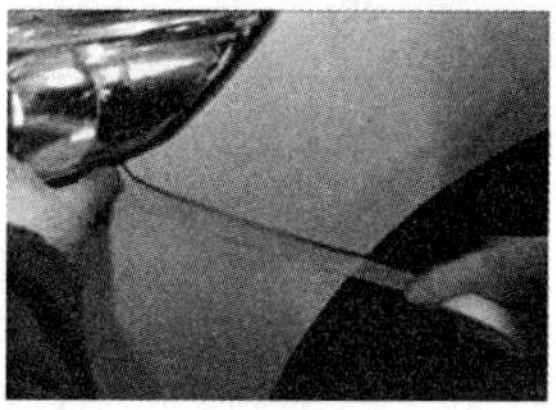 图6
7.______________________________ ______________________________ ______________________________ ______________________________	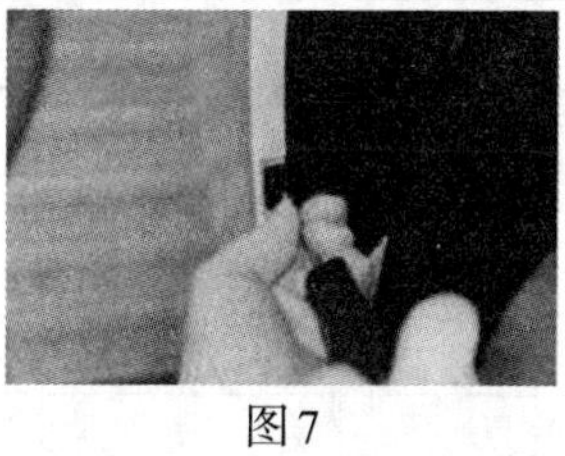 图7

续表

8.________________________ ________________________ ________________________ ________________________	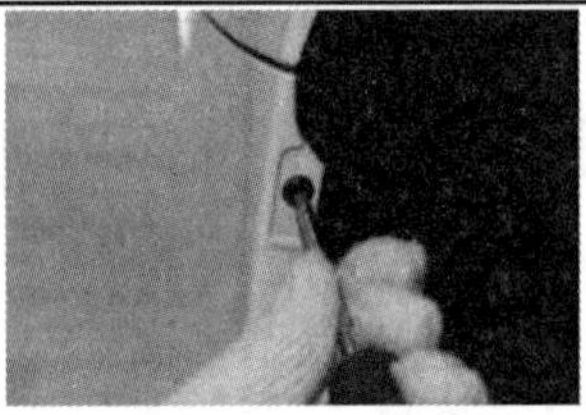 图8
9.________________________ ________________________ ________________________ ________________________	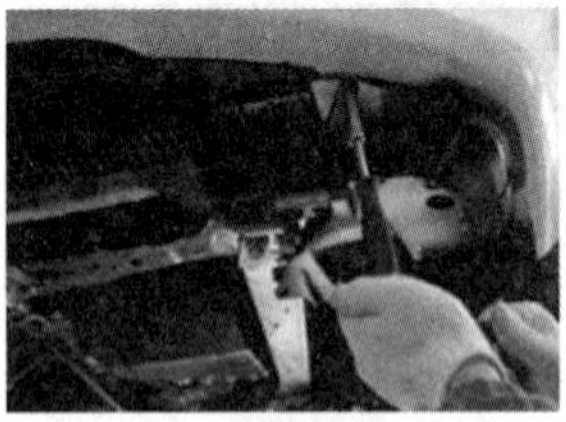 图9
10.________________________ ________________________ ________________________ ________________________	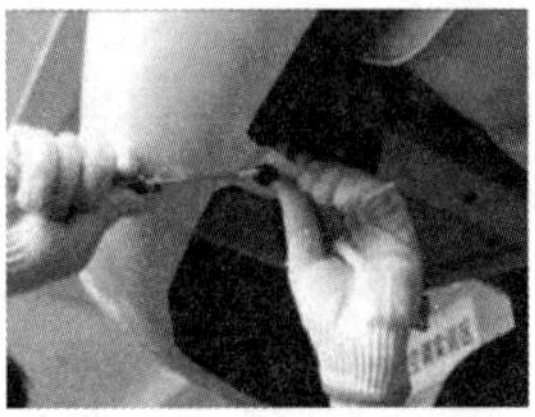 图10
11.________________________ ________________________ ________________________ ________________________	 图11
12.________________________ ________________________ ________________________ ________________________	 图12
13.________________________ ________________________ ________________________ ________________________	 图13

续表

14. 汽车前保险杠的安装步骤与拆卸相反，如图14所示。 **提示**：螺钉和卡夹要安装到位，老化或损坏的卡扣要及时更换	 图14

五、课后反思

收获	
待解疑惑	

任务二　汽车翼子板的拆装

一、填空题

1.翼子板的制造通常需要选用____________，表面采用__________处理。

2.按照在车身上安装位置的不同，现代轿车的翼子板分为____________和____________。

3.普通轿车的前翼子板主要由___________、___________、____________等组成，部分轿车还装有翼子板____________。

二、请完成前翼子板的拆装

1.__________________________________ ____________________________________ ____________________________________ ____________________________________	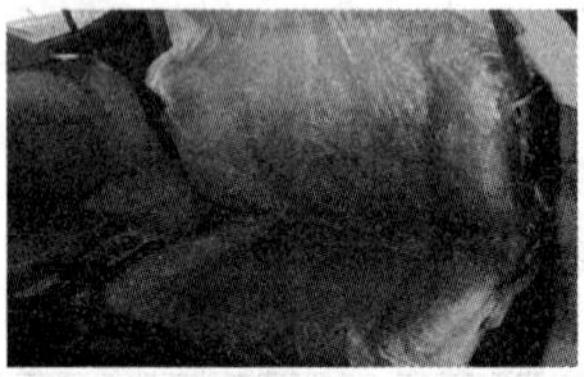 图1
2.__________________________________ ____________________________________ ____________________________________ ____________________________________	 图2
3.__________________________________ ____________________________________ ____________________________________ ____________________________________	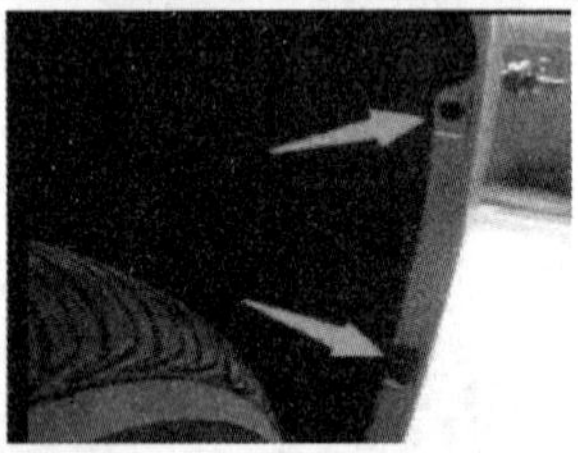 图3
4.__________________________________ ____________________________________ ____________________________________ ____________________________________	 图4

续表

5.____________________	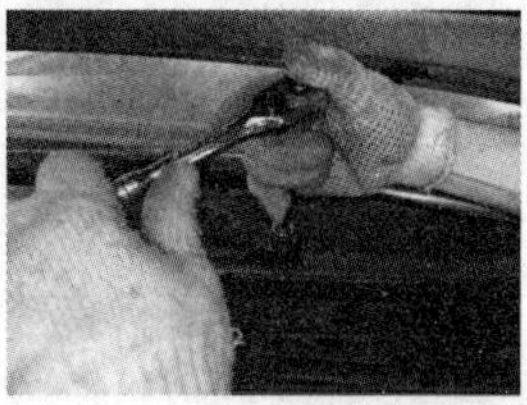 图5
6.____________________	 图6
7.____________________	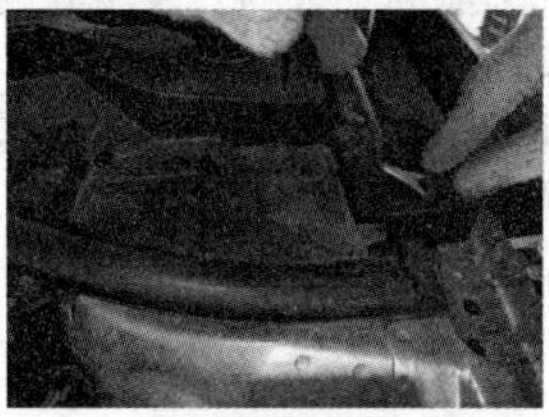 图7
8.____________________	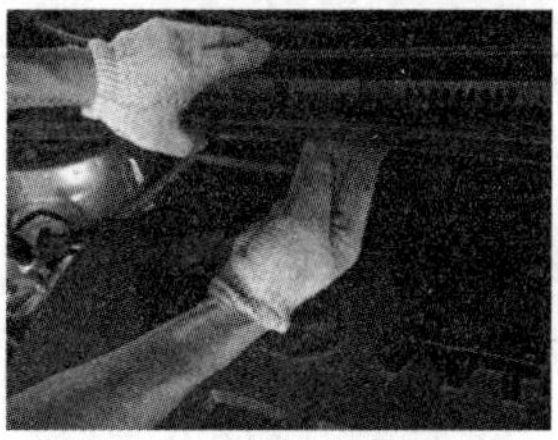 图8
9.____________________	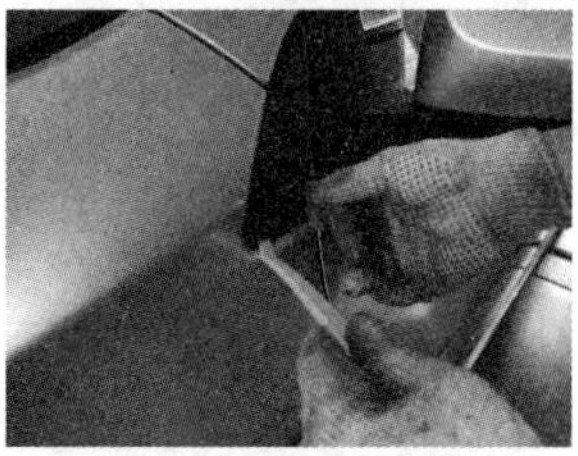 图9
10.____________________	 图10

续表

11.________________ ________________ ________________ ________________	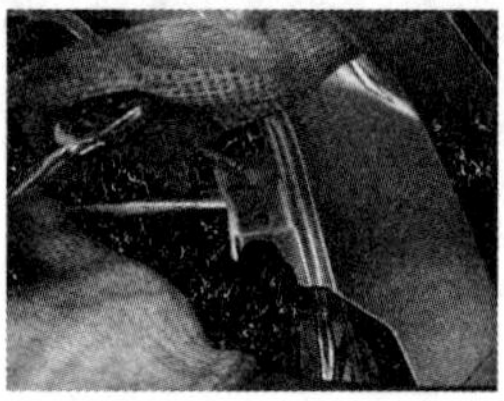 图11
12.________________ ________________ ________________ ________________	 图12
13. 汽车前翼子板的安装步骤与拆卸相反,如图13所示。 **提示:**螺栓和卡夹要安装到位,老化或损坏的卡扣要及时更换	 图13

三、课后反思

收获	
待解疑惑	

任务三　汽车车门的拆装

一、前车门内饰的基本结构认识

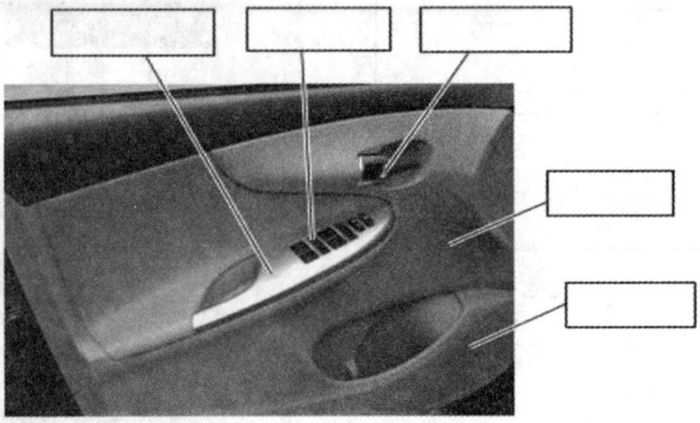

二、车门本体的骨架认识

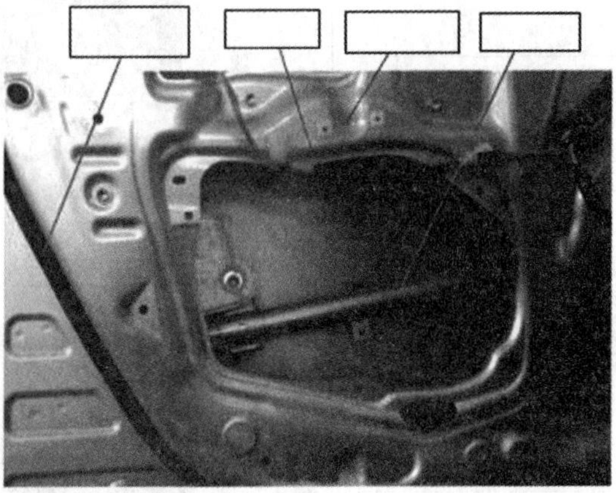

三、请完成前前车门内饰板的拆装

1.____________________ ____________________ ____________________ ____________________	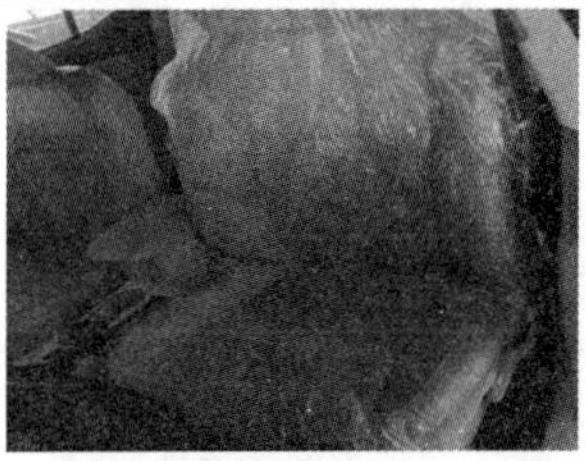 图1

续表

2.____________________ ____________________ ____________________ ____________________	 图 2
3.____________________ ____________________ ____________________ ____________________	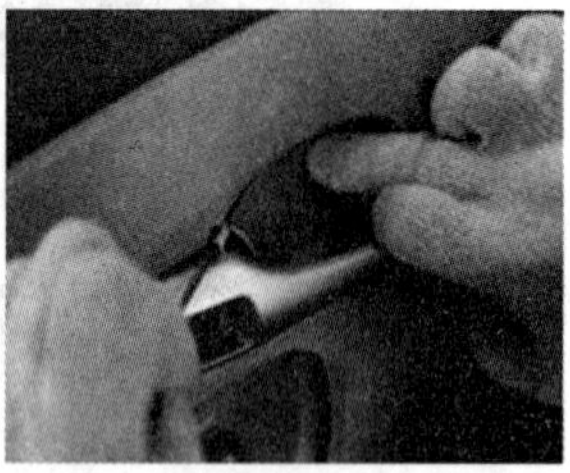 图 3
4.____________________ ____________________ ____________________ ____________________	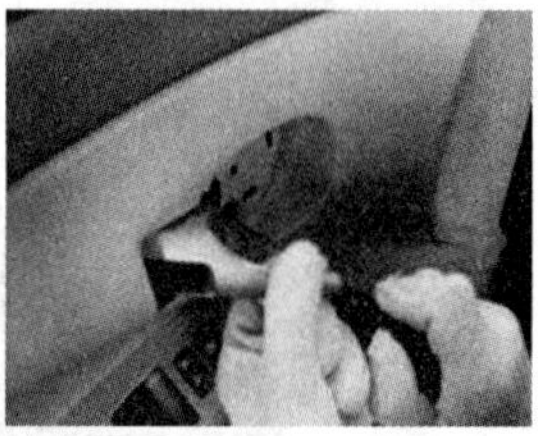 图 4
5.____________________ ____________________ ____________________ ____________________	 图 5
6.____________________ ____________________ ____________________ ____________________	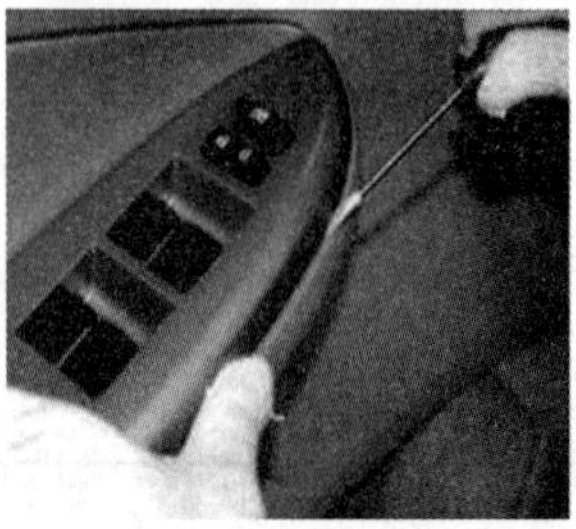 图 6

续表

7.____________________ ____________________ ____________________ ____________________	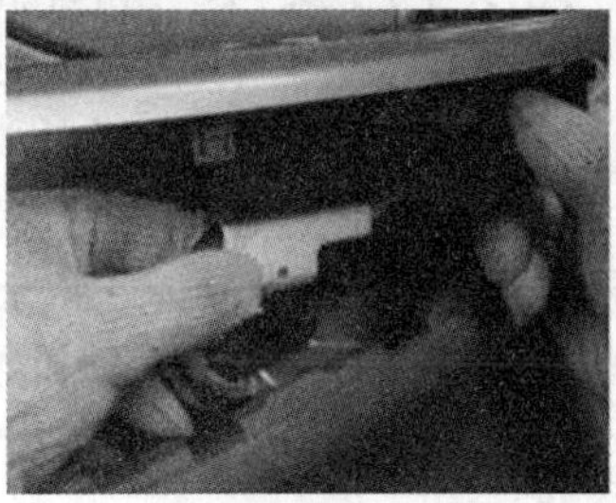 图7
8.____________________ ____________________ ____________________ ____________________	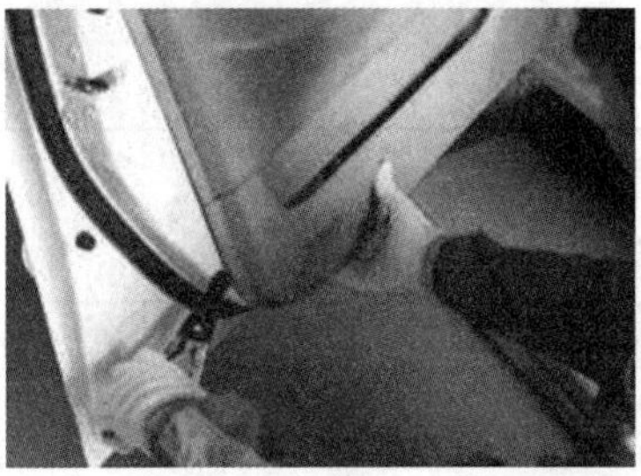 图8
9.____________________ ____________________ ____________________ ____________________	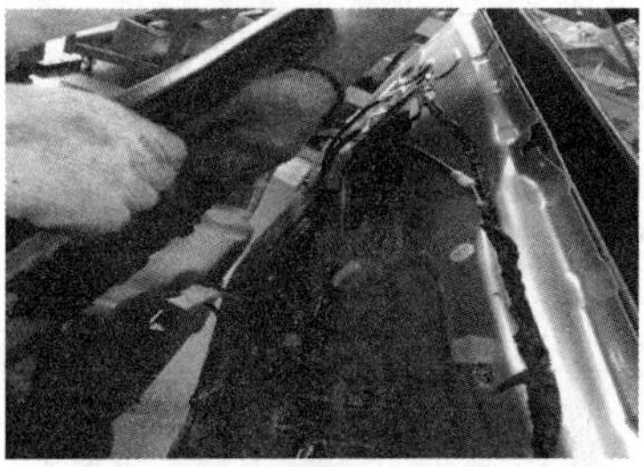 图9
10.安装车门内饰板和各附件，如图10所示。 (1)安装车门内侧锁止拉索和遥控锁止拉索，导出控制器开关连接器。 (2)安装车门内饰板和控制开关。 **提示：**应通过观察、声音或手的感觉，确保安装到位	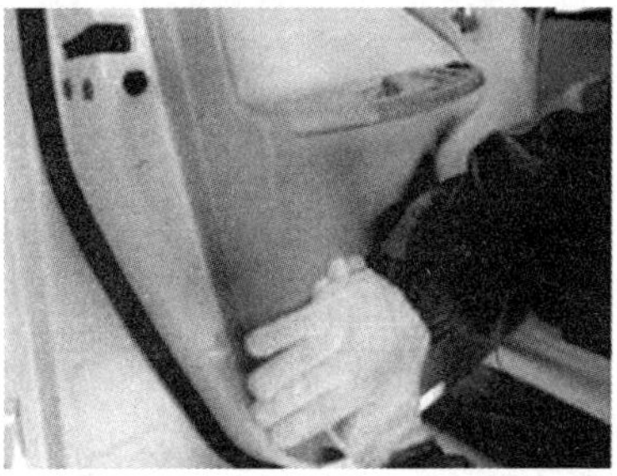 图10

四、完成车门玻璃、升降器、车门的拆装与调整

（一）车门玻璃与升降器的拆装与调整

1.______________________	 图1
2.______________________	 图2
3.______________________	 图3
4.______________________	 图4
5.______________________	 图5

（二）前车门的拆装与调整

1.____________________ ______________________ ______________________ ______________________	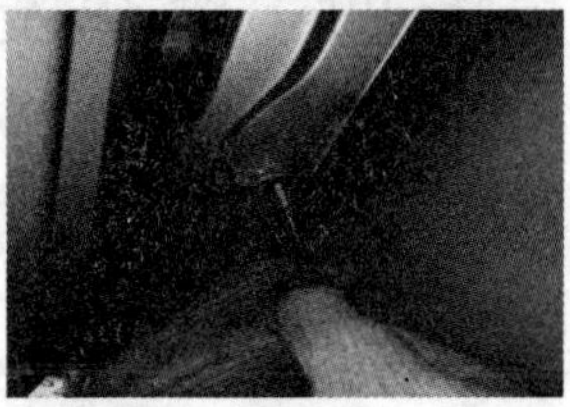 图1
2.____________________ ______________________ ______________________ ______________________	 图2
3.____________________ ______________________ ______________________ ______________________	 图3
4. 汽车前门的安装步骤与拆卸相反，并调整前门间隙。如图4所示。 （1）松开车身上的铰链螺栓并调整前车门间隙。 （2）调整完毕后，紧固车身上的铰链螺栓。 （3）松开车门上的铰链螺栓并调整前车门间隙。 （4）调整完毕后，紧固车门上的铰链螺栓。 **提示：**扭矩为26 N·m	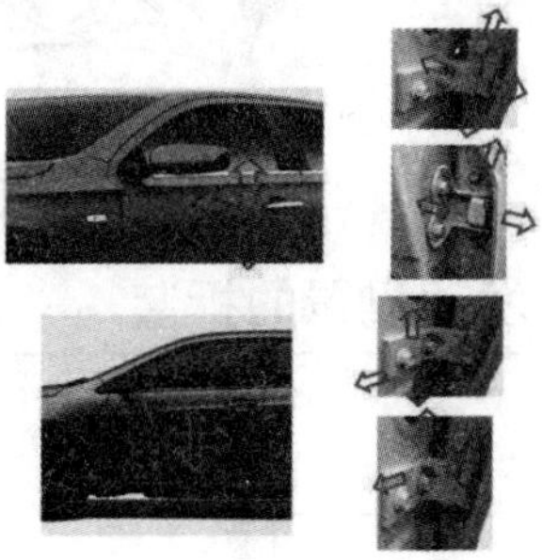 图4

五、课后反思

收获	
待解疑惑	

任务四　汽车发动机罩和行李箱盖的拆装

一、汽车发动机罩的组成认识

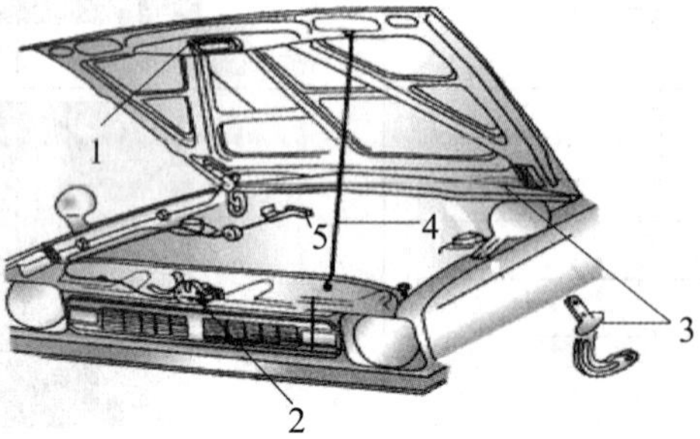

1. ________；2. ________；3. ________；4. ________；5.________。

二、发动机罩盖的组成认识

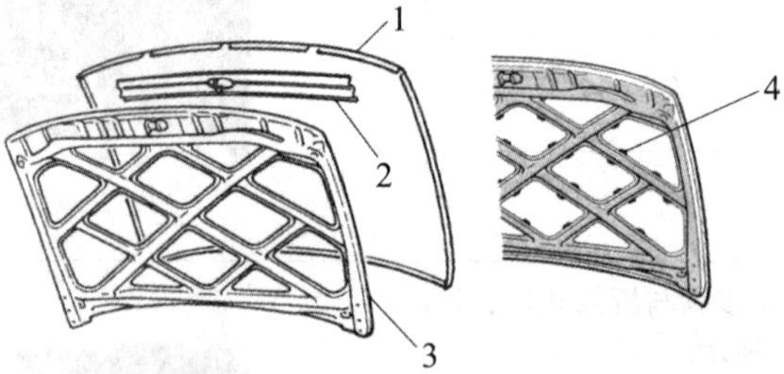

1. ________；2. ________；3. ________；4. ________。

三、发动机罩的拆装

1. ____________________ ____________________ ____________________ ____________________	 图1
2. ____________________ ____________________ ____________________ ____________________	 图2

续表

3. ________________	 图3
4. ________________	 图4
5. 安装发动机罩。安装发动机罩按拆卸的相反顺序进行，如图5所示。 **提示：**注意拆卸的位置或痕迹，以便于调整发动视罩的间隙和位置	 图5
6. ________________	 图6
7. ________________	 图7
8. ________________	 图8

四、课后反思

收获	
待解疑惑	

项目五　汽车钣金常用设备使用

任务一　惰性气体保护焊焊机

一、简述惰性气体保护焊的优点

二、惰性气体保护焊焊机的组成

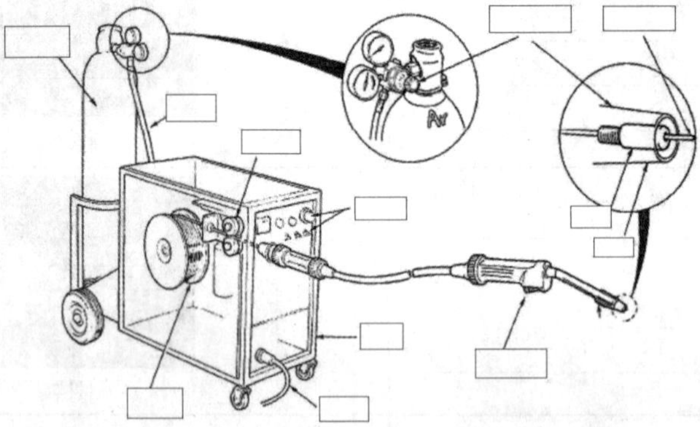

三、控制面板功能键认识

四、二氧化碳气体保护焊机操作

1. ______________________________	 图1
2. ______________________________	 图2
3. ______________________________	 图3
4. ______________________________	 图4
5. ______________________________	 图5

续表

6. ____________	图6
7. ____________	图7
8. ____________	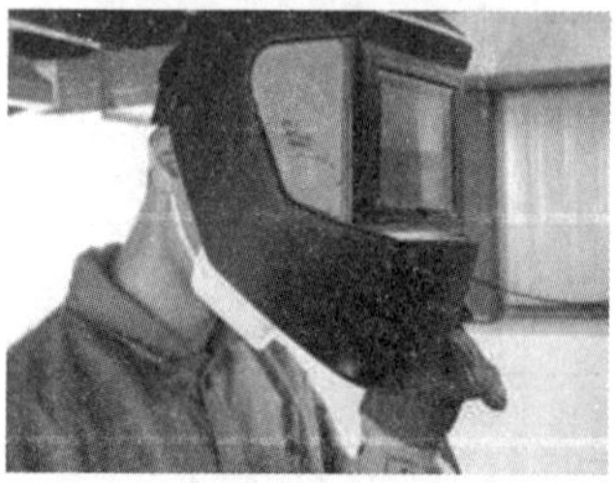图8
9. ____________	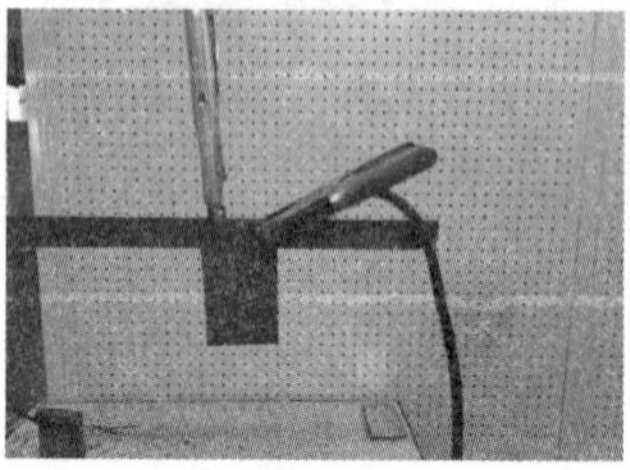图9

五、课后反思

收获	
待解疑惑	

任务二　电阻点焊机

一、电阻点焊机的组成

1. ________；2. ________；3. ________；4. ________。

二、焊枪本体组成

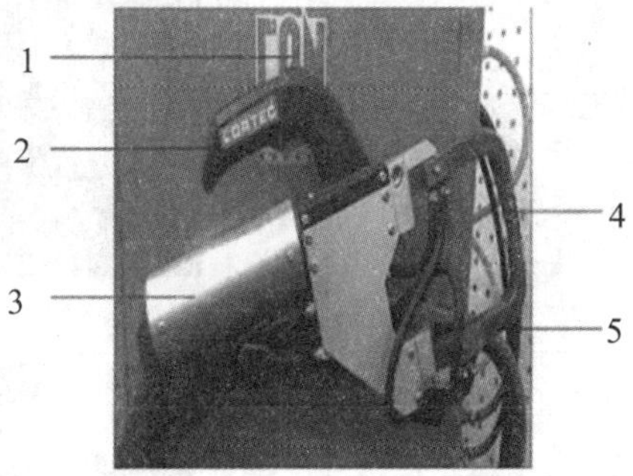

1. ________；2. ________；3. ________；4. ________；5.________。

三、简述电阻点焊机的调整参数

四、电阻点焊机操作

1. ________________________________ ________________________________ ________________________________ ________________________________	 图1

续表

2. ____________________	 图2
3. ____________________	 图3
4. ____________________	 图4
5. ____________________	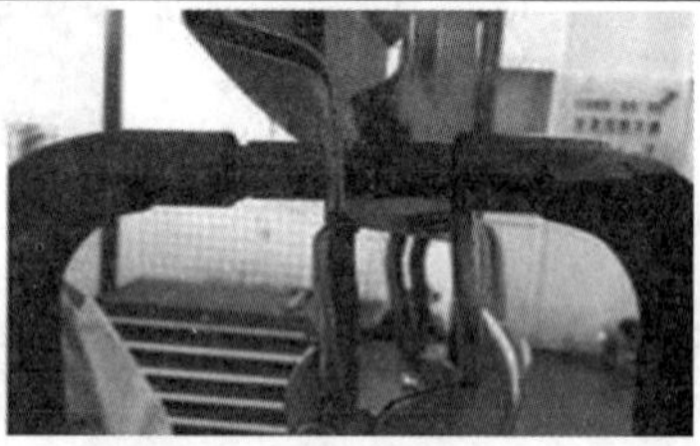 图5
6. ____________________	 图6
7. ____________________	 图7

续表

8. ______________________________ ______________________________ ______________________________ ______________________________	 图8

五、课后反思

收获	
待解疑惑	

任务三　车身外形修复机

一、车身外形修复机认识

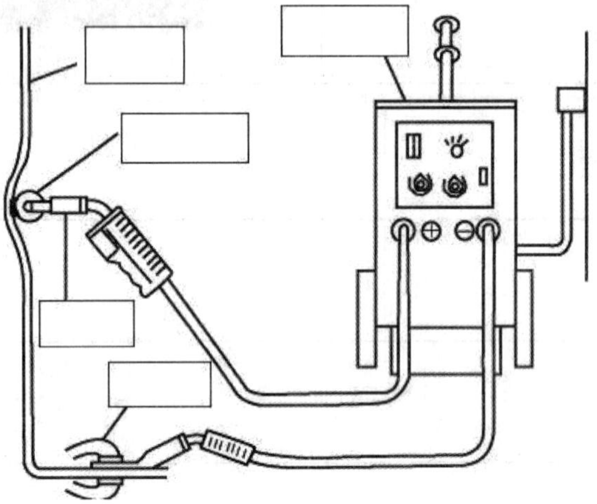

二、简述拉拔法修复钢板的原理

三、外形修复机操作

1. ____	 图1
2. ____	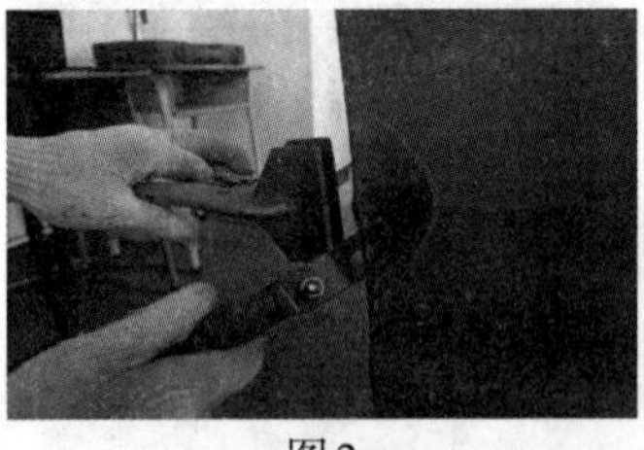 图2

续表

3. ______________________________	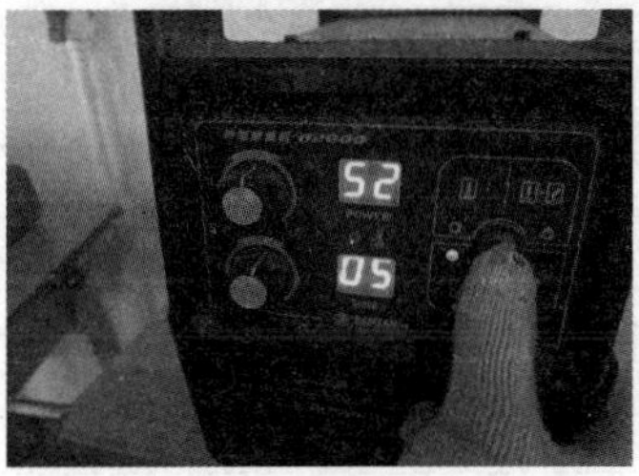 图3
4. ______________________________	 图4
5. ______________________________	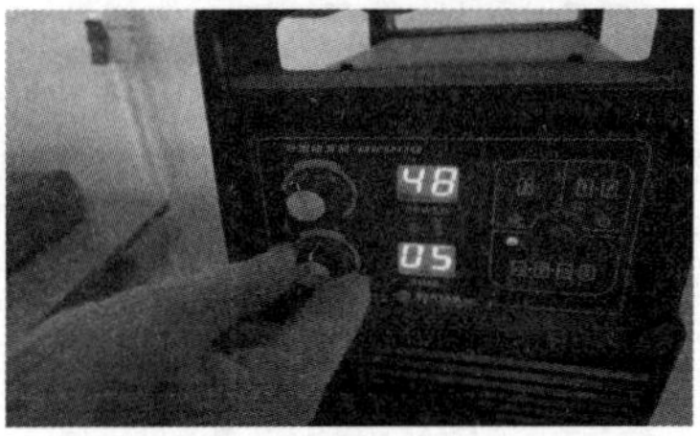 图5
6. ______________________________	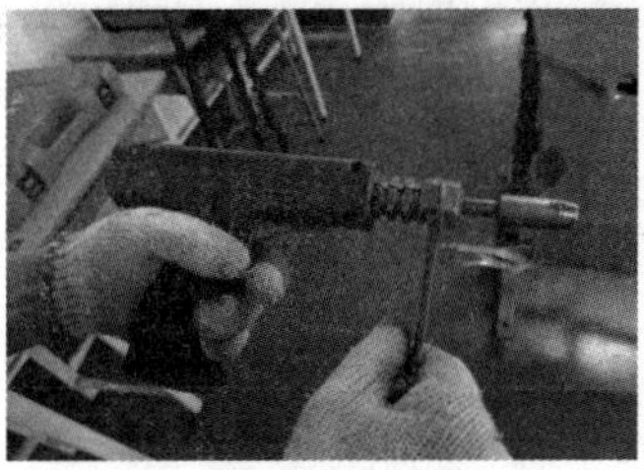 图6
7. ______________________________	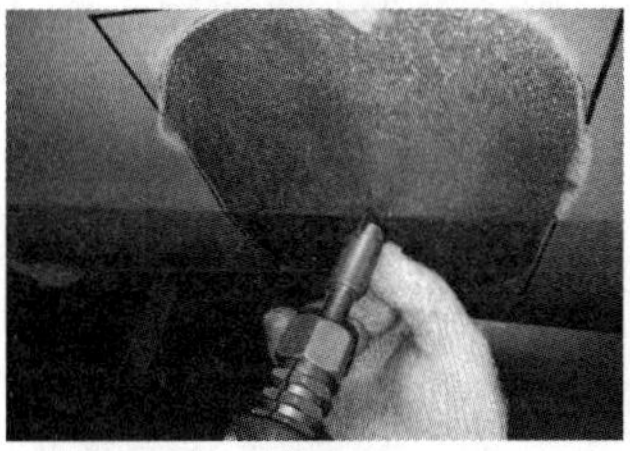 图7

续表

8. ________________	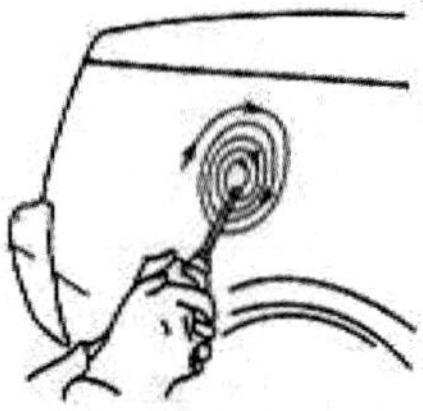 图8
9. ________________	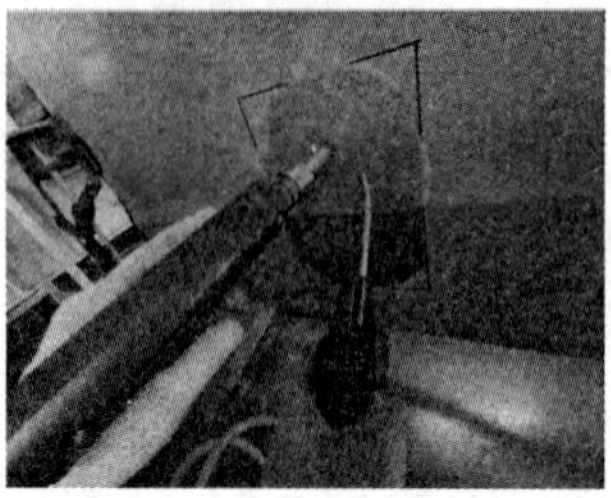 图9

四、课后反思

收获	
待解疑惑	

项目六 汽车车身板件的维修、更换与测量

任务一 汽车车身钢板损伤修复

一、填空题

1.车身钢板损伤修复的几种常见的评估损伤的方法有目视法、触摸法、________、________。

2.触摸法主要是评估受损部位的凹陷和凸起。触摸法的要点是：在触摸时，__________________，不要施加任何压力，这是一种通过________的形式来感知受损表面的________和______的方法。

3. 指压法是通过使用拇指对____________进行按压，检查受损表面的________，从而确定____________________的现象。

4. 弹性变形是________________________________的能力。

5. 塑性变形是________________________________的能力。

6. 加工硬化是__________，________的一种现象。__________的部位变得非常硬，这就是加工硬化。

7. 直接损坏通常以________、________和______的形式出现，用眼睛即可看到。直接损坏是__________与金属板上受到损坏的部位__________而造成的。

8. 间接损坏是由__________引起的，通常在所有的损坏中，大部分都是间接损坏。所有的非直接的损坏都可以看成__________，__________都会同时造成这两种损坏。

9. 间接损坏的类型。

（1）单纯的铰折。它的弯曲过程像一个铰链一样，沿着______________。金属板件铰折时，金属上__________________，而下部的____________________。很显然，在金属中间有一个未发生变形的区域。

（2）箱形截面铰折。箱形截面的____________，不同之处是______________，所以顶部的金属板被______________，很少或根本没有拉伸。底部的金属板受到__________，所以很容易出现铰折。

10. 板件损坏部位的修复程序。

（1）找到损坏的方向，__________的方向应该和______的方向完全相反。一般来说，通过________即可找出损坏方向。

（2）在修理时，基本的原则是最后的损伤要________，最先的损伤要________。

（3）在损坏部位中，离直接损坏点最远的位置要____________，以此类推把损伤全部修理好，对最后的____________________修理。

11. 在用钣金捶敲打金属板时，锤子的_________________________，否则会损坏金属板。

12. 手顶铁的弧度为待修复钢板曲面弧度的________，则手锤在敲击时，手顶铁____________会对钢板造成新的损伤。

13. 将垫铁作为铁锤的支撑物有两种敲击方法：_________________________和_________________。铁锤在垫铁上敲击法用于_____________，而铁锤不在垫铁上敲击法则用来____________。

14. 在修理时，需要对这些变形进行_____________，让超出___________的板件恢复到原来的形状。金属收缩的方法有两种，对于_____________可使用__________，对于_______________可以使用_____________。

二、外形修复机进行热收缩的实训步骤

1. 热收缩的部位用砂轮清除油漆层。

2. 焊枪更换热收缩电极触头，____。

3. 调整外形修复机的______________、__________等参数。电极触头接触到______________，电极通电后在接触部位由于___________而使板件变红。待红色消失后，用湿抹布使___________。

4. 对要收缩部位 进行反复收缩操作，__________________________________。

5. 电极触头收缩时同样会破坏______________，随后要进行______处理。可以使用修复机配备的碳棒对高出区域进行收缩，用碳棒收缩时不用__________，因为碳棒与金属接触部位的温度不高。

三、完成车门外板大面积凹陷损伤的修复

1. 板件凹陷修理施工前准备，如图1所示。 （1）准备好施工的____________、耗材和受损板件。 （2）目测损伤情况，确定__________，制订____________。 **提示**：安全防护选用_____、_____、_____、_____、_____、_____	 图1
2. 制作标记，如图2所示。 （1）使用记号笔将__________区域和__________区城用线或点做出标记，有利于下一阶段的修理。 （2）通过手感，判断损伤区域。 **提示**：此时手感可以快速地判断损伤区的高低点，并拢手指，手心朝板件，由右至左、由上至下判断凹陷区	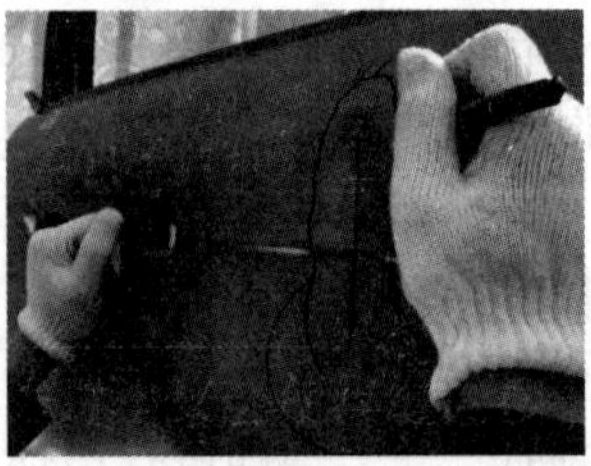 图2

续表

<table>
<tr><td>3. 板件凹陷区粗修，如图3所示。
(1)使用手锤与垫铁配合粗修凹陷区，________。修理车身线以下面板，________________，垫铁垫在直接损伤处，敲击两侧高点。
(2)当两侧高点随着手锤的敲击慢慢恢复时，直接损伤就会被顶出。
提示：正确使用手锤，手锤在垫铁上敲击时，________。手锤不在垫铁上敲击时，作用是________，________。所以，拿垫铁的手要向被垫区域施加推力</td><td>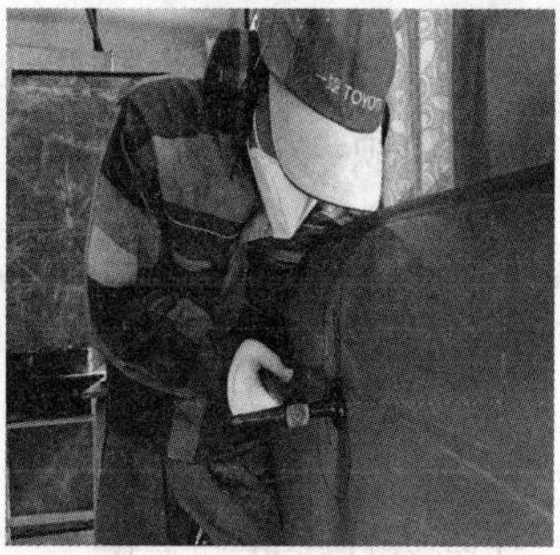
图3</td></tr>
<tr><td>4. 调试外形修复机，如图4所示。
(1)________。
(2)________。
(3)________。
(4)________、________，试焊调整。
提示：焊接电流：______；焊接时间：______</td><td>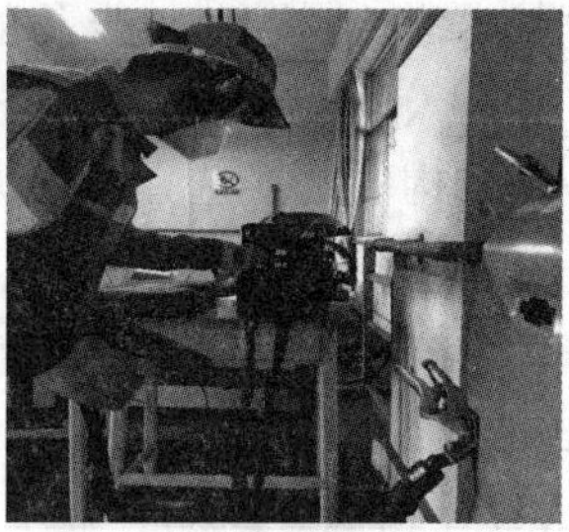
图4</td></tr>
<tr><td>5. 热收缩，如图5所示。
(1)调试好收火电流后，按动收火开关，消除高的部位。
(2)用上、下曲率尺测量高点，再次收火。
(3)________________，整平金属。
提示：收缩时交叉收缩，____________；手感检查不出来，应使用____________，同时注意不要收出低点</td><td>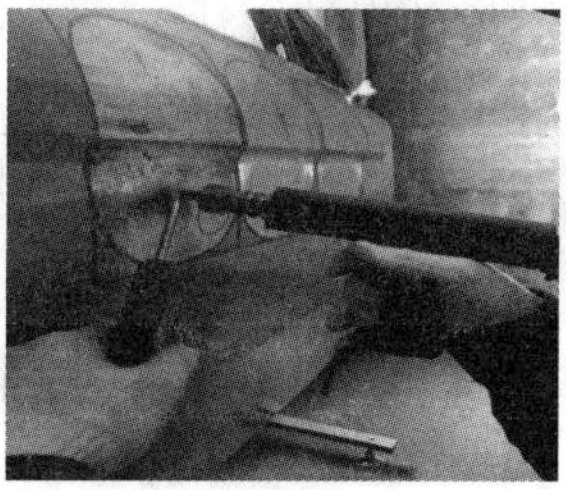
图5</td></tr>
</table>

四、课后反思

收获	
待解疑惑	

任务二　车身结构件切割与更换

一、填空题

1. 车身结构板件焊接位置的准备。

（1）从点焊区域抹掉焊接痕迹。用钢丝刷清除连接表面的________、________、________、________及________等。

（2）配合________________________________。

（3）在除去连接表面上的________和________使________暴露出来之后，应涂上________。连接表面或在后续工序中不能涂漆的区域应涂抹________。

（4）________________________。

2. 更换车身结构件，涉及的焊接方法包括________、________、________、________等，各种方法均有其优劣性。

3. 车身结构件更换选择焊接方法的原则是：____。

4. 车身结构件更换时，若需要对整体结构施焊，建议选择的焊接顺序是：____。

5. 同时，为有效减少焊接热变形对板件尺寸精度产生的影响，在实施________/________时若某一段焊缝的长度较长，________________________，可实施分段错位的焊接方法。

6. 腐蚀或锈蚀是金属的________和________。钢材上的铁锈蚀是一种复杂的化学反应，会造成严重的代价和后果。化学腐蚀形成的三要素是________、________、________。

二、车身修复中防腐的注意事项

1. ________________________，如在焊接点部位。

2. 不要刮伤与修复无关的零件。如果意外刮伤，要及时补救。

3. 车身修复中固定时，要尽量避免夹具刮伤板件，否则必须进行防锈处理。

4. ____。

5. 用胶带把车门的门槛及类似敞开部位盖好，以免在磨削、切割及焊接时进入铁屑。

6. 进入车身内部的铁屑要彻底清除干净，注意________________。

7. 防止裸露的板件与水或湿气接触，以免加快腐蚀。裸露的板件最好能够及时进行防锈处理，如果必须置放，一定要在通风较好、空气干燥的环境下静置。

8. 工业污染、沿海地区含盐分的________、高浓度的________、________都会加快腐蚀油漆层。

三、完成仿车身结构件焊接（电阻点焊）成形的修复

1. 清洁板件，如图1所示。 （1）____________________ （2）____________________ **提示：**各板件及试焊片都要擦拭干净	 图1
2. 焊机参数调整，如图2所示。 **提示：**____________________	 图2
3. 垂直焊接。焊接时，____________________。如图3所示。 **提示：**____________________	 图3
4. E板件连续焊分段焊。采用熟练的运枪手法进行连续焊焊接，分三段焊接。如图4所示。 **提示：**焊缝宽度：________；焊缝高度：________；背面焊疤宽度：________；背面焊疤高度：________。	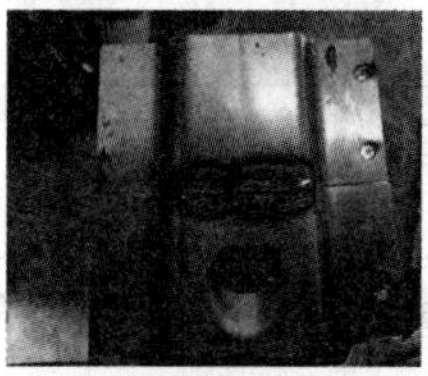 图4
5. 电阻点焊焊接。电阻点焊焊接在正确位置，相邻焊点不可在同方向连续焊。如图5所示。 **提示：**注意焊接时，____________，先按开关行程的________，____________________	 图5

四、课后反思

收获	
待解疑惑	

任务三　汽车车身测量与校正

一、填空题

1.在对车身进行测量时要认真做到以下几点。

（1）____。

（2）对损伤部位要找出合适的测量点进行测量，如果损伤部位的测量点发生变形或断裂，应寻找__________进行测量。

（3）重要的控制点要__________。对安装机械零部件的_____或___要经过多次测量，直到__________。

（4）重要数据的测量结构要反复核实。车身的测量工作非常重要，为了保证车身修理工作的高质量和高效率，必须认真做好维修前的测量。

2.正确地对__________与________是车身维修的基础，而要更高质量地完成对车身的测量必须掌握测量中的______、_______、_______三个基本要素。

3.车身测量的原则。

（1）控制点原则：____
____。

（2）基准面原则：____
____。

（3）基准中心线和中心面原则：______________________________
____。

（4）零平面原则：____
____。

4.使用电子测量系统能够___________________，并与原厂车身数据进行对比，以确定______________和______________的具体数值，免去了人工____________或________的工作。

二、汽车车身拉拔作业基础

车架的损伤并不只在撞击方向而已，还包含_____和_____的损伤。因此，只施加一个相反于撞击方向的力量进行简易拉拔无法将拉拔力量有效地传送至____________。所以，为了将拉拔力量传送至所有受损部位必须在车身施加______________。

1. 单杆变形修正。

（1）____。

（2）____。

2. 多杆变形修正。

(1) ____。

(2) ____。

(3) ____。

(4) ____。

(5) ____。

三、测量作业基础

1. 超声波测量系统的安装非常简单，测量可以在校正平台上进行，也可以在设备配套的支架上进行。安装时，要把铝梁（接收器）连接到__________，把测量横梁平放在__________________，__________要与__________有一定的距离。

2. 激光测量系统的安装和操作都非常简单，操作中不用人工______________和_______，只需在计算机中确定______________，也不会因______________和_______的位置移动而影响测量的数据准确性。

3. 看图完成以下填空。

		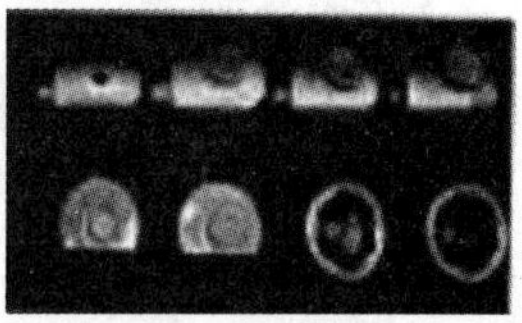
（　　）	（　　）	（　　）
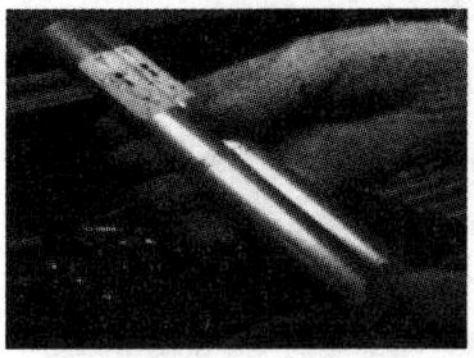		
（　　）	（　　）	（　　）
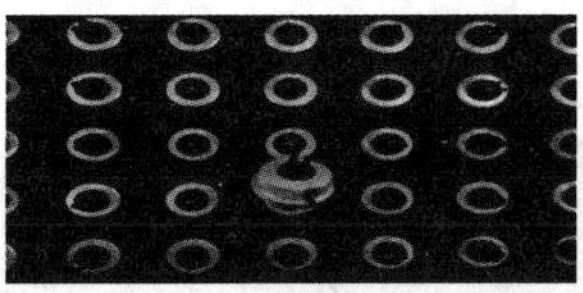	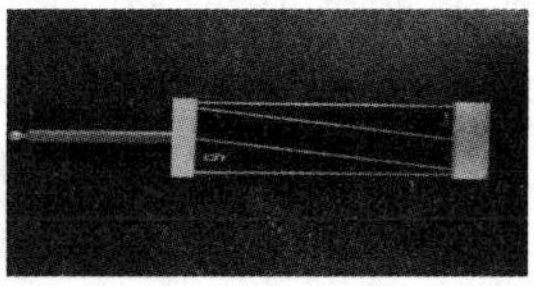	
（　　）	（　　）	（　　）

四、完成仿车身结构件焊接（电阻点焊）成形的修复

（一）用超声波测量系统测量车身变形

1. 进入车辆底盘测量点界面，如图1所示。 （1）______________。 （2）______________	 图1
2. 选择基准点a点，如图2所示。 （1）根据提示选用25/M14F测量头。 （2）安装左、右测量头到车身上 **提示：**（1）按照系统提示位置（可观看照片辅助），______________；（2）______________。 3. 安装发射器。 （1）安装发射器到测量头上。 （2）将发射器连接到接收器（铝梁）。 **提示：**（1）______________；（2）______________	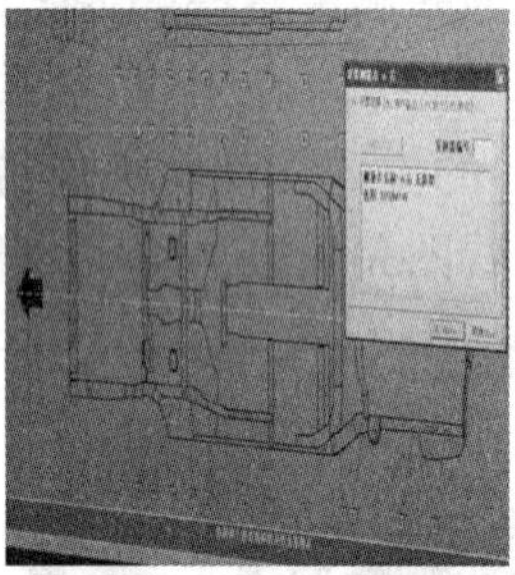 图2
4. 测量车身前部测量点（y）点，如图3所示。 （1）______________________________。 （2）根据提示选用测量头C20/E200，找到实际位置并安装。 （3）将e点发射器移动到点上，连接铝梁，输入新的发射器编号点击确定。 （4）拆下e点测量头归位。 （5）按F_1测量，记录y点数据。 **提示：**______________	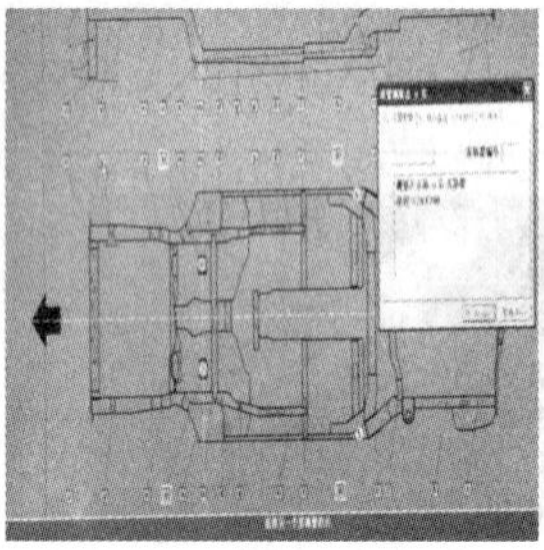 图3

（二）用激光测量系统测量车身变形

1. 选择零件关闭。______________ ______________，如图1所示	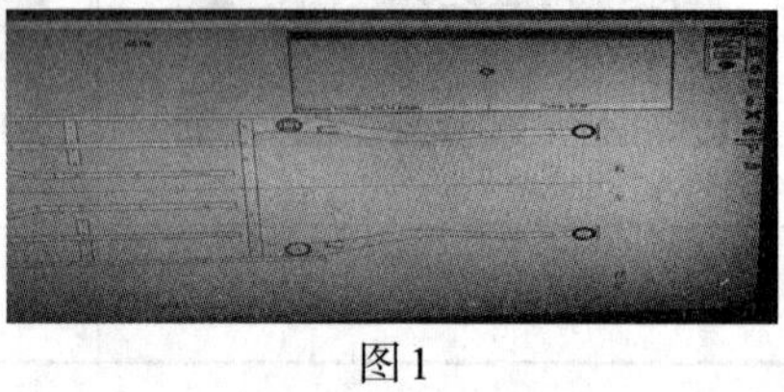 图1

续表

2. 选择基准点a点。安装________到车身上，如图2所示。 **提示**：（1）按照系统提示位置（可观看照片辅助），准确无误找到该测量点并安装到位；（2）____________	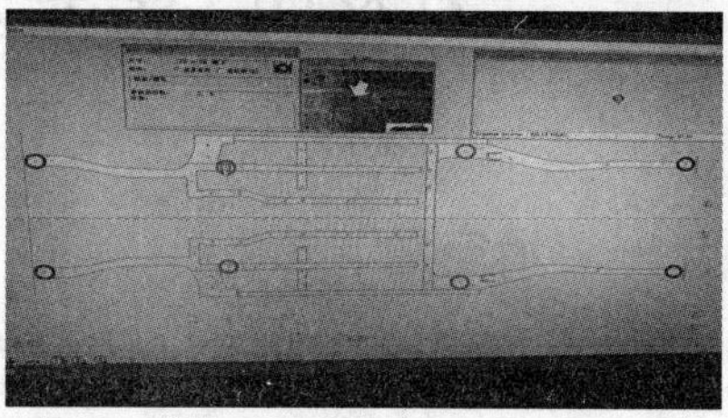 图2
3. 数据分析。测量系统会根据________与________中的标准值比较，分析差值数据，得出y（左）侧宽度值向右变形，变形超出±3mm，需校正修理。如图3所示	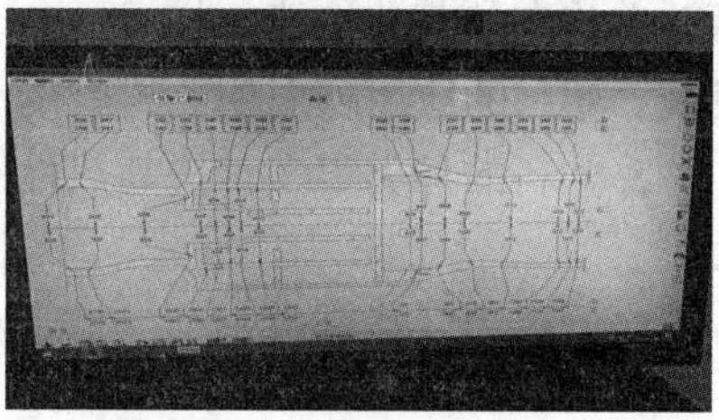 图3

五、课后反思

收获	
待解疑惑	

任务四 汽车车身塑料件的焊接修理

一、填空题

1. 塑料在汽车上的应用发展很快，从最初的内饰件和小机件，发展到可替代__________和__________。用塑料替代金属，既可获得______________，又可改善汽车的某些性能，如______、______、______、______等。随着汽车工业的发展，塑料的应用越来越受到重视

2. 塑料的种类很多，按其热性能不同，可分为__________和__________两大类。

（1）热固性塑料：____。

（2）热塑性塑料：____。

3. 塑料具有许多优良的物理、化学性能，主要有以下几点：

（1）质量轻：塑料的相对密度一般只有__________，可以大幅度减轻汽车的________，降低________。

（2）化学稳定性好：一般的塑料对酸、碱、盐和有机溶剂都有良好的耐腐蚀性。

（3）____。

（4）电绝缘性好：____。

（5）耐磨、减磨性好：大多数塑料的摩擦系数_________，_________，能在半干摩擦甚至无润滑条件下良好地工作。

（6）____。

二、热空气塑料焊接设备

焊接前需要注意以下几点。

1. 要清理干净焊接处的__________及_____等。

2. ____。

3. 掌握正确的焊接速度。若焊接的速度过快，会使塑料的___________。但焊接的速度若过慢，也会使_______________。

4. 给焊条施加合适的压力。若压力过大，会使__________，或在焊条未达到熔融程度已嵌入焊缝，_______________。但压力过小又会使焊缝的接触面积变小，__________。

三、完成车身塑料件的焊接修理的修复

1. 零件清洁。用专用塑料清洁剂清洁零件，注意______________________。如图1所示	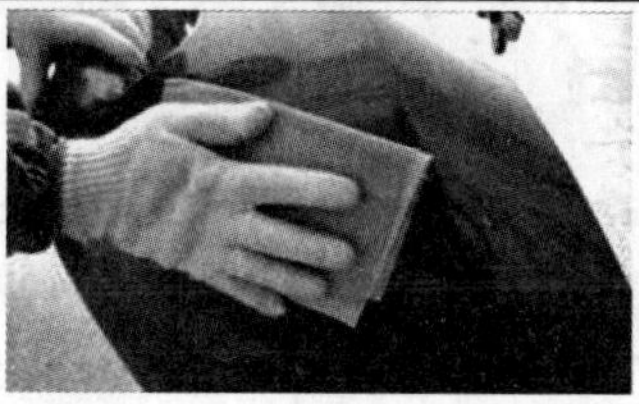 图1
2. 塑料件整平。塑料如有__________ ______________________。如图2所示	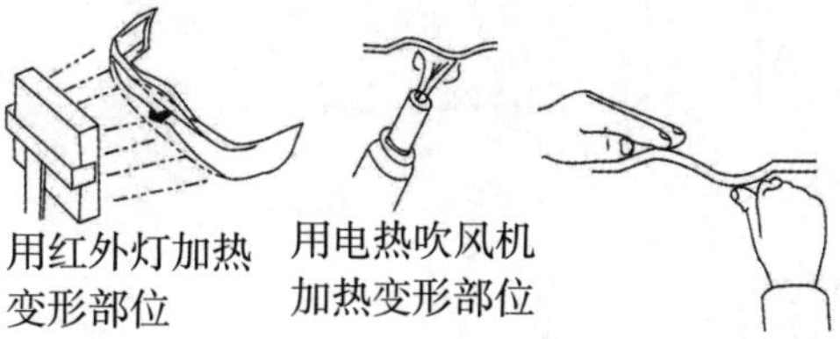 图2
3. 开坡口。使用________________ ______________________。如图3所示	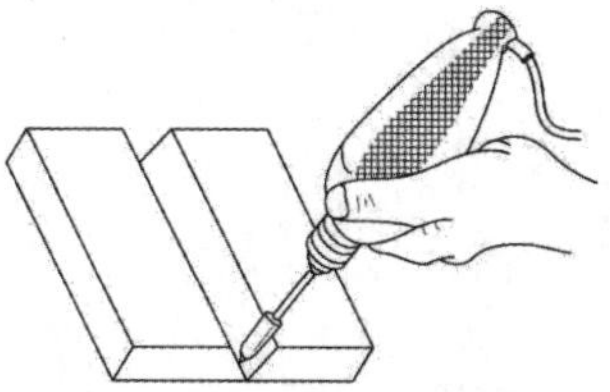 图3
4. 固定裂缝，如图4所示。 (1)在裂纹处使用热塑枪植入塑料焊钉在进行加固。 (2)去除钉尾。 (3)________________。 **注意：**______________________	 图4
5. 起焊。一手拿焊枪、另一手持焊条，使______________，摆动焊枪喷嘴以便同时加热焊条与母材，直到它们________、________，________，使焊条和零件熔融在一起。如图5所示	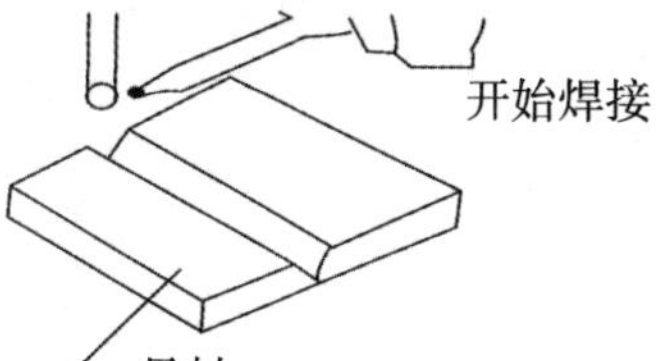 图5
6. 连续焊接。采用扇形轨迹移动喷嘴来对焊条和母材进行持续加热，以保证两者的加热程度一致，同时将________ ______________________。如图6所示。 **提示：**________________________ ______________________________	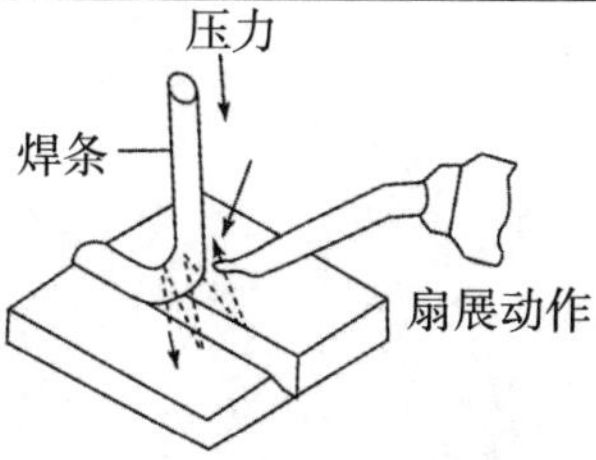 图6

四、课后反思

收获	
待解疑惑	